西北榆神矿区
浅表水系统稳定性控制机理
与矿区规划原则

张帅 著

扫码看本书彩图

北京
冶金工业出版社
2024

内容提要

本书以榆神矿区为例，以岩土、覆岩损伤及渗流特征为基础，提炼了采动覆岩等效渗透系数计算方法，构建了采动浅表水系统稳定性的定量评价模型，提出了动态规划方法保障采动浅表水稳定的矿区规划原则。全书共分5章，包括绪论、榆神矿区煤水赋存特征及覆岩（土）物理力学特性、采动覆岩等效渗透系数确定方法及演化规律、采动浅表水系统稳定性评价及控制机理、榆神矿区浅表水系统稳定约束下的矿区规划原则。

本书可供地质、矿山、水资源的工程技术人员及对土-岩复合阻水地层多工作面开采和浅表水系统稳定性控制感兴趣的学者和研究人员阅读，也可供大专院校矿业工程等相关专业师生参考。

图书在版编目(CIP)数据

西北榆神矿区浅表水系统稳定性控制机理与矿区规划原则/张帅著.—北京:冶金工业出版社，2024.4

ISBN 978-7-5024-9844-3

Ⅰ.①西… Ⅱ.①张… Ⅲ.①矿区—生态系统—研究—西北地区 Ⅳ.①X322

中国国家版本馆 CIP 数据核字(2024)第081582号

西北榆神矿区浅表水系统稳定性控制机理与矿区规划原则

出版发行 冶金工业出版社 **电　话** (010)64027926
地　址 北京市东城区嵩祝院北巷39号 **邮　编** 100009
网　址 www.mip1953.com **电子信箱** service@mip1953.com

责任编辑 高　娜　美术编辑 吕欣童　版式设计 郑小利
责任校对 梁江凤　责任印制 窦　唯

三河市双峰印刷装订有限公司印刷
2024年4月第1版，2024年4月第1次印刷
710mm×1000mm 1/16；13印张；253千字；199页

定价 91.00 元

投稿电话 (010)64027932 投稿信箱 tougao@cnmip.com.cn
营销中心电话 (010)64044283
冶金工业出版社天猫旗舰店 yjgycbs.tmall.com
(本书如有印装质量问题，本社营销中心负责退换)

前　言

随着我国经济的不断发展和社会的不断进步，对能源资源的需求日益增加，西北矿区作为我国的重要能源基地之一，扮演着至关重要的角色，发挥着重要作用。然而，矿区在开发和利用中面临着多方面的挑战与问题，其中，矿区开采对水资源的影响成为亟待解决的问题之一。为了有效探讨矿区浅表水系统的稳定性控制机理，并提出相应的矿区规划原则，本书深入研究了我国西北矿区的浅表水系统特点及其演变规律，揭示了其控制机理，为矿区可持续发展提供了一定的理论支撑和实践指导。

矿区的开采活动不可避免地导致了地下水系统的变动，使得浅表水系统稳定性受到威胁，深入研究我国西北矿区浅表水系统的稳定性控制机理，制定科学的矿区规划原则，显得尤为迫切。本书在撰写过程中秉持着深入浅出、理论与实践相结合的原则，为读者提供了全面而系统的研究成果。本书共分5章：第1章为绪论，主要介绍了矿区浅表水系统稳定性的研究理论、进展及本书的主要研究内容；第2章分析了榆神矿区煤水赋存特征及覆岩（土）物理力学特性，为后续章节提供了关键的地质和力学参数；第3章通过对采动岩土损伤、渗流应力关系等方面的研究，总结了覆岩系统在采动中的演化规律；第4章对浅表水漏失机制和系统稳定性的影响因素进行了深入分析；第5章以榆神矿区为例，探讨了浅表水系统稳定约束下的矿区规划原则。

本书不仅关注理论研究，更强调实际应用。在矿区规划原则的制定过程中，本书提供了矿区浅表水系统稳定约束下的矿区规划原则，为实际矿业生产提供了具体可行的指导。

本书内容涉及的研究得到了国家自然科学基金项目（编号：52304150）、国家自然科学基金联合基金项目（编号：U22A20151）、山西省基础研究计划项目（编号：202203021212252）、山西省高等学校科技创新计划项目（编号：2022L054）、2022年度太原理工大学校基金项目（2022QN071）等的支持。本书的撰写同时得到了矿区现场工作人员的鼎力支持，特别感谢所有为本书提供数据和信息的矿业专家和相关单位。书中引用了相关学者、研究人员等的研究成果，无法一一署名，在此一并表示衷心的感谢。

由于作者水平所限，书中难免有不妥之处，敬请读者批评指正。

作 者

2024年1月

目　　录

1 绪　　论

1.1 研究矿区浅表水系统稳定性的背景与意义

西北煤炭基地已然成为我国主要的煤炭资源供应区与储备区[1]。生态环境脆弱、水资源短缺、煤炭资源丰富的“水煤”矛盾日益突出[2-3]。西北矿区规模化、高强度的开采，不可避免地对区域浅表水系统造成负面影响甚至破坏[4]，诱发水位下降、水土流失、植被枯死，植被覆盖率降低等一系列突出问题[5]。榆神矿区一期、二期及神府矿区的高强度开发，导致泉水干涸，哈拉沟水流衰减50%，窟野河断流等现象，水土流失的每年新增量约为2780万吨，土壤被侵蚀量约为4514万吨，造成矿区内生态环境恶化、水资源流失、供水失衡[6-7]。《中华人民共和国国民经济和社会发展第十四个五年规划和2035年远景目标纲要》(简称“十四五”规划）提出“加快发展方式绿色转型，协同推进经济高质量发展和生态环境高水平保护”。煤炭资源科学开发规模与生态环境特别是水资源保护相协调，已成为国家可持续发展战略要求和《国家中长期科学与技术发展规划纲要》重点领域的优先主题。因此，在当前国家煤炭行业供给侧结构性改革背景下，研究矿区开采浅表水系统稳定性评价及其约束下的矿区规划是我国西北矿区实现可持续发展和绿色开采的重要前提。

浅表水系统稳定对于民生、经济及生态可持续发展具有重要意义，摒弃先开采后修复的旧观念，煤炭开采过程中兼顾浅表水系统运移，实现煤炭开发与生态系统保护双赢。同时，为缓解水资源与煤炭开采之间的矛盾，实现我国生态脆弱矿区的可持续发展，多年来相关领域的专家学者围绕“保水采煤”这一主题，开展了诸多方面开拓性的工作[8]，针对生态脆弱矿区采煤与保水问题，提出了多角度、多维度的保水采煤理论与保水采煤技术。然而，现有的保水采煤主要聚焦在单一矿井或是工作面水资源保护“点”的研究，较少或未深入开展矿区范围浅表水系统“面”的稳定性研究，大范围浅表水系统扰动程度定量评价及多矿井开采扰动效应对浅表水影响的定量表征的研究较少，尤其是基于浅表水系统稳定为约束下的矿区规划鲜有涉及。在参考和借鉴前人研究成果基础上，需要在采动覆岩整体渗透性、不同开采单元条件下浅表水漏失机制、基于浅表水系统稳定性的矿区规划原则方向做出有益探索。尤其对于西北生态脆弱矿区，例如榆神矿区三期规划区、四期规划区勘探及开发程度相对较低的区域，为了避免重走先开发后保护先污染后治理的老路，迫切需要在采前对矿区进行合理规划，力求将煤炭资源开发对浅表水系统的负面影响降到最低，实现西北矿区生态系统平衡。因此，迫切需要开展矿区范围浅表水系统“面”的稳定性的研究，探究浅表水稳定约束下的矿区规划原则，为我国西北矿区实现绿色开采提供理论依据和技术支持。

综上所述，本书将以浅表水系统保护为核心，探索西北矿区矿井布局原则与方法。围绕“不同地层采动覆岩等效渗透系数确定方法、矿区开采浅表水系统稳定性的定量评价、基于浅表水系统稳定性的矿区规划原则”三个关键问题，以西北矿区开采浅表水系统稳定性控制机理与矿区规划原则为切入点，提出多层次采前调控方法维持矿区浅表水系统“面”的稳定性，对提升我国西北矿区煤炭资源开发的整体性、有序性、系统性、科学性具有指导性意义，研究成果可进一步充实以水资源保护为指导思想的保水开采理论，进一步完善西北煤炭开采中的水资源保护理论与方法。

1.2 浅表水系统稳定性相关研究成果

1.2.1 保水开采内涵、理论及方法

1.2.1.1 保水开采问题提出及内涵分析

保水开采是绿色开采理论的有机组成部分，力求在煤炭资源开采过程中最大限度地保护水资源，实现煤炭资源与水资源的协调发展[9]。保水开采最初是为解决陕北侏罗纪煤田开发过程中萨拉乌苏组含水层漏失以及环境恶化等问题而提出的[10]。在陕北侏罗纪煤田开发过程中诱发一系列的矿山环境问题，湿地萎缩、河流断流、水土流失等，煤炭资源开发与水资源保护之间的矛盾不断加剧，保水采煤应运而生，从1990年至今经历了萌芽期（1990~1995年）、形成期（1995~2005年）、发展期（2005~2010年）、成熟期（2010年至今）[8]。王双明等[5]以水文地质条件、水位埋深对保水开采进行评价分区，从而针对性地采取适当保水开采方法，初步形成了保水开采研究基本框架。神东矿区开发初期，张东升[11]分三个层次阐明保水开采的内涵，“在合理的采煤方法和工艺的基础上，保证采动不破坏含水层的结构”“含水层虽受到一定的损坏，导致部分水流失，但在一定时间内含水层水位仍可恢复”“即使地下水位不能恢复如初，但不影响其正常供水，至少能保证地表生态对水资源的需求”，武强[12]提出将煤炭与水看作同等重要的双资源，煤矿水害防治、水资源利用与保护及生态环境改善相结合，进而缓解煤炭资源和水资源之间的矛盾与冲突。范立民[13]指出保水采煤的概念为在干旱半干旱地区，将采动水位变化控制在合理范围之内，寻求煤炭资源开采量与水资源承载力之间的最优解。

1.2.1.2 保水开采控制理论与技术

缪协兴和钱鸣高[14]基于采场矿压理论，构建了结构关键层力学模型，指出结构关键层对采动岩体裂隙演化起到控制作用。缪协兴等[15-16]将关键层理论与岩体渗流理论相结合，给出了隔水关键层的定义及判别准则，明确隔水关键层可以抵抗采动应力导致的破坏，同时还具有阻止水渗流的低渗透性。王双明[17]、李文平[18]、夏玉成[19]等从工程地质条件特点出发，划分保水采煤工程地质类型，并根据区内更详细的工程地质条件，采取相适应的煤层开采方法，以便实现保水采煤。刘洪林[20]将覆岩“隔-阻-基”结构视为整体，认为采动裂隙的发育是由含水层下部第一隔水层、覆岩中位阻隔岩层（组）及下位基本顶共同控制，针对整体覆岩结构阻水性能不同采取相应开采控制技术，从而实现保水采煤的目的。保水开采控制的核心是采取合适的开采控制技术（采煤方法和工艺），实现含水层稳定性不破坏，或是存在一定破坏，但不会诱发水位的大幅度下降，较为成熟的顶板含水层控制技术主要包括充填开采、窄条带开采、限高或分层开采、短壁机械化开采和长壁机械化快速推进式开采[21]。采充并行保水采煤技术是一种“多支巷布置、采充并行”保水采煤方法，能够实现极近距浅表水极薄阻隔层下的高效保水开采[22]。短壁块段式保水采煤技术，利用矸石充填抑制导水裂隙发育，解决了边角煤柱以及不规则块段的回收利用[23]。

1.2.1.3 保水开采水位降深阈值

杨泽元等[24]从可持续发展角度提出了生态安全地下水位埋深的概念，并结合地下水位埋深与植被生长、河湖基流量及土地荒漠化的关系，确定了陕北榆神府矿区内可实现保水开采合理生态地下水位埋深为1.5~5.0 m。马雄德等[25]依据地下水浅埋区植被蒸腾对地下水位变化十分敏感的特征，确定了地下水浅埋区沙柳对煤层开采地下水位下降的阈值为2.15 m。针对榆神矿区煤炭资源回采造成地下水位变化规律，提出了以植被根系与地下水最大毛细上升高度确定矿区地下水位控制阈值的方法，确定了榆神矿区水位埋深上限为0.5 m，下限为4.0 m[26]。汤洁等[27]经过长期的现场观测与研究，设定浅表含水层的开采阈值为由地表至含水层厚度一半位置处的距离，超出该警戒线值，水资源将会枯竭并且难以恢复。池明波[28]考虑水的资源属性，给出了一套评价体系，对水资源承载力进行定义和计算。

1.2.1.4 保水开采的政策支持

国外尚未明确提出“保水开采”的概念，也未形成系统的保水开采技术体系，但国外学者也在该方向做了大量研究工作，英国早在1968年就发布了海下采煤条例，在海下进行煤炭开采，采用长壁采煤时，覆岩厚度不得小于105 m，采厚不允许超过1.7 m，最大拉伸变形不可超过10 mm/m[29]。日本规定在海底采煤时，开采煤层与海底100 m距离内不予开采，在浅部时需要采用充填开采[30]。苏联在19世纪80年代发布了水下采煤规程，提出安全开采深度应在20~75倍采厚[31]。美国规定在大型水体下的安全开采深度为60倍采厚，苏联规定当第四系黏土厚度大于2倍采厚时，防水煤柱厚度取20~40倍开采高度，当黏土层厚度不满足要求时，根据覆岩中不同岩性所占比例确定防水煤岩柱厚度[32-33]。对于国内而言，"保水采煤"已成为国家可持续发展的战略要求，国家"十三五"发展规划纲要中明确提出"推进大型煤炭基地绿色化开采和改造"的总体思路。2019年8月6日山西省能源局发布了《关于在全省煤炭行业推行绿色开采试点工作有关事项的通知》，确定了10座煤矿（井）作为省级绿色开采试点煤矿，其中2座列为"保水开采"试点矿井。2020年7月30日发布的《中华人民共和国煤炭法（修订草案）》更是将"国家鼓励因地制宜采用保水开采、充填开采等绿色开采技术"列入征求意见稿中。各级省政府深入贯彻绿色开采能源革命。

1.2.2 采动覆岩水力学特性时空演化规律

煤炭开采导致的浅表水系统负面响应，其根本原因在于煤层开采引发覆岩下沉变形伴随破断损伤，导致岩层的阻水及导水能力发生改变，即采动覆岩的渗透系数发生改变。学者在采动覆岩运移规律、裂隙演化、渗流应力耦合特性、渗透性演化特征方向做了大量研究工作。

1.2.2.1 *岩石（体）应力-渗流耦合特性*

岩石（体）应力-渗流耦合问题常常是地下工程难以避免的问题，岩体总是赋存于地应力场和渗流场的地质力学环境中，岩体的渗透性变化、渗流规律与岩体应力是相互作用的[34]。众多学者取得了一系列卓有成效的成果。综合起来已有岩石渗流-应力耦合问题研究方法大致可分为3类[35-36]：（1）直接采用渗流测试实验获得渗透性与应变、应力的经验公式；（2）基于实验数据假定渗流-应力（应变）耦合特性的函数关系式，应用力学方法得到耦合特性的定量表达式；（3）建立物理力学模型，采用力学工具构建耦合关系式。

法国学者Louis[37]依据现场钻孔压水试验数据资料，发现了裂隙岩体渗透系数与法向应力之间的关系可以采用负指数函数进行描述。18世纪中期，Darcy[38]基于实验测试方法提出了经典的达西定律，后续基于达西定律的连续介质理论得到迅速发展。Kranzz[39]研究发现Barre花岗岩的裂隙渗透系数与应力呈现幂函数的定量关系。Snow[40]采用现场压水实验以及室内实验测试方法，结果表明通过裂隙岩石体的流量随着正应力的增大逐渐降低，给出了裂隙岩石体渗透系红素与应力和裂隙几何参数的经验关系。Bai和Elsworth等[41]分析了岩体中裂隙与岩石的弹性变形量，推导得到了裂隙岩体渗透系数与应变的关系。Lee和Farmer[42]综合分析裂隙面抗压强度（JSC）、粗糙度系数（JRC）以及裂隙开度间的经验关系，建立了一种适用于裂隙岩体渗透性及孔隙率的评价模型。Min 等[43]使用离散元数值模拟方法，通过变化水平与垂直应力开展了一系列的数值实验，分析了不同加载条件下裂隙岩石体流固耦合问题，建立了渗透系数与应力之间的量化关系式。Widad、Ghabezloo 等[44-45]分析了不同种类岩石、不同类型空隙情况下岩石的渗流特性，构建了岩石渗透率与孔隙度、应力之间的关系。Bawden、Witherspoon、Barton 等[46-48]也基于三轴渗流实验测试数据，获得了裂隙岩体渗透系数与应力之间的关系。Elsworth[49-50]在假定裂隙岩体裂纹强度很低，推导得到了应力作用下裂隙岩体深流系数与应变变化特征，构建了裂隙岩体渗透性与应变的关系式。Kayabasi 等[51]根据 453 例压水实验结果、结构特征等级（SCR）、结构面间距、岩石质量指标（RQD），采用模糊推理记忆非线性回归分析方法，对岩体渗透性进行评价。Terzaghi 和 Peck[52]通过分析结构面特性，给出了岩体渗透性分类（见表 1-1）。

表 1-1　裂隙岩体渗透系数数值

岩体描述	渗透性等级	渗透系数值 K/m · s^{-1}
裂隙结构面间距非常密集	极强渗透	$10^{-2} \sim 1$
裂隙结构面间距中等	中等渗透	$10^{-5} \sim 10^{-2}$
裂隙结构面间距宽大	弱渗透	$10^{-9} \sim 10^{-5}$
无裂隙结构面、整体结构	不渗透	$<10^{-9}$

20 世纪 80 年代后，随着我国一系列重大岩体工程的发展，国内学者开始对岩石（体）应力-渗透耦合机制展开研究。陈平等[53]发现渗流与应力的相互作用对岩体的稳定性影响很大，提出了渗流-应力耦合分析方法分析了裂隙变形的非线性特性，对立方定律进行了修正，对坝体安全进行了分析。耿克勤等[54]采用数理统计方法，给出了裂隙几何形态的描述方法，分析了不同应力条件下裂隙岩石的水力学特性，研究了裂隙隙宽、几何形态、应力条件、加卸载条件等对裂隙岩体渗透系数的影响。张玉卓、张金才[55]开展了不同应力加载条件下裂隙岩块的渗透实验研究，揭示了不同应力情况下裂隙岩体渗透系红素与应力呈现四次方的关系。彭苏萍等[56]采用全应力-应变渗流实验测试方法，得到了不同岩性的渗透率演化特征，概化出了不同岩性岩石的渗透率-应变曲线。刘泉声等[57]采用 Monte-Carlo 裂隙网络模拟技术及现场获取的裂隙网络信息，构建了裂隙岩体网络数值计算模型，研究了裂隙岩体的渗流特性，分析了应力对裂隙岩体等效渗透系数的影响。尹尚先等[58]研究了不同尺度应力作用下渗透性演化特征，阐明了宏观尺度下应力场-渗流场耦合机理，揭示了微观尺度应力作用下孔隙介质渗透性的影响规律。赵阳升等[59]对煤体开展了大量三轴渗流实验，发现煤体的渗透率与体积应力及流体压力呈现指数函数关系。杨天鸿等[60]对经典 Biot 渗流理论进

行分析，建立渗透系数与孔隙率的耦合方程，引入突跳系数量化岩石损伤变形后的渗透率演化过程，将其写入 RFPA 数值模拟软件，分析得岩石压缩过程中裂隙的扩展条件下渗透性演化特征。仵彦卿[61]通过变化应力作用方向，揭示了不同方向应力下的渗流变化特征，给出了渗透系数与裂隙变形、应力的量化关系式，构建了裂隙岩体渗流-应力耦合模型。周创兵等[62]分析了地应力对岩体渗透特性的影响，发现随着地应力值的增大裂隙岩体的渗透系数呈负指数递减。

1.2.2.2 采动覆岩运移及裂隙演化规律

国内外很多学者对地表沉降动态运移规律进行研究，并给出了一些预计模型，见表 1-2[63]。

表 1-2 国外部分开采沉陷下沉与时间相关函数

学 者	表 达 式
Keinhorst H（1928）	$W(t) = aMf(t)z(t)$ 式中，a 为下沉系数；M 为开采高度；$f(t)$ 为影响函数；$z(t)$ 为时间函数
Kolmogoroff（1931）	$W(t) = VW'(x)$，$W(t) = \frac{\partial W(x)}{\partial t}W'(x) = \frac{\partial W(x)}{\partial x}$ 式中，V 为最大下沉值
Aviershin S G（1940）	$W(t) = A\exp(kt'')$ 式中，A、k 为经验参数
Perz F（1948）	$W(t) = \int_0^{x_t = vt} z(t)W'(x)\mathrm{d}x$ 式中，$z(t)$ 为时间函数；$W'(x) = \frac{\partial W(x)}{\partial x}$
Salusowicz A（1951）	$W(t) = c(W'^f - W(t))$ 式中，W'^f 为最大下沉值（常数）；c 为时间函数；$W(t)$ 为 t 时刻下沉值
Knothe S（1953）	$W(t) = c(W^f(t) - W(t))$ 式中，$W^f(t)$ 为最大下沉值；c 为时间函数；$W(t)$ 为 t 时刻下沉值
Martos F（1967）	$z(t) = 1 - \exp(-bt^2)$ 式中，$z(t)$ 为时间函数；b 为时间系数
Trojano Wski K（1972）	$W(t) = c(W^f(t) - W(t))$ 式中，$W^f(t)$ 为最大下沉值；c 为时间函数；$W(t)$ 为 t 时刻下沉值
Sroka A F Schober（1983）	$\Delta M(t) = a\Delta V\left[1 + \frac{\xi}{c-\xi}\exp(-ct) - \frac{\xi}{c-\xi}\exp(-\xi t)\right]$ 式中，$\Delta M(t)$ 为 t 时刻微元开采下沉空间；a 为下沉系数；ΔV 为微元开采体积；c 为时间系数；ξ 为时间压缩系数

除此之外还有指数时间函数模型、Gompertz 时间函数模型[64-65]、双曲线时间函数模型、Weibull 曲线时间函数模型[66-67]、logistic 曲线时间函数模型[68]和

一些学者新建的时间函数模型[69-70]。其中比较著名的是 Knothe 时间函数模型，在 1952 年波兰学者 Knothe 分析了开采扰动下地表沉陷的动态响应问题，提出了表征动态沉降过程的 Knothe 时间函数模型，后续学者的研究和现场实测数据证明该函数可以较好地反映地表下沉量过程，不能反映实际地表点下沉速度和下沉加速度随时间的发展全过程[71-72]。学者对 Knothe 时间函数进行改进，崔希民等[73]研究了 Knothe 时间函数中系数 c 与 m 的确定方法，结合概率积分法给出了基于 Knothe 时间函数的动态预计方法，进而推导得到了地表下沉动态预计公式。刘玉成等[74]构建了地表沉降动态预计模型（Knothe 和其他时间函数）的特征，研究了时间函数的优缺点，进而改进了 Knothe 时间函数。常占强等[75]将地表沉降过程划分为两个部分，假定地表点的沉降速度在整个时间内的中间时刻达到最大值，进而采用分段函数对 Knothe 时间函数模型进行了改进。

李宏艳等[76]采用物理模拟实验分析了开采扰动下采场覆岩裂隙场演化特征，采用数理统计方法对采动覆岩裂隙场开展了定性分析，采用分形理论对几个重要阶段的裂隙时空演化规律进行了定量刻画。张东升等[77]分析了采场导水通道可控性的研究，对基岩厚度以及松散含水层特征进行了分类，提出了适用于神东矿区浅埋煤层的保水开采技术。范钢伟[78]采用数值及物理模拟分析浅埋以及冲沟下采动覆岩裂隙演化特征，研究了浅埋煤层开采隔水层保水性能演化规律，揭示了浅埋煤层开采对脆弱生态的扰动机理。李西蒙[79]分析了西部矿区浅部煤层快速推进下采场覆岩动态变化特征，构建了长壁综采工作面快速推进下的覆岩动态数值模型和力学模型，揭示了开采扰动影响下采场覆岩的动态响应机制。马丹等[80]依据水-岩-沙模型的参数特点和流场时空演化特征，研制了混合流的试验系统，通过适当简化构建了水-沙、水-岩、水-岩-沙三种模型，对比分析了三种模型的渗流场时空演化规律差异。波兰专家 Scigala Roman[81]采用 Wolfram Mathematica 数学分析软件构建了数学模型，依据布德雷克-克诺特理论分析地表沉降过程中动态演化规律，采用时间因子定量描述下沉速度，进而分析不同时刻下地表建筑物的变形程度，在长壁工作面开采条件下实现对地表建筑物保护程度的最大化。黄庆享[82-84]分析了含水层隔水岩组特性，研究了开采扰动影响下隔水岩组中“下行裂隙”与“上行裂隙”的发育特征，给出了隔水岩组的隔水性判据。张东升等[85-88]将覆岩划分为含水层底部为第一隔水层、中间岩组为系列阻水层、下部煤层基本顶，进而在采场覆岩中构成“隔-阻-基”岩层结构，隔-阻-基的相互作用共同控制着导水裂隙通道的形成与发展，并基于岩层的整体隔水性进行保水开采方法的确定。

1.2.2.3 采动覆岩渗透性演化特征

国外关于煤炭资源开采扰动下采场覆岩渗透性演化特征的研究较早，研究内容集中在现场试验、数值模拟以及理论分析方面。20 世纪 70 年代以来许多学者在采掘扰动后覆岩渗透性方向呈现了大量学术成果[89]。Forster 和 Enever[90]根据煤矿采空区上覆岩层移动变形特征、渗透性和水压力变化，为回采盘区构建了一个水文地质模型。Foster 和 Enever[91]围绕在澳大利亚新南威尔士州中部海岸区域，开采扰动后覆岩渗透性变化开展了文献资料整理以及实验分析，研究了煤炭开采后上覆含水层水位变化特征，研究结果表明裂隙带渗透率扩大了 3 个数量级。Bai 和 Elsworth[92]构建了岩体渗透系数与应变的量化关系，将渗透系数与应变关系写进有限元分析软件，分析了工作面开采扰动下采场岩石体渗透性演化规律。Gale[93]分析了不同宽深比情况下开采扰动后覆岩渗透性及水位降深变化规律，研究成果表明：宽深比大于 1 时，长壁工作面开采后极易导致裂隙贯通含水层，导致含水层水流向采空区；宽深比为 0.4 时，长壁工作面开采后裂隙难以贯通含水层，含水层水不会流向采空区；宽深比为 0.75 时处在过渡阶段。Gale[94]根据公式 $K=t^3\times10^6$（t 为裂缝水力孔径）计算裂隙渗透系数，将渗透系数关系写进 FLAC，研究长壁工作面开采后上覆岩层崩落、裂隙演化、应力分布以及渗透性演化特征。Gale[95]采用离散元软件研究了采掘扰动后围岩破碎、垮落、应力重分布以及由此导致的岩体渗透性演化特征，发现采场覆岩发生离层区域的水平方向渗透性增加显著。Esterhuizen 和 Karacan[96]基于有限差分程序，构建了一个水文地质模型，建立岩石渗透系数与应力之间的量化关系，应用到数值计算软件来分析长壁工作面开采后围岩渗透性演化特征。Guo 等[97]采用 COSFLOW 数值计算软件分析了开采扰动后采场覆岩岩层渗透性演化特征，并对覆岩裂隙带区域内地下水流动和瓦斯涌出情况进行了预测分析。Zhang 等[98]围绕煤层开采后采场内岩体的损伤变形情况和渗流问题开展了一系列研究，构建了煤炭开采扰动下采场覆岩渗透性与应力之间的关系和模型。

很多学者采用钻孔压水实验法对开采扰动覆岩渗透系数开展了现场测试，1979 年 Neate 和 Whittaker[99]对英国北海下 Lynemouth Colliery 煤矿在长壁开采工作面开采扰动后围岩渗透系数开展了现场测试，分析了工作面距测试钻孔由远及近过程中，距离采空区不同高度位置处覆岩的渗透性，发现开采扰动下采场覆岩的渗透性大约扩大了三个数量级。Schatzel 等[100]对研究区域内长壁工作面开采后采场上覆含水层中水位进行了持续观测，发现采空区覆岩层的渗透性扩大了几百甚至上千倍，在开采 7 个月之后覆岩的渗透性持续在发生变化。Karacan 和 Goodman[101]依据井下现场渗透性测试数据，分析了开采扰动后覆岩渗透性演化特征，研究了开采速率、开采深度、监测孔位置对采场渗透系数造成的影响。Adhikary 等[89]在澳大利亚某矿井下开展了钻孔压水试验，分析了巷道以及采空区周边岩体渗透性演化特征，研究发现开采扰动后巷道以及工作面采掘扰动后围岩渗透性增加显著，巷道顶板区域的渗透性扩大了约 50 倍，采空区上覆岩体的渗透性扩大了 1000 倍以上。

缪协兴等[102]针对煤矿采掘扰动后破碎岩体高渗透以及非 Darcy 流动等特点，研制了高渗透性测试试验装置，测试分析了采动岩体的渗透特性。刘天泉、张金才等[103]针对煤层开采后的围岩损伤变形及渗透性演化特征进行了一系列的试验与研究。张金才等[104]分析了裂隙岩体渗透性与应力的量化关系，开发了渗流-应力耦合的数值模拟软件，分析了不同开采宽度下覆岩破断高度、地表沉降量以及覆岩渗透性演化特征。肖洪天等[105]采用井下压水试验方法，分析了厚煤层分层开采下煤层底板岩层渗透性的演化特征，发现分层开采扰动下底板岩层渗透性的演化特征比较复杂，与围岩的岩性、开采工艺、上下分层的开采时序等多种因素均有关系。许兴亮等[106]采用试验以及数值模拟方法研究了采场岩体裂隙发育规律，将其划分为三个分区，分析了开采扰动下工作面前方承载区域岩体渗透性演化规律。王文学等[107]发现裂隙岩体体积膨胀系数服从对数分布特征，进而对裂隙岩体的渗透性分布特征开展了定量分析，研究了应力恢复条件下裂隙岩体的开度及渗透系数变化特征，应力恢复条件下大开度裂隙的渗透性仍然维持在高水平，小开度裂隙的渗透性得到较好抑制。杨天鸿等[108]将渗流-应力量化关系写进 RFPA 软件，分析了开采扰动下采场覆岩损伤变形演化过程以及应力场、渗流场变化特征。王皓等[109]使用井下钻孔分段压水原位测试手段，分析了工作面开采前后垂向分带特征及围岩渗透性演化规律，研究发现工作面开采前后围岩渗透性变化明显，采场覆岩依据渗透性可进一步划分为强渗透区域、中渗透区域和弱渗透区域。姚多喜等[110]采用变渗透系数法对开采扰动下工作面底板应变变化特征和渗流特性开展了研究，结果表明开采扰动后围岩渗透性变化显著，采空区直接顶区域的渗透系数大约扩大了 1293 倍。

1.2.3 矿井布局理论与方法

王玉浚等[111]结合矿区系统特征研究矿区发展战略，选用适当的理论方法构建优化模型，采用目标规划模型优选满意的方案，进而为决策者提供多种可供选择的方案。阎柳青[112]发现阳泉矿区存在规划不合理现象，采用 CALPUFF 数值模拟软件并结合规划原理，基于污染源分布特征对阳泉矿区进行了优化布局，从而使得矿区的中长期规划内的大气质量满足国家空气质量标准。都小尚等[113]采用系统动力学及环境数学模型，研究了时间以及空间上大气环境的累计影响，给出了空间格局优化调控、产业结构布局优化的减缓措施。陈颖[114]结合试验数据资料及 SWOT 战略矩阵分析方法，系统分析了巢湖地区开发利用，进行统一规划部署，即对矿区进行功能分区，以达到经济效益和环境效益的协调。付国臣[115]以霍林河矿区为研究对象，采用卫星图像数据资料，结合现场实地调查对研究区域内整体生态环境质量进行定量评价，提出了基于生态环境保护的生态治理及矿区合理规划。陈海健[116]对遥感信息机理模型进行拓宽和开发，发挥遥感信息模型与人工智能决策系统在不确定性问题上的优势，进而开展社会资源配置的优化，以及对遥感信息技术进行集成。张金锁[117]构建考虑技术进步等因素的动态规划模型，给出了开采技术参数对开采影响的量化评价流程，进而将生态环境等因素引入评价模型，对矿产资源布局的优化模型进行了拓展。葛世龙[118]依据不确定性种类数据资料，对资源市场上出现的不确定问题的原因展开分析，将不确定划分为五类，综合考量相关政策以及开采技术参数，实现对可耗竭资源的开采优化。池明波[28]给出了矿区水资源承载力的广义及狭义定义，采用模糊数学以及多元隶属函数方法，对矿区范围内的地质系统、采矿系统、生态系统以及水资源系统进行定量评价，结合最优理论给出水资源承载力约束下的矿区科学开采规模。柯丽华[119]针对露天矿开采中的时空约束演变以及协同发展特点，依据投资量最小准则，采用动态规划方法确定矿井开采量，制定了矿井的生产优化方案，为矿井内矿产资源的开采利用起到重要作用。辛德林等[120]依据创新、协调、绿色、开放、共享的新发展理念，实现了矿区总体规划设计，将新街台格庙矿区打造成为高质量发展、科学发展的新型矿区。史晓勇等[121]使用逻辑框架法，充分考虑资源赋存特征、经济发展、社会效益等方面，综合采用利益群体分析、策略分析及目标分析的相应对策，对牙克石-五九煤田矿区进行了总体规划设计。Liu等[122]采用 GIS 空间分析功能构建煤水赋存特征专题图，分析了生态脆弱区隔水层失稳机理，对榆神矿区进行了分区处理，并提出了隔水层再造、控制性采煤等浅表水资源管理方法。Newman 等[123]采用开采空间地表变形预测模型得到的相应应变值，对井下开采扰动对上覆含水层的影响进行了定量评估。Raghavendra 和 Deka[124]整理分析了采矿活动对土地、空气以及水环境的影响，重点强调了采矿影响区域的水资源可持续发展的重要性，采用综合评价分析和水资源管理方法对受采动影响区域进行整体布局。A. G. Corkum 等[125]针对采矿活动有可能促进覆盖层岩石内的应力拱起，以及可能导致严重的多工作面顶板的坍塌破坏，对数值计算模型进行二次开发，进而对矿区内工作面的合理布局展开研究。Loury[126]先将资源储量设定服从概率分布特征，再依据开采活动监测到的数据资料对资源的储量分布进行修正，开展了对资源储量变化情况下的资源开采优化配置和市场扰动机制的分析。Martin 和 Sparrow[127]分析了勘查精度与开采活动的内在联系，采用数值计算模型模拟分析现场的勘探情况，对研究区域内的资源储量的分布特征进行修正，进而采用构建的随机优化模型开展资源优化开采的分析。Calvo[128]对哥伦比亚塞萨尔省某矿进行研究，分析了成本与环境的内在联系，将社会效益与环境引入模型，总体开采成本增加，但削弱了对环境的负面影响，实现效益增长，最终确定了露天煤矿的最优开采方案。Hotelling[129]对不可再生能源的最优开采问题开展了系统分析，研究了垄断、需求、成本、外部效应和不确定性对资源最优开采路径的影响。Epaulard、Chakravorty、Greiner、Morton[130-133]相继在最优控制理论基础上构建了最优开采决策模型，使用上述定量评价模型对资源赋存特征、社会效益、市场结构、价格、成本、环境等因素进行考量，进而确定了考量不同影响因素的不可再生能源的最优开采路径。

1.3 本书主要研究内容、方法和技术路线

1.3.1 主要研究内容

1.3.1.1 采动覆岩岩土损伤渗流关系特性

研究采动覆岩土层与岩体的渗透性演化特征，探究不同损伤程度非均质岩石模拟方法，确定采动岩土损伤宏细观表征方法，分析不同损伤岩土体渗流-裂隙-应力关系，研究不同损伤岩体裂隙网络对渗透性影响机制。提出采动覆岩渗透性实时更新的数值计算方法。

1.3.1.2 采动覆岩等效渗透系数确定方法及演化规律

构建开采扰动覆岩损伤动态模拟计算方法，分析采动覆岩力学损伤演化特征，研究岩土层损伤值与采高以及岩土层层位的互馈关系；以损伤值为桥梁量化开采扰动下覆岩渗透率分布形态与演化特征。提炼采动覆岩导水裂隙类型，定量阐明不同导水裂隙的水流动特性和渗透特性，探究不同地层组合形式下的等效渗透系数；分析不同时刻采动覆岩渗透系数演化特征，明确采场覆岩开采扰动下等效渗透系数时空演化特征。

1.3.1.3 采动浅表水系统稳定性评价及控制机理

建立考虑浅表水侧向补给、入渗补给及多开采单元浅表水渗漏模型，分析含水层特性（渗透系数、水头值）、补给强度、等效渗透系数对浅表水位的影响机制；开发考虑开采扰动的等效渗透系数数值化处理方法，构建采动浅表水定量评价模型，进行单、多开采单元浅表水水位降深影响因素及敏感性分析；分析矿区内开采高度、恢复时间、煤水间距、开采范围对浅表水水位变化影响机制，构建了范围内多开采单元浅表水渗漏计算公式；分析多矿井开采下浅表水响应特征，给出多矿井开采对浅表水系统扰动效应的定量表征方法。

1.3.1.4 榆神矿区采动浅表水系统稳定性评价

提出榆神矿区采动浅表水稳定性评价方法，明确榆神矿区浅表水稳定性评价主控因素及分布特征，综合矿区采动覆岩损伤值演化特征、采动覆岩等效渗透系数评价水资源承载力状态，量化不同开采范围及不同恢复时间下的浅表水位降深及水资源承载力，研究采动影响分区内允许的生产矿井数量。

1.3.1.5 榆神矿区浅表水系统稳定约束下的矿区规划原则

建立多矿井开采扰动可行性方案的数列组合，开展煤炭价格与开采成本的灰色系统预测分析，给出产能、效益、浅表水系统稳定约束下的矿井布局流程，给

出代表单元体矿井布局方法，对榆神矿区三、四期局部区域水文地质条件进行概化，提出该区域不同约束条件下的矿井布局方案，给出榆神矿区典型地质条件第Ⅱ～Ⅴ类水资源承载力约束下的矿井布局方案，基于研究成果给出基于浅表水系统稳定的矿区规划原则。

1.3.2　方法和技术路线

本书以水文地质学、采矿学、岩石力学、开采沉陷学、地下水渗流力学为理论基础，综合采用实验室测试、数值模拟、理论分析以及现场实测等研究方法，对采动覆岩岩土损伤渗流耦合特征及浅表水流动状态进行分析，揭示不同开采参数不同地层组合形式下覆岩等效渗透系数演化特征，提出考虑开采扰动的等效渗透系数数值化处理方法，构建并明确采动浅表水稳定性定量评价模型及控制机理，研究多矿井开采扰动效应下的浅表水演化规律以及再分布特征，提出大型矿区浅表水系统稳定约束下的矿区规划原则，以期实现煤炭资源与水资源的协调发展，技术路线如图 1-1 所示。

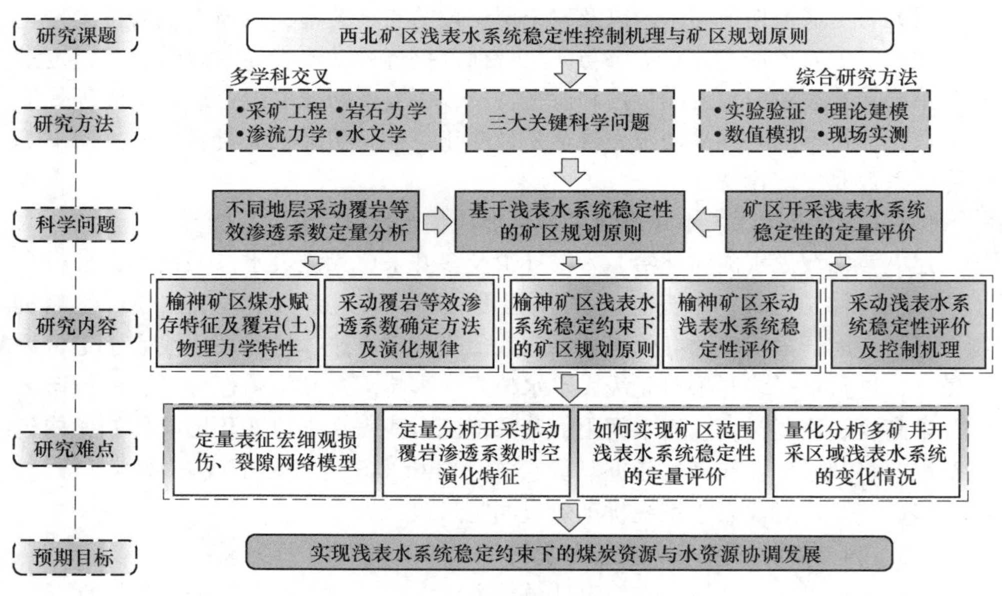

图 1-1　技术路线图

1.4　本书主要创新点

（1）构建了融合概率积分函数的榆神矿区岩土体渗透率-损伤关系方程，揭示了采动岩土层最大损伤值与采高、岩土层层位的关系，从覆岩整体渗透性角度提出了基于岩土层破断损伤的采动覆岩等效渗透系数计算方法。

（2）提出了采动覆岩等效渗透系数数值化处理方法，明确了各开采单元浅表水位降深演化特征，揭示了采高、煤水间距、恢复时间、开采范围对浅表水系统稳定性的影响机制，实现了保水开采评价从工作面的“点”拓展到浅表水系统的“面”。

（3）构建了榆神矿区基于浅表水系统稳定性的矿井布局动态规划模型，阐明了典型地质条件下矿井数量、范围、位置、产能与水资源承载力的关系，提出了榆神矿区以水资源承载力为约束的矿井布局与产能控制的矿区规划原则。

2 榆神矿区煤水赋存特征及覆岩（土）物理力学特性

西部矿区煤炭资源丰富、水资源匮乏、降雨量稀少。榆神矿区位于陕蒙交界处，地表多为风积沙、黄土梁峁丘陵地貌，水资源匮乏，生态环境十分脆弱。以煤水间距、煤层厚度、土层厚度、浅表含水层厚度等为指标对榆神矿区浅表水及煤岩赋存结构进行分类处理，在此基础上结合地层地质剖面进行典型地质特征选取，便于系统研究榆神矿区采动覆岩损伤变形规律及采动浅表水影响特征，并进一步分析榆神矿区覆岩土层物理力学特性。

2.1 我国西北矿区煤水资源分布特点

我国西部地区赋存着丰富的煤炭资源，西部地区探明的煤炭资源储量占全国的80%以上。伴随着我国东部煤炭资源逐渐枯竭，煤炭生产主战场西移已成事实，国家重点部署及规划建设的14个现代化大型煤炭生产基地（98个矿区）主要集中在山西、陕西、内蒙古、宁夏、新疆地区，未来10年西部地区煤炭资源产能约将占到全国总产能的70%[134]。其中，西进战略主要集中在内蒙古与陕西接壤附近区域的侏罗纪煤田，煤田范围内储量丰富、煤层厚度大。现代化煤炭开采的特征是高强度、大规模、高回收率等特点，但面临的挑战是西部地区的煤炭生产基地与水资源分布、生态环境承载能力呈现逆向分布趋势。我国西部地区水资源匮乏、降雨量稀少、生态环境脆弱，在西部生态脆弱区内煤炭资源的开采面临着严重考验。

2017~2020年，西北五个地区的煤炭产量在全国总产量的占比均在45%以上，如图2-1所示。2017年，内蒙古和陕西能源基地煤炭产量分别约为8.79亿吨和5.70亿吨，在全国总产量的占比约为41.1%，到2020年，内蒙古和陕西能源基地煤炭产量分别约为10.01亿吨和6.79亿吨，在全国总产量的占比约为43.8%，总的来说，矿区规模化开发侏罗纪煤炭资源的强度、深度、范围将进一步扩大。

位于侏罗纪煤田内的陕蒙接壤区大型煤炭基地已然成为西部地区煤炭生产的主战场之一[135]，年平均降雨量约为350 mm，年平均蒸发量约为2450 mm。研究区内的榆横矿区、榆神矿区、神府矿区位于黄河西岸，属于黄河水系，黄河水系的支流有秃尾河、窟野河、无定河等，较大的三级水系包括渝溪河、乌兰木伦

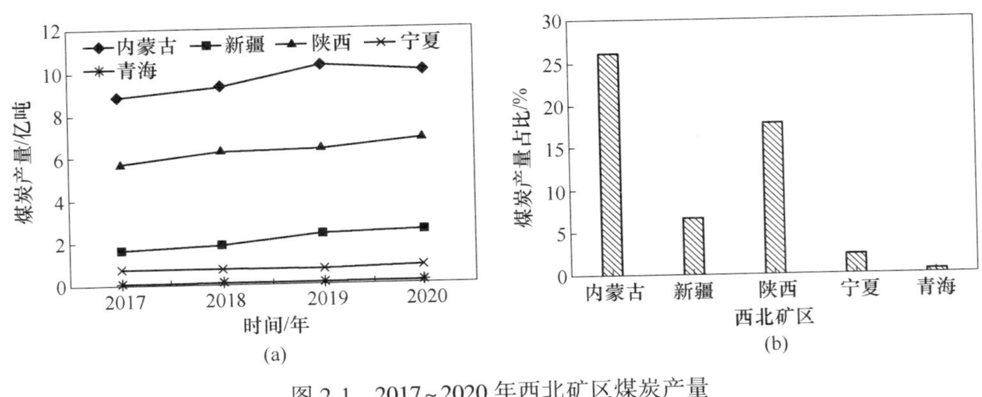

图 2-1 2017~2020 年西北矿区煤炭产量
（资料来源：中国煤炭资源网、中国能源网）
（a）煤炭产量；（b）2020 年煤炭产量占比

河、悖牛川等。各水系由地表分水岭相隔，受地形影响明显。各水系主要接收降雨补给，大气降水通过入渗形成地下潜流或者地表径流，之后汇入地表河流，区域内风积沙层潜水富水性好，地表水总径流量的 30%~80%来自潜水的补给[136]，地下潜水径流与地表径流基本一致。

2.2 榆神矿区地质条件概况

榆神矿区位于陕西省榆林市北部，隶属神木县和榆林市榆阳区管辖。矿区紧邻内蒙古自治区，矿区的西北部边界即为陕西与内蒙古的边界，东北部边界为神府矿区的西边界，西南部为榆横矿区的北边界。矿区形状不规则，矿区南北的最大距离约为 100 km，东西的最大距离约为 100 km。矿区内一共划分为 4 个规划区，分别为一期规划区、二期规划区、三期规划区、四期规划区，其中一期与二期规划区的勘探及开采程度较高。榆神矿区地表整体呈现西北向东南由高到低变化，矿区西部为风积沙地貌、东部为黄土梁峁丘陵地貌、北部也为黄土梁峁丘陵地貌。榆神矿区规划区如图 2-2 所示。榆神矿区地表地层多被新近系、第四系覆盖，榆神矿区的综合柱状图如图 2-3 所示。

对榆神矿区钻孔数据资料进行整理，得到该区域首采煤层厚度、基岩厚度、土层厚度和煤水空间距离数据资料。需要说明是在整理榆神矿区内钻孔的密度相对较小，需要对数据资料进行插值处理，进而满足计算需要并提高计算精度，再采用 GIS 数据空间分析功能生成对应的等值线图，如图 2-4 所示。

煤层赋存特征：侏罗系中统延安组是榆神矿区的主要含煤地层，含煤地层数多达 18 层，其中主要的可采煤层为 5 层：1-2、2-2、3-1、4-2、5-2，煤层倾角为 1°~3°，属于近水平煤层，主采煤层的单层最大厚度为 12.8 m。厚度较大的优质

图 2-2 榆神矿区规划区划分

地层				厚度/m	岩性描述	备注
系	统	组	柱状图			
第四系	全新统	风积沙冲击层		0~149.6	以现代风积沙为主，冲击层次之	含水层
	上更新统	萨拉乌苏组		0~67.3	上部为粉细沙及亚沙土，顶部有古土壤，下部为亚沙土夹沙质亚黏土。平均厚20 m	
	中更新统	离石组		0~109.5	亚黏土及亚沙土，夹粉土质沙层，薄层古土壤层及钙质结核层，底部具有砾石层	隔水层
新近系	上新统	保德组		0~170.0	棕红色黏土及亚黏土，底部局部有砾岩	
白垩系	下统	洛河组		0~336.8	巨厚层状中粗粒长石砂岩，底部有几米至几十米厚的砾岩层，成分为石英岩	基岩
侏罗系	中统	安定组		0~114.0	上部以泥岩及砂质泥岩为主，与粉砂岩及细砂岩互层，下部以中至粗粒长石砂岩为主，夹砂质泥岩	
		直罗组		0~134.0	上部以泥岩、粉砂岩为主，下部以砂岩为主，厚30~50 m	
		延安组		150.0~280.0	中、厚层砂岩和中、薄层泥岩组成，厚150~280 m	含煤地层
	下统	富县组		0~147. 0	下部及中部为粗粒长石石英砂岩，含砾粗粒砂岩。顶部为粉砂岩、砂质泥岩	煤层底板与下部岩层
三叠系	上统	永坪组		0~200. 0	巨厚层状细中粒长石石英砂岩，含大量绿泥石，局部含石英砾以及泥质包体	下部岩层

图 2-3 榆神矿区综合柱状图

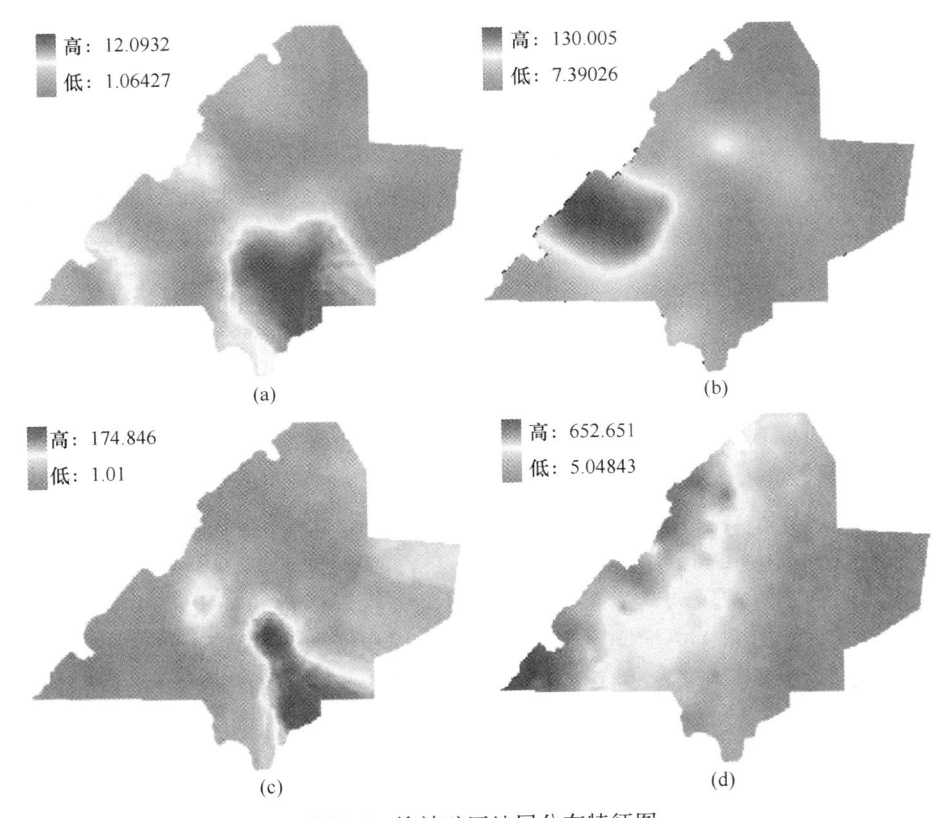

图 2-4 榆神矿区地层分布特征图

（a）煤层赋存厚度；（b）浅表含水层厚度；（c）土层厚度；（d）基岩厚度

煤层常常是开采的首选煤层。在生态脆弱的榆神矿区，大范围高强度的开采不可避免地会对浅表水造成负面影响，一旦矿区内的浅表水稳定性被打破，将对矿区内的生态系统造成不可预估的负面影响，严重地制约地区经济和社会的发展。

浅表含水层结构特征：矿区内的主要含水层包括第四系松散层、风化带、侏罗系延安组砂岩及直罗组砂岩。第四系松散含水层最接近地表，与地表的植被生长和工业用水息息相关，第四系松散含水层又可分为第四系全新统冲积层孔隙潜水（Q_4^{al}）以及第四系风积沙+萨拉乌苏组含水层（$Q_4^{al}+Q_3^{s}$）。

第四系全新统冲积层孔隙潜水（Q_4^{al}）主要分布在矿区内的阶地和沟谷的河谷地带，厚度为 0~27.30 m，岩性主要为粉砂、细粗粒砂、夹亚沙土，局部含沙砾石，属透水岩组，富水性存在明显差异，在同一河段，阶地后缘的透水性要弱于段阶地前缘地带。

第四系风积沙+萨拉乌苏组含水层（$Q_4^{al}+Q_3^{s}$）在榆神矿区内广泛分布，风积沙层与萨拉乌苏组含水层之间不具备完整的隔水层，常形成联系在一起的潜水含水层，厚度变化较大，在 0~146.15 m 范围变化，岩性主要为粉砂、细粗粒砂，属透水岩组，水位埋深在 0.50~3.28 m。单位涌水量在 0.009~3.945 L/(s·m)，渗透系数在 0.017~9.84 m/d；水质以 HCO_3-Ca·Mg·Na 及 HCO_3-Na·Ca 型为主，矿化度常常小于 0.50 g/L。潜水含水层的富水性由西向东表现出由强到弱的趋势。在整个榆神矿区内，浅表水对于居民生活、工农业用水和生态植被具有重要意义，维护浅表水系统的稳定对于该区域的煤水协调发展和生态系统平衡至关重要。

隔水层结构特征：矿区范围内的黏土层以及相对隔水的基岩层对于浅表水的保护起到关键作用，黏土主要包括离石组黄土层（Q_2^1）和保德组红土层（N_2b），土层在榆神矿区内分布呈现不均匀分布，且在局部区域存在地层缺失的情况，黏土层的整体厚度在 0~175 m 范围内。由于风化剥蚀作用，矿区基岩厚度自西北向东南方向逐渐变薄，覆岩最大厚度为 652.7 m，最小厚度为 5 m。相对隔水的基岩层包括侏罗系含煤地层延安组、安定组和直罗组，完整性较好、厚度较大，在自然条件下可以起到一定的阻水作用。

西北矿区水资源短缺、生态脆弱，矿区高强度规模化的开采不可避免地会对浅表水造成负面影响，更加剧了浅表水保护与煤炭资源开采之间的矛盾。浅表水作为维持区域生态系统平衡的重要因子，维持浅表水系统的稳定对于保证矿区生态环境及可持续发展具有重要意义。因此针对西北矿区的特点，需要采取控制技术及调控方法保护浅表水资源的稳定，要实现对目标的保护首先要了解采动浅表水的流动状态。

2.3　榆神矿区地质条件分类

地质系统对浅表水影响主要因素包含煤水空间赋存关系、土层、基岩层特征。采矿系统对浅表水的影响主要包含开采方法与开采参数，本节主要分析长壁充分采动的情况，将煤层厚度作为重点分析对象。首先将基于煤水间距进行分类，以此为基础对矿区内基岩厚度、土层厚度、煤层厚度、浅表含水层厚度进行再分类处理。

2.3.1　区域水文地质数据重分类

依据地质勘探资料，榆神矿区地层地质剖面图如图 2-5 所示，煤层厚度的最小值为 0.84 m（XH76 钻孔），煤层厚度的最大值为 12.36 m（P49 钻孔），煤层埋深的最大值为 551.05 m，煤层埋深的最小值为 105.8 m。

通过对榆神矿区内水文地质数据的资料分析，采用 GIS 软件的空间分析功能，将榆神矿区内煤水间距按照阈值为 400 m、300 m、200 m、100 m 进行重分类处理，将原始煤水间距划分为五类：第五类（≥400 m）、第四类（300~

400 m)、第三类（200~300 m）、第二类（100~200 m）、第一类（<100 m），如图 2-6 所示。

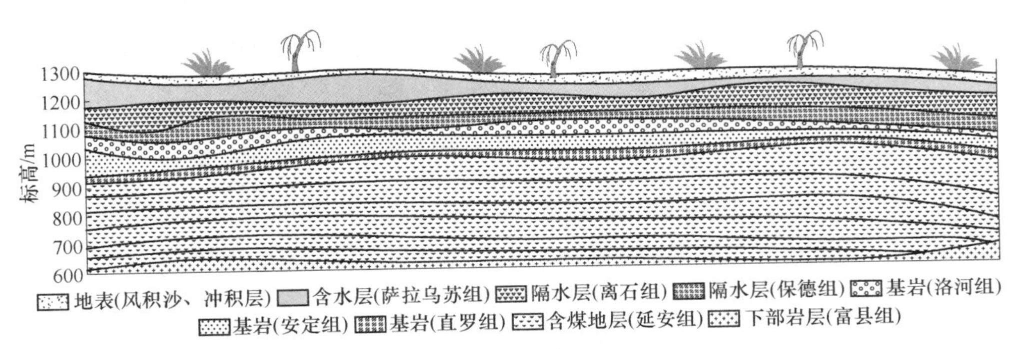

图 2-5 地层地质剖面

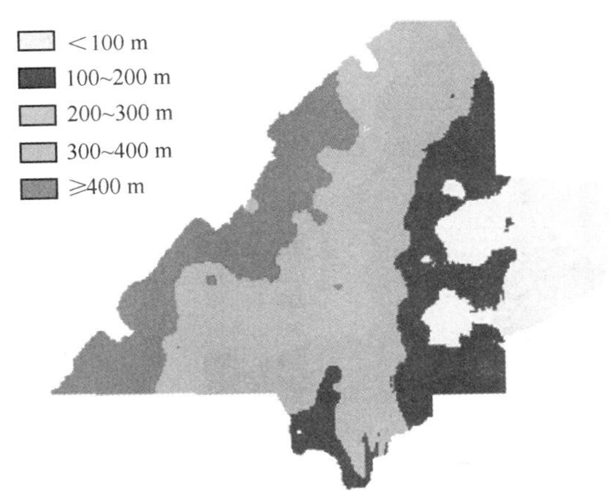

图 2-6 榆神矿区煤水间距数据分类

在煤水间距数据基础上（见图 2-6），对煤层厚度进行处理，将榆神矿区内煤层厚度按照阈值为 10 m、8 m、6 m、4 m、2 m 进行重分类分析，将原始煤水间距划分为六类：第六类（≥10m）、第五类（8~10 m）、第四类（6~8 m）、第三类（4~6 m）、第二类（2~4 m）、第一类（<2 m）。采用 GIS 空间分析的掩膜提取功能，将煤水空间的分类数据进行再分类处理，以煤水间距第五类数据为例，具体操作流程如图 2-7 所示。采用同样的处理方法，将榆神矿区内的煤层厚度做分类处理，可以得到矿区内基于煤水间距分类的煤层厚度分类结果，见图2-8。

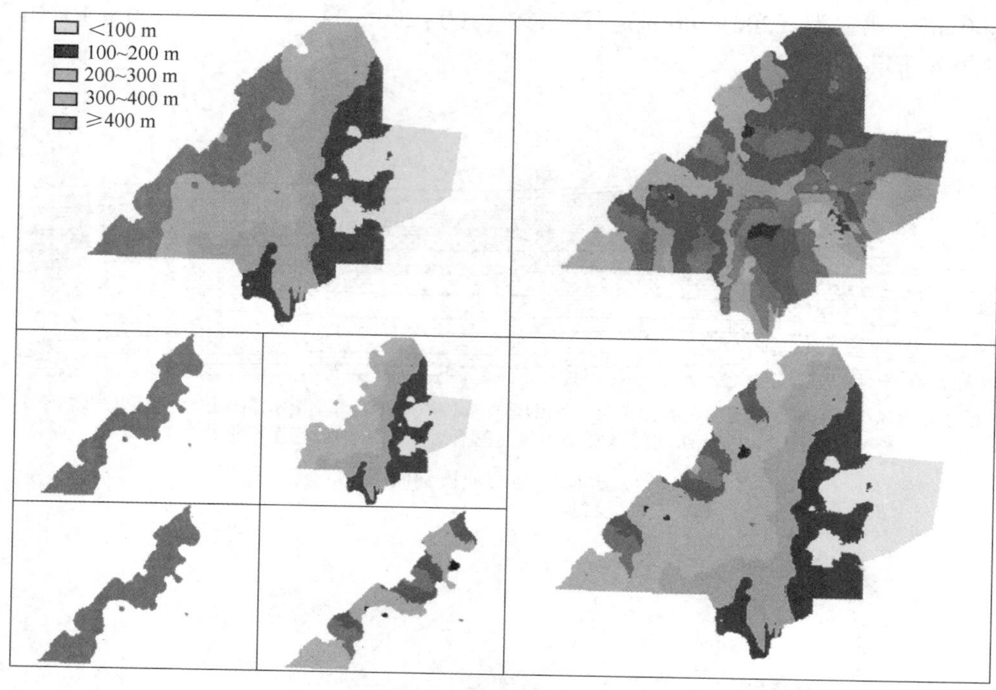

图 2-7　榆神矿区地质条件再分类方法

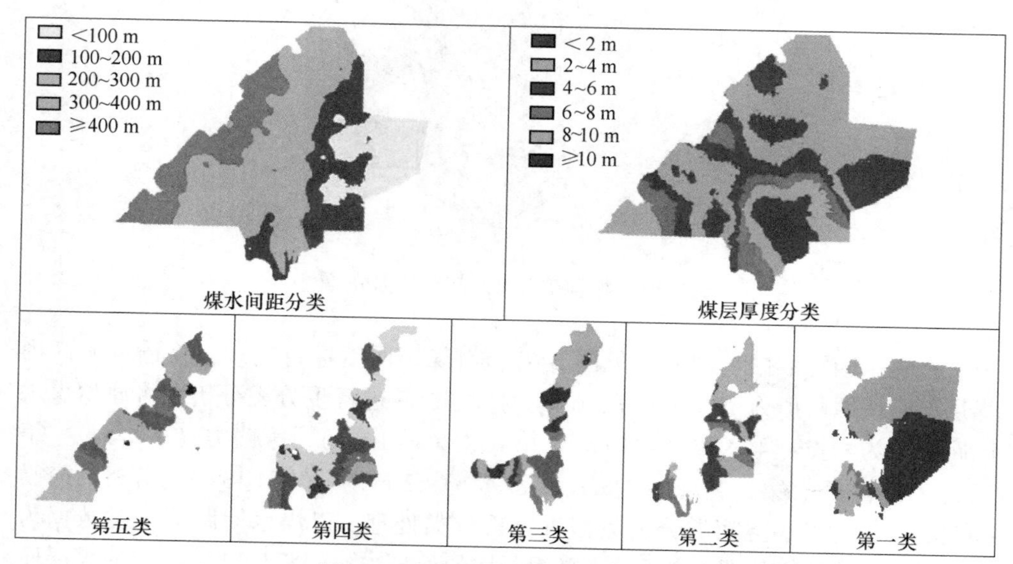

图 2-8　基于煤水间距的煤厚再分类

在煤水间距数据基础上（见图 2-6），对浅表含水层厚度进行再分类，将榆神矿区内浅表含水层厚度按照阈值为 10 m、20 m、30 m、40 m、50 m、60 m、70 m、80 m、90 m、100 m、110 m、120 m 进行重分类分析，将原始煤水间距划分为十三类：第十三类（≥120 m）、第十二类（110~120 m）、第十一类（110~100 m）、…、第三类（20~30 m）、第二类（10~20 m）、第一类（<10 m）。采用 GIS 空间分析的掩膜提取功能，将煤水空间的分类数据进行再分类处理，采用同样的处理方法，将榆神矿区内的浅表含水层厚度做分类处理，可以得到矿区内基于煤水间距分类的浅表含水层厚度分类结果，见图 2-9。

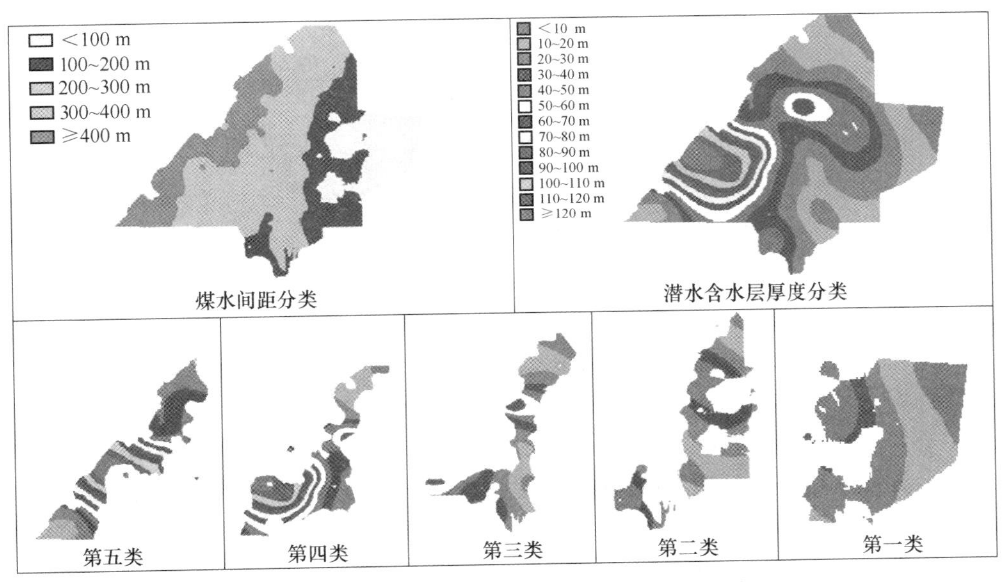

图 2-9 基于煤水间距的潜水含水层厚度再分类

在煤水间距数据基础上（见图 2-6），对土层厚度进行再分类，将榆神矿区内土层厚度按照阈值为 20 m、40 m、60 m、80 m 进行重分类分析，将原始煤水间距划分为五类：第五类（≥80 m）、第四类（60~80 m）、第三类（40~60 m）、第二类（20~40 m）、第一类（<20 m）。采用 GIS 空间分析的掩膜提取功能，将煤水空间的分类数据进行再分类处理，采用同样的处理方法，将榆神矿区内的土层厚度做分类处理，可以得到矿区内基于煤水间距分类的土层厚度分类结果，见图 2-10。

2.3.2 榆神矿区典型地质条件分类

榆神矿区范围内的煤水间距、基岩厚度、土层厚度、煤层厚度、浅表含水层厚度是在变化的，即使以基于煤水间距分类结果，对矿区内基岩厚度、土层厚度、煤层厚度、浅表含水层厚度进行了再分类处理，以煤水间距划分为五类为

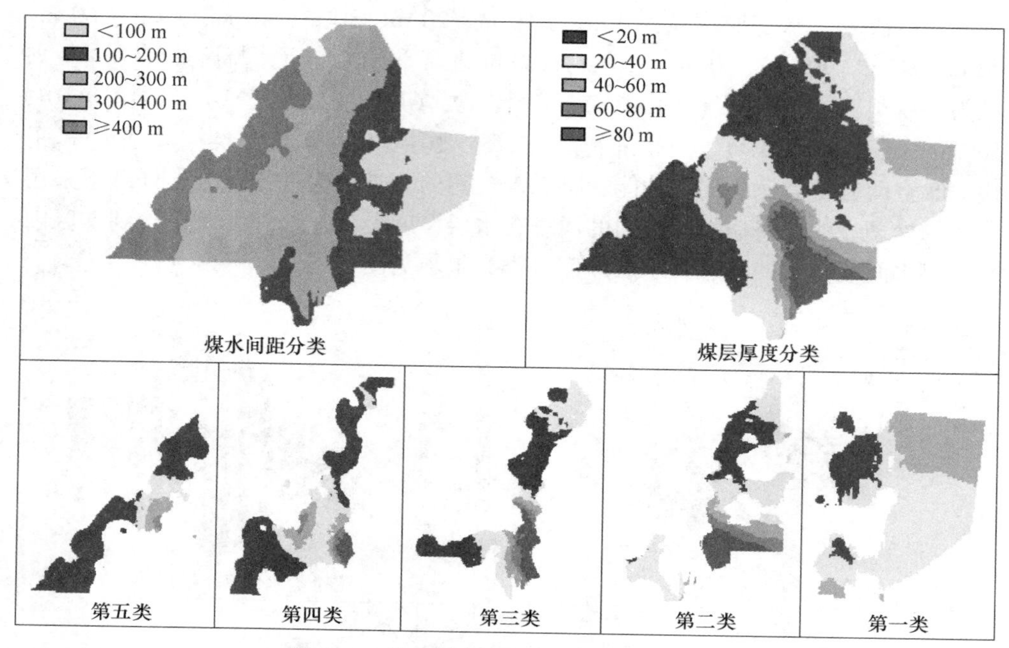

图 2-10　基于煤水间距的土层厚度再分类

例，其他地层数据也在此基础上划分为五类，虽然不完全符合数据的组合排列，但组合的结果粗略估算为3000左右，组合形式的数据量较大。

结合榆神矿区内煤水间距、煤层厚度及土层厚度的分类结果，对研究区内水文地质条件进行概化。在对比煤水间距对浅表水的影响时，引入“短板”定义煤水间距较小的条件，引入“长板”定义煤水间距较大的条件，短板是一个相对概念，本节仅限于设定方案之间的比较，不对涉及短板效应的外延。此处假定相同开采方式下，选定将煤水间距分类阈值作为短板界定指标。以煤水间距200 m为例，相同开采参数下，以煤水间距作为衡量指标，在煤水间距分类中的第二类中，200 m为相对长板条件；在煤水间距分类中第三类，200 m为相对短板条件。概化的方法：首先分析矿井内不同分类的面积占比，以面积相对较大为主展开分析，如煤水间距分类中第五类，则取煤水间距400 m进行分析，煤水间距分类中的第四类，则取煤水间距300 m，依次类推，进而得到不同位置矿井的水文地质条件概化结果。

基于地层地质剖面以及区域水文地质数据重分类结果，在榆神矿区选定五类地质条件作为代表进行分析，如图2-11所示。

第Ⅰ类：煤水间距50 m，土层厚度20 m，浅表含水层厚度20 m。

第Ⅱ类：煤水间距100 m，土层厚度30 m，浅表含水层厚度20 m。

第Ⅲ类：煤水间距 200 m，土层厚度 20 m，浅表含水层厚度 30 m。

第Ⅳ类：煤水间距 300 m，土层厚度 20 m，浅表含水层厚度 40 m。

第Ⅴ类：煤水间距 400 m，土层厚度 10 m，浅表含水层厚度 40 m。

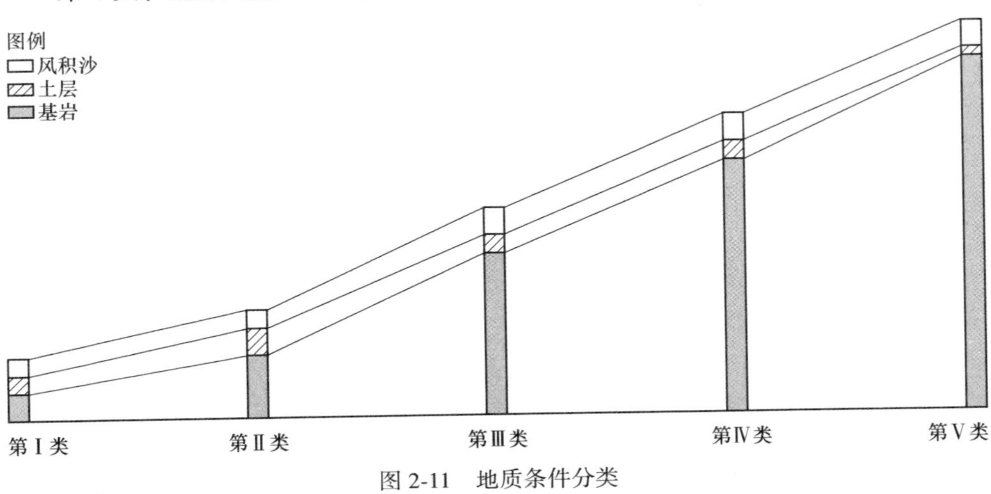

图 2-11 地质条件分类

2.4 覆岩土物理力学特性

根据国家重点基础研究发展计划（973 计划）项目《我国西北煤炭开采中的水资源保护基础理论研究》研究成果：自然条件下的土层整体上呈现出散体结构特征，属于半固结松散状态，强度较弱，研究区土层的取样见图 2-12。

(a)

(b)

图 2-12 土层取芯样品

（a）黄土取芯样品；（b）红土取芯样品

土层成分中含有膨胀性矿物，在自然条件下是较好的隔水层，土层的存在及分布特征也决定了榆神矿区更加具有实现保水开采的可行性，开采之后的结构稳定性及浸水后土层的渗透性是保水开采的关键。离石黄土渗透系数为 0.004～0.13 m/d，红土为 0.0016～0.017 m/d，见表 2-1，在压缩实验下，土层渗透性最大值常常出现在土样由弹性进入塑性临界点附近，一旦进入塑性变形段（多为塑性硬化），渗透系数反而逐渐减小。

表 2-1　土层基本水理性质

岩性	液限/%	塑限/%	塑性指数	液性指数	饱和度/%	渗透系数/m · d^{-1}
离石黄土	21.9～28.2	16.1～18.1	5.7～10.2	<0	49.0～91.0	0.004～0.13
保德红土	26.7～37.1	17.6～20.7	9.1～16.4	0～0.55	59.0～92.0	0.0016～0.017

煤层上覆基岩以砂岩、粉砂岩和少量泥岩互层为主，厚度含沙率全区变化不大，一般为 60%～80%[137]，如表 2-2 所示。

表 2-2　榆神矿区覆岩岩性组成形式

统计段厚度/m	泥岩/%	砂质泥岩/%	粉砂岩/%	细砂岩/%	中粒砂岩/%	粗粒砂岩/%	泥岩类/%	砂岩类/%
100	3	15	41	6	10	25	18	82

根据岩石力学强度测试数据，煤层上覆岩层的岩性均属中硬岩类。表 2-3 为榆神矿区覆岩物理力学强度统计结果。

表 2-3　覆岩岩石物理力学特性

岩性	天然容重/g · cm^{-3}	孔隙率/%	饱和单轴抗压强度/MPa	抗拉强度/MPa	抗剪强度	
					C/MPa	*Φ*/(°)
泥岩	2.51～2.54	3.50～4.89	16.70～37.70	1.57～1.68	—	—
砂质泥岩	2.51	2.7	30.4	3.13	—	—
粉砂岩	2.41～2.70	0.40～9.34	13.30～67.20	0.55～5.06	2.80～14.00	26.60～43.40
细粒砂岩	2.43～2.77	0.80～10.20	22.20～67.80	1.20～4.01	2.40～9.30	35.70～43.80
中粒砂岩	2.31～2.52	4.90～13.00	14.60～55.60	1.29～4.73	2.80～7.17	40.40～43.00
粗粒砂岩	2.39～2.50	7.50～9.58	20.40～23.50	0.86～1.75	3.70～5.30	41.50～42.00

依据柠条塔煤矿、金鸡滩煤矿、香水河煤矿和红柳林煤矿现场工业性实验，根据实验结果[138]，确定出残余基岩的渗透系数为 0.016658 m/d。整体上 N2 红土以黏粒和粉粒（<0.075 mm）为主，约占总含量的 80%以上[139]，根据多次采前、采后野外调研[140]，整理的开采扰动后残余黄土渗透系数为 0.004874～0.005015 m/d，残余红土渗透系数为 0.002926～0.003119 m/d，土层渗透系数平均值为 0.0039～0.004067 m/d。

2.5 本章小结

（1）我国西北矿区生态环境脆弱，降雨稀少，陕蒙地区浅表水以蒸发排泄为主，次之以泉或泉群的形式排泄，蒸发量为2450 mm，但降雨量仅为350 mm，而煤炭资源大规模、高强度的开发进一步激化煤炭开采与水资源的矛盾。浅表水是该区域具有资源和生态价值的宝贵资源，保证浅表水系统的稳定对于该区域的生态系统平衡具有重要意义。

（2）榆神浅表含水层的富水性由西向东表现出由强到弱的趋势。在整个榆神矿区内，浅表水是居民生活、工农业用水和生态植被的重要保障，浅表水系统的稳定性是该区域的煤水协调发展和生态系统平衡的核心支撑。

（3）榆神矿区煤层倾角在1°~3°，属于近水平煤层，主采煤层的单层最大厚度为12.8 m；浅表含水层结构特征：第四系风积沙+萨拉乌苏组含水层（$Q_4^{al}+Q_3^{s}$）在榆神矿区内广泛分布，厚度变化较大，在0~146.15 m范围变化，渗透系数在0.017~9.84 m/d。

（4）以榆神矿区煤水间距、煤层厚度、浅表水厚度、土层厚度，区域水文地质数据为指标，再结合地层地质剖面提出榆神矿区五类典型地质条件：第Ⅰ类、第Ⅱ类、第Ⅲ类、第Ⅳ类、第Ⅴ类。

（5）煤层上覆基岩以砂岩、粉砂岩和少量泥岩互层为主，厚度含沙率全区变化不大，一般为60%~80%。整体上土层以黏粒和粉粒（<0.075 mm）为主，占到总含量的80%左右。多次的野外调研，残余黄土渗透系数为0.004874~0.005015 m/d，残余红土渗透系数为0.002926~0.003119 m/d，土层渗透系数平均值为0.0039~0.004067 m/d。

3 采动覆岩等效渗透系数确定方法及演化规律

开采扰动下采动覆岩的移动变形是一个复杂的时空动态演化过程，采动覆岩损伤变形规律和渗透系数模型的研究是浅表水系统扰动程度分析的主要方面。本章以渗透系数为主要指标，建立开采扰动覆岩损伤及渗透系数动态数值模拟计算方法，结合 FLAC 内嵌的 FISH 语言开发了相应的数值模拟计算程序，开展开采扰动采场覆岩损伤变形定量分析，揭示开采参数对覆岩损伤变形的影响机制，研究开采过程中采场覆岩渗透系数的演化特征。在等效渗透系数理论基础上，从整体出发，逐层深入地对覆岩不同裂隙结构展开分析，构建不同导水裂隙类型的分析模型，基于管流水力学构建由局部到整体的采动响应等效渗透模型，计算地层组合系统下的等效渗透系数；将采动覆岩变形损伤与改进的 Knothe 时间函数相结合，构建采动覆岩等效渗透系数时空演化模型。

3.1 采动岩土损伤及渗流应力关系

开采扰动导致采场覆岩不同分带内的应力环境复杂多变，煤岩样的损伤破断程度各异，不同损伤破断程度的煤岩在不同应力条件下也表现出不同的渗流特征，这种情况下岩石的损伤及渗流问题十分复杂，无法找到一种通用的关系来描述所有情况。因此，在总结前人研究成果基础上结合室内实验，分析人工泥样、完整岩样、贯穿裂隙岩样和破碎岩样在逐渐加载过程中的渗透特征，初步掌握不同损伤岩样的应力-渗透系数关系。结合离散元数值模拟中对裂隙形态的可控性强、裂隙演化更加直观，采用离散元 UDEC 数值模拟软件对不同损伤岩样裂隙-应力-渗流关系进行模拟分析，提出了不同破裂损伤岩样离散元计算方法，研究了块体均质性、水力开度均质性及应力对模型渗流的影响，分析了等效水力隙宽与轴压、围压及形状参数的关系。在上述研究成果基础上构建不同损伤岩样的渗透系数-应力力学模型，量化不同损伤段的渗透系数-损伤关系。

3.1.1 采动岩土损伤过程中渗透系数演化

在工程实践中，岩石节理渗透特性是一个非常重要的岩石属性，与很多地下岩石工程的稳定与安全性紧密相关。研究不同损伤岩石节理渗透特性的方法常用的有现场实测、实验室三轴渗流实验和数值模拟方法。应用现场实测方法测的岩石渗透性通常是可靠的，但是由于井下复杂的地质环境、重复的开采扰动及昂贵的测试费用，这种方法并没有得到广泛应用，大部分岩样的渗透系数测试是在实验室进行的。

根据国家重点基础研究发展计划（973 计划）项目《我国西北煤炭开采中的水资源保护基础理论研究》研究成果：离石黄土渗透系数为 0.004~0.13 m/d，红土为 0.0016~0.017 m/d，在压缩实验下，土层渗透性最大值常常出现在土样由弹性进入塑性临界点附近，一旦进入塑性变形段（多为塑性硬化），渗透系数反而逐渐减小。

开采扰动土层的渗透性研究表明[141]：（1）相同开采参数下，14 cm 土层初始渗透系数为 1.44×10^{-8} m/s，开采扰动后渗透系数最大值为 3.27×10^{-8} m/s，16 cm土层初始渗透系数为 1.39×10^{-8} m/s，开采扰动后渗透系数最大值为 2.81×10^{-8} m/s，随着土层厚度的增加，渗透系数降低；（2）随着开采的进行，渗透系数逐渐增长到最大值；（3）随着时间的延长，渗透系数有所降低。

工作面上覆岩层由下至上依次发生沉降运移。工作面上覆岩层的运移是一个与空间和时间相关的问题，随着开采的进行隔水土层的渗透性逐渐增加，其中的核心问题是煤层开采后，隔水层的损伤变形在逐渐累加，进而导致整层的渗流特性逐渐增长。为了定量表征隔水层损伤值的演化特征，选定损伤值与时间呈线性相关关系，进而绘制了渗透系数与损伤值的关系曲线，如图 3-1 所示。随着损伤值的累加渗透性逐渐增长，两者呈现出三次方的关系，相关性为 98.27%。本节测试的土样的初始最小渗透系数为 0.0016 m/d，第 2.4 节中整理四个煤矿（柠条塔煤矿、金鸡滩煤矿、香水河煤矿和红柳林煤矿）[140]的开采扰动后残余隔水土层的渗透系数平均值最大为 0.004067 m/d，基于此，对上述数据的初始渗透系数及损伤值最大时的渗透系数进行修正，如图 3-2 所示。随着损伤值的累加渗透性逐渐增长，两者呈现出三次方的关系，相关性为 93.41%。

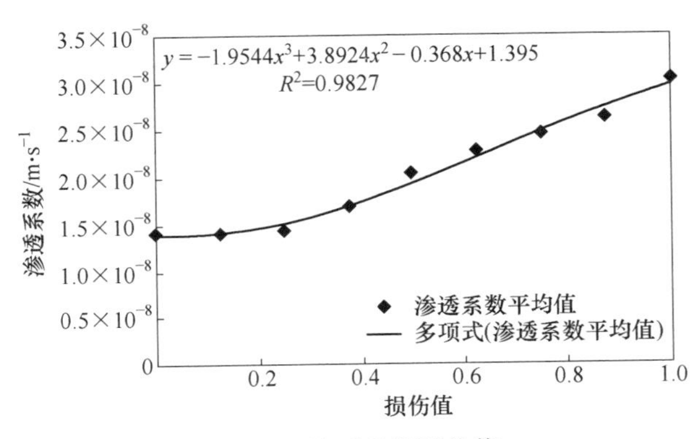

图 3-1 渗透系数平均值

陕蒙地区典型的泥岩和砂岩全应力-应变过程的渗透测试结果表明[134]：（1）在加载初期，渗透系数随着应力的增加而降低；（2）随着变形量的增加，应力逐渐增加导致试样内出现变形损伤，随着内部裂隙的发育、扩展，渗透系数

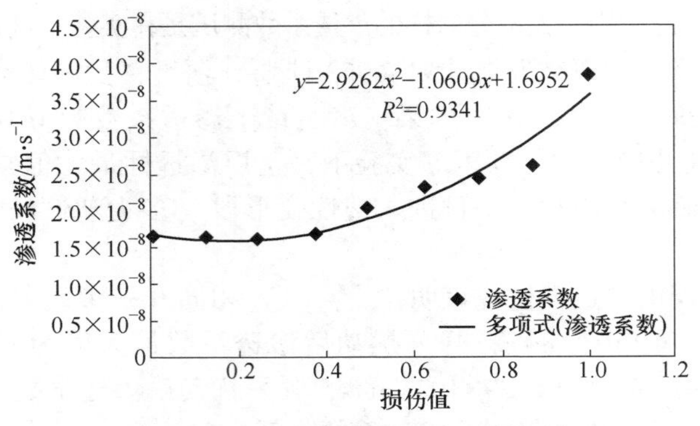

图 3-2　黏土层渗透系数变化

先缓慢增长后急剧增加；（3）当应力达到最大值后急剧降低，渗透系数稍微滞后应力峰值达到最大值；（4）应力峰值后，中砂岩和细砂岩的渗透系数稍微降低，泥岩的渗透系数急剧降低。为了直观反映出达到应力峰值前在损伤变形过程中渗透系数和应力的关系，绘制岩石应力-渗透系数的关系曲线，如图 3-3 所示，随着应力的增加，渗透系数逐渐增大。

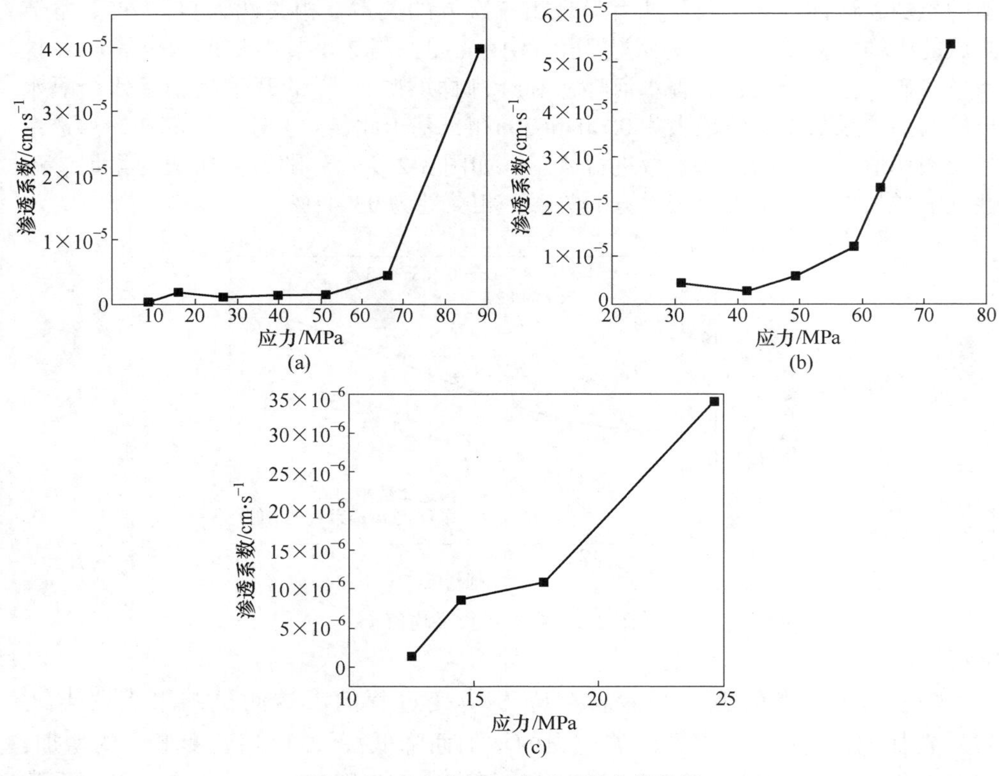

图 3-3　应力作用下渗透系数变化曲线

（a）中砂岩；（b）细砂岩；（c）泥岩

开采区域覆岩的岩性以泥岩和砂岩为主，获取典型岩性变形损伤条件下的渗透率演化规律对采场覆岩水力学的研究具有重要意义。为了确保分析的样品具有代表性，对裂隙岩石试样渗流实验整理分析，从中选取符合渗透性变化普遍规律具有代表性的实验数据。粗砂岩、中砂岩和泥岩样均取自鄂尔多斯地区某煤矿，粗砂岩的孔隙最大，中砂岩次之，泥岩的孔隙率最小，室温 20 ℃，渗流压差为 1 MPa，围压在 5~15 MPa 间变化，获取的实验数据如图 3-4 所示。随着应力的增加渗透率逐渐降低，同种应力下粗砂岩的渗透率最大，中砂岩次之，泥岩的渗透率最小。

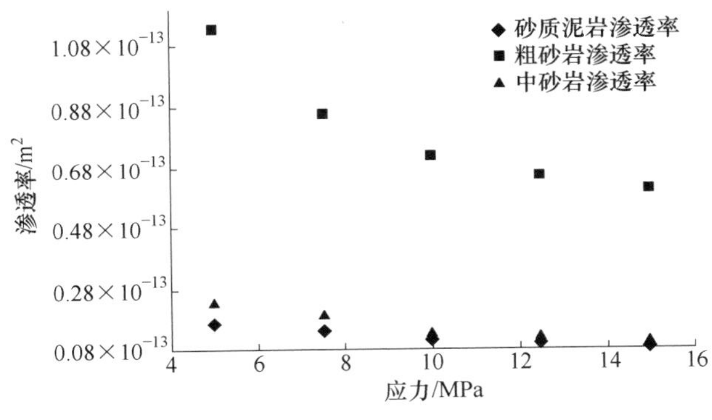

图 3-4 应力-渗透率变化曲线

采动覆岩应力状态的变化，导致采场覆岩岩土变形损伤，同时伴随着裂隙的压缩闭合、起裂、扩展、贯通，渗透率-应变（应力）关系曲线可以更直观地反映出岩石在整个加载过程中渗透性能演化特征。文献［142］－［145］对不同岩石施加一定的应力与渗流压差边界条件，测试岩石在整个加载过程中渗透率变化，这些实验揭示了全应力-应变过程下渗透性变化的普遍规律，可对应岩石加载过程中的变形特征划分为五个阶段：孔隙压密阶段（*OA* 段）、弹性变形阶段（*AB* 段）、微破裂稳定发展阶段（*BC* 段）、累进性破坏阶段（*CD* 段）、破裂后阶段（*DE* 段），如图 3-5 所示。

上述分析表明在 *D* 点附近，在外部载荷作用下岩石内部裂隙快速发展，逐步扩展贯通产生宏观断裂面，渗透率急剧增加。岩石损伤的声发射研究发现，加载过程中裂纹扩展可视为渐进发展演化的过程，岩石实验在产生宏观断裂面后不久，声发射能量及振铃数均达到最大值[146]。由于岩石试件的非均质性及各向异性，加载过程中裂纹的起裂起始点的判定是一个难点，Martin 和 Chandler[147] 采用体积应变与轴向应变曲线进行界定。Nicksiar 和 Martin[148] 采用横向应变与轴向应力比值随轴向应力的变化曲线，排定裂纹扩展的起始点。Lajtai[149] 提出采用轴向应力与横向应变线性关系的偏离点作为裂纹扩展的起始点，后续将对岩石的

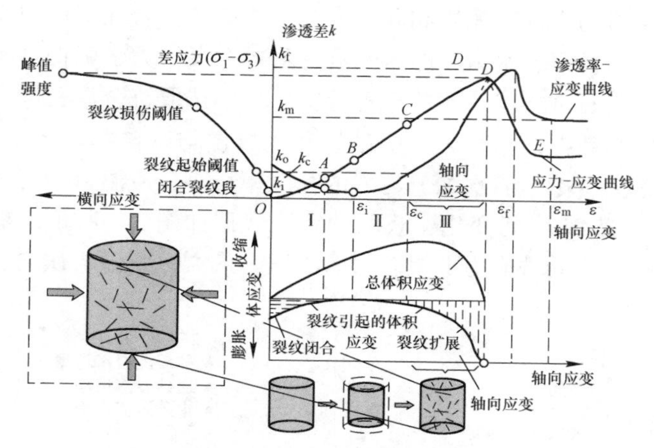

图 3-5　岩石渗透率-应变演化特征

非均质性及起裂特征展开分析。

Eberhardt[150]发现裂纹起裂后，随着裂纹体积占比的增加，会对弹性模量及泊松比产生影响，继而影响裂纹的扩展。Liu[151]采用声发射手段监测了加载下的裂纹扩展，载荷增加到应力峰值的80%左右时，声发射事件主要集中在裂纹的附近，也有学者将应力峰值的80%至应力峰值视为灾变转折点；载荷达到应力峰值时，不再产生新的声发射事件，内部裂隙逐步贯通，最终导致岩石破坏。裂纹扩展及裂隙网络的定量表征是渗透系数量化的重要基础。

渗透系数的量化表征方法分为三种，包括经验公式、间接公式和理论模型，建立渗透系数与应力、应变、孔隙率的量化关系，渗透系数与应力、应变的方程是渗流耦合不可缺少的控制方程。损伤的外在表现即为载荷-应变曲线的逐步弱化，为了实现渗透系数的量化表征及计算简便，参考学者已有研究成果[152]，将宏观损伤值依据线性函数的关系进行归一化处理，如下所示：

$$D_c = \frac{\sigma_c}{\sigma_{c0}} \cdot \left(1 - \frac{\sigma_{cc}}{\sigma_{c0}}\right)，D_c = \frac{\sigma_t}{\sigma_{t0}} \cdot \left(1 - \frac{\sigma_{tc}}{\sigma_{t0}}\right)$$

式中，D_c为压缩损伤值；σ为应力值，MPa；σ_{cc}为残余强度；σ_{c0}为峰值强度。

目前三轴应力及渗流实验多为假三轴，即实验过程中水平方向上的围压相等，因此采用平面应力状态进行分析，边界受力分为水平受力与垂直应力，应用弹塑性力学，可将此种条件下的主应力值及主应力方向表达为：

$$\sigma_1 = \frac{\sigma_z + \sigma_x}{2} + \sqrt{\left(\frac{\sigma_z - \sigma_x}{2}\right)^2 + \tau_{xz}^2}，\sigma_2 = \frac{\sigma_z + \sigma_x}{2} - \sqrt{\left(\frac{\sigma_z - \sigma_x}{2}\right)^2 + \tau_{xz}^2}，$$

$$\tan 2\varphi_0 = \frac{2\tau_{xy}}{\sigma_z - \sigma_x}$$

在试件端部及围岩上的剪切应力为零，得到主应力的方向为90°和180°，根据应力摩尔圆，最大剪切应力出现在与主应力成45°的界面上，这也合理地解释了实验过程中岩石试样多为倾斜破断的现象。当水平与垂直应力相等或相接近时，主应力可以进一步退化为某一方向上的应力，因此宏观损伤值也可采用主应力进行表示。对于理性的弹塑性材料，将应力峰之前的应力-应变关系视为线弹性，将归一化后的损伤值的演化规律同样可以采用应变关系进行描述，如下所示：

$$D_c = \frac{\varepsilon_c}{\varepsilon_{c0}} \cdot \left(1 - \frac{\sigma_{cc}}{\sigma_{c0}}\right), \quad D_c = \frac{\varepsilon_t}{\varepsilon_{t0}} \cdot \left(1 - \frac{\sigma_{tc}}{\sigma_{t0}}\right)$$

这里需要指出的是，本节是基于现场实测得到残余土层及残余基岩的渗透系数，对实验得到的渗透系数进行修正，再以损伤值为桥梁，将建立试件尺度渗透系数量化关系应用到采场模型的渗透系数更新及等效渗透系数的计算。此处提出的宏观损伤值是以应力和应变为指标进行描述，与细观单元损伤表示方法存在区别，后续将采用数值模拟方法对非均质岩石建模、细观损伤及裂纹网络模型定量刻画展开研究。

3.1.2 不同损伤岩土体渗流特性力学模型

天然岩体是由孔隙裂隙及被结构分割的岩块组成，流体主要沿着裂隙流动，岩体结构中的裂隙结构特征也决定了流体的流动特性，对于内部孔隙裂隙结构不发育的完整岩体，导致渗透系数较低。采动影响下岩石体内的孔隙裂隙、应力产生变化，会导致岩石体内裂隙密度、接触面积、连通性及曲率等均会产生变化，因此，岩石体内流体流动特性直接与应力及变形相关。

本节将完整岩体假设为立方体模型进行分析（图3-6（a）），假设：（1）流体介质的渗流是在恒温条件下进行[104]；（2）流体介质仅沿着竖直（z轴）方向进行流动；（3）将岩体内的裂隙均视为相互导通的裂隙。在上述假设基础上，在几何模型中取一个计算单元，计算单元由一个基质体与六个与其相邻的半个裂隙体组成，如图3-6（b）和（c）所示，基质块为实线组成的单元，虚线表示相邻的裂隙体单元，为了便于公式推导，取拉应力和拉应变为正。计算单元在水平方向的总变形量等于基质单元的变形量与裂隙单元变形量之和。当岩体中包含多组裂隙，即在x、y、z方向各含有一组裂隙，此处以沿z方向的渗透系数为例进行分析。

雷诺方程表明任何一种岩石的裂缝渗透率与裂缝孔径的立方成正比，与裂缝间距成反比。以轴向渗流为例，假定所有的裂隙沿着z方向分布，裂隙开度在$b_1 \sim b_n$之间变化，对应的裂隙间距在$s_1 \sim s_n$之间变化，对于任何一种岩石渗透率

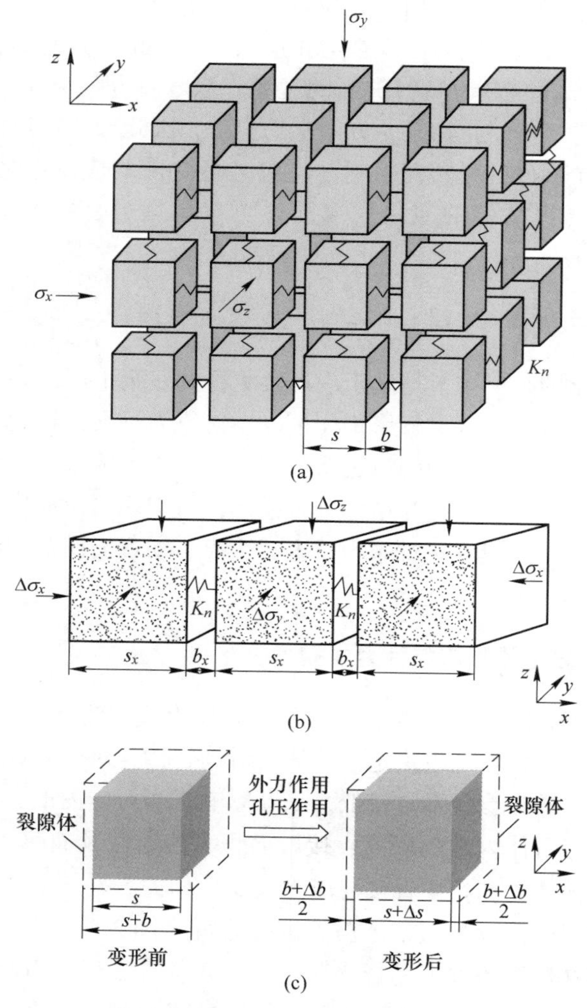

图 3-6　立方体几何模型及计算单元

（a）几何模型；（b）三向应力条件下煤岩体弹性系统示意图；（c）双重孔隙介质中单元体变形示意图

的雷诺方程可以表达为：

$$K = \sum_{i=1}^{n} k_i = \sum_{i=1}^{n} \frac{b_i^3}{12s_i} \tag{3-1}$$

对上面公式进行微分、变形、积分推导，获得岩石渗透率与裂隙开度变形量之间的关系式[153]：

$$K = \sum_{i=1}^{n} k_i = k_0 \exp\left(3\sum_{i=1}^{n} \frac{\Delta b_i}{b_i}\right) = k_0 \exp(3\Delta\varepsilon_i) \tag{3-2}$$

式（3-2）中同时考虑了 z 方向的所有裂隙情况，为量化 x 与 y 两个方向的裂隙变形量对 z 方向渗流的影响，假定在 x 与 y 两个方向的裂隙数量各占裂隙总数量的一半，上式退化变形为：

$$K = \sum_{i=1}^{n} k_i = k_0 \exp\left[3 \cdot \left(\sum_{i=1}^{\frac{n}{2}} \frac{\Delta b_{xi}}{b_{xi}} + \sum_{i=1}^{\frac{n}{2}} \frac{\Delta b_{yi}}{b_{yi}}\right)\right] \tag{3-3}$$

根据构建的立方体结构模型及渗流实验的围压相等条件，所有的基质单元在 x 与 y 两个方向的变形量相等，同理，所有的裂隙结构在 x 与 y 两个方向的变形量也是相等的，上述公式进一步推导为：

$$K = \sum_{i=1}^{n} k_i = k_0 \exp\left\{3 \cdot \left[\frac{1}{E_b} + \frac{1}{E_f} + \frac{1}{E_f}\left(\frac{1}{\varphi_{x0}} - 1\right)\right]\left[\Delta\sigma_{ex} - \nu(\Delta\sigma_{ey} + \Delta\sigma_{ez})\right] - \left[\frac{1}{E_b} + \frac{1}{E_f} + \frac{1}{E_f}\left(\frac{1}{\varphi_{y0}} - 1\right)\right]\left[\Delta\sigma_{ey} - \nu(\Delta\sigma_{ex} + \Delta\sigma_{ez})\right]\right\} \tag{3-4}$$

当岩体中仅存在应力增量 $\Delta\sigma_z$ 时，式（3-4）可以简化为：

$$K = k_0 \exp\left\{3 \cdot \left[\frac{1}{E_b} + \frac{1}{E_f} + \frac{1}{E_f}\left(\frac{1}{\varphi_0} - 1\right)\right]\left[2\nu\Delta\sigma_{ez}\right\}\right. \tag{3-5}$$

假定煤岩体的初始孔隙率为 0.4，煤岩体的泊松比为 0.25，代入式（3-5）得到：

$$K = k_0 \exp\left[3 \cdot \left(\frac{1}{E_b} + \frac{25}{E_f}\right)\frac{\Delta\sigma_{ez}}{2}\right] \tag{3-6}$$

岩石在受力加载过程中达到非稳定破裂发展阶段后，岩土变形损伤，岩石试件内部裂纹的破裂发展产生了质的变化，同时伴随着裂隙的压缩闭合、起裂、扩展、贯通，岩石渗透率显著增加，明显大于弹性阶段的渗透率。在式（3-6）的基础上构建考虑损伤的渗流-应力耦合力学模型，表达形式如下：

$$K = k_0 \exp\left[3 \cdot \left(\frac{1}{E_b} + \frac{25}{E_f}\right)\frac{\Delta\sigma_{ez}}{2}\right] \cdot f(x) \tag{3-7}$$

$f(x)$ 函数是在对概率积分函数进行修改，构建如下形式的函数：

$$f(x) = 1 + \frac{a}{2}\left[\operatorname{erf}\left(\frac{\sqrt{\pi}}{b}(x - c)\right) + 1\right] \tag{3-8}$$

构建考虑损伤的渗流-应力耦合力学模型具体的拟合流程为：（1）首先通过实验测试获取岩石在加载过程中的渗透率-应力实验数据（$k_{实验}$），确定变形损伤阶段的应力范围；（2）结合弹性段渗透率随应力增加逐渐降低的数据，采用公式对上述数据进行参数拟合，采取上述参数计算变形损伤段应力范围内的渗透率（K）；（3）采用渗透率-应力实验数据（$k_{实验}$）除以步骤（2）中公式拟合的渗透率（K），计算两者之间存在的比例关系；（4）采用构建的 $f(x)$ 函数对量化关系数据进行参数拟合，获得具体的公式表达形式；（5）将上述获得的参数代入渗流-应力耦合力学模型，采用考虑损伤的渗流-应力力学公式计算变形损伤段应力范围内的渗透率。图 3-7 和表 3-1 是数据拟合结果，拟合公式的计算结果与实测曲线表现出较好的一致性，表明采用构建的考虑损伤的渗流-应力耦合力学模型可以很好地反映变形损伤段的渗透率变化特征。

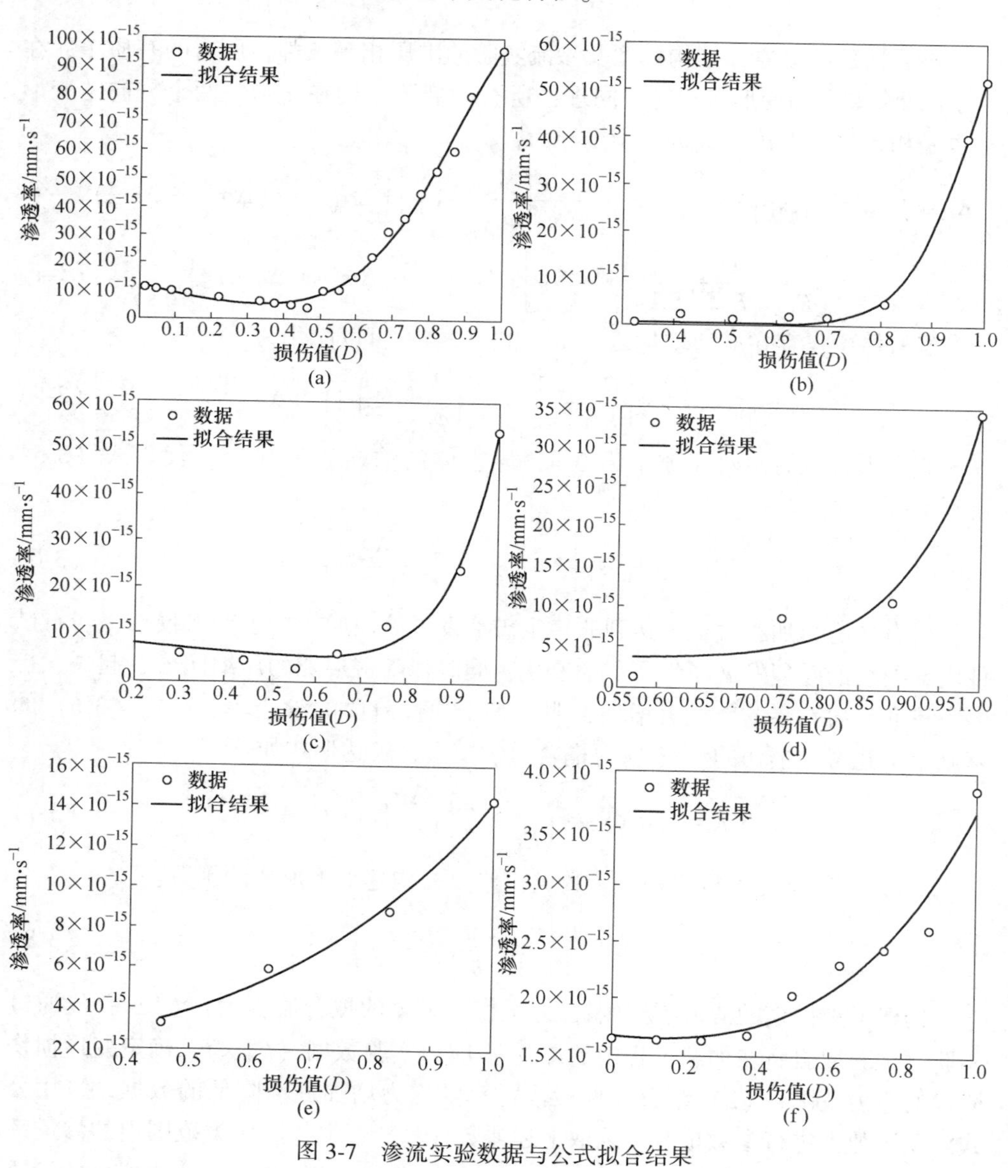

图 3-7 渗流实验数据与公式拟合结果

(a) 砂岩；(b) 中砂岩；(c) 细砂岩；(d) 泥岩 1；(e) 泥岩 2；(f) 隔水土层

表 3-1 渗流实验数据与公式拟合结果

岩性	a	b	c	K_0	E_b	E_f
砂岩	998.9832	0.6260	1.1960	12.4711	11.6093	11.6789
中砂岩	996.9764	0.3311	1.0656	0.6022	11.1878	32.7166
细砂岩	1064.9	0.6	1.5	9.9	12.3	36.9
泥岩 1	23052	1	2	4	2505	7324
泥岩 2	2087.9	2.5	3.3	0.7	337.0	985.4
隔水土层	1000.3	2.5	3.8	1.5	28.8	84.3

裂隙煤岩体的渗透率-应力耦合特性的研究在初期多集中在油气抽采，常用的耦合模型有 P&M、S&D、C&B 等，初期多是在煤层气抽采过程中预测应力改变过程中渗透率的变化，Seidle 等基于火柴棍模型，针对岩石的孔隙裂隙结构特征给出了有效应力-渗透率理论模型[154]：

$$K_f = K_{f0} e^{-3c_f(\sigma_e - \sigma_{e0})} \tag{3-9}$$

式中，K_f为节理裂隙的渗透率；c_f为裂隙压缩系数；σ_e 为有效应力；K_{f0}为初始状态下节理裂隙的渗透率；σ_{e0}为有效应力的初始状态。

在渗透率-应力耦合模型研究中，学者发现裂隙压缩系数 c_f并非一个常数值，而是随着应力状态的变化而改变[155]，常常采用渗透实验数据拟合得到的平均裂隙压缩系数来代替。

$$\overline{c_f} = \frac{c_{f0}}{\alpha_f(\sigma_e - \sigma_{e0})}\left[1 - e^{-\alpha_f(\sigma_e - \sigma_{e0})}\right] \tag{3-10}$$

式中，c_{f0}为裂隙的压缩系数；α_f为裂隙压缩系数改变比率。

后续学者在研究过程中将上述耦合模型进行了推广，发现上述渗透率-应力耦合模型不仅适用于理想规则裂隙，也适用于包含不规则裂隙下的煤岩体[156]。因此，上述模型可以用于裂隙及破碎煤岩体渗透率数据的拟合。将式（3-10）代入式（3-9）得到：

$$K_f = K_{f0} e^{-3\frac{c_{f0}}{\alpha_f}\left[1 - e^{-\alpha_f(\sigma_e - \sigma_{e0})}\right]} \tag{3-11}$$

为了将拟合获得的耦合模型涵盖整个应力范围，式（3-11）中初始应力状态 σ_{e0}假设为 0，进而得到简化公式为：

$$K_f = K_{f0} e^{-3\frac{c_{f0}}{\alpha_f}(1 - e^{-\alpha_f \sigma_e})} \tag{3-12}$$

图 3-8 为裂隙岩石渗流实验结果，以此为基础数据，结合式（3-12）进行参数拟合，进而得到裂隙岩石渗透系数拟合公式，具体参数见表 3-2。

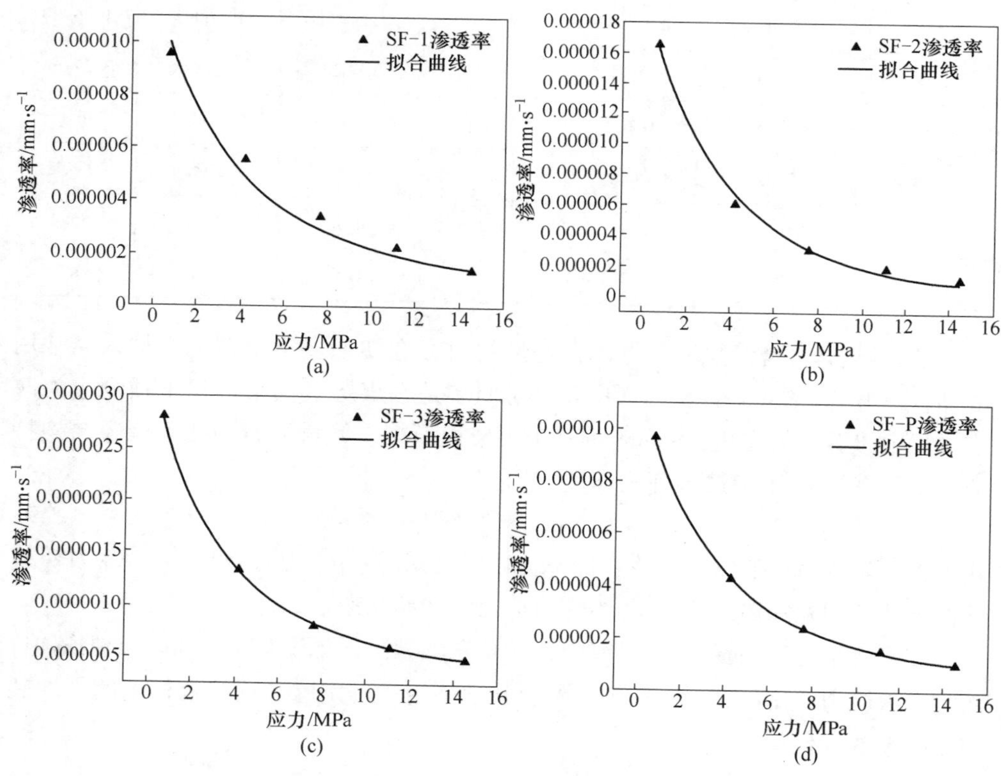

图 3-8　裂隙岩石渗流实验结果

（a）SF-1 试样；（b）SF-2 试样；（c）SF-3 试样；（d）SF-P 试样

表 3-2　裂隙岩样渗流实验拟合结果

岩样类型	样品编号	拟合参数			b/c	相关系数
		a	b	c		R^2
裂隙岩样	SF-1：粗砂岩	1.19562×10^{-5}	0.08343	0.0826	−8.89271	0.97817
	SF-2：砂质泥岩	1.97882×10^{-5}	0.09327	0.03746	2.48986	0.9965
	SF-3：中砂岩	3.41028×10^{-5}	0.09715	0.12586	1.74573	0.9998
	SF-P	1.15753×10^{-5}	0.09015	0.07453	1.38863	0.9998

$$K_{n1} = 0.0083 \cdot e^{26.67814(1-e^{0.00988\sigma_e})} \tag{L-1}$$

$$K_{n2} = 0.00634 \cdot e^{-7.46957(1-e^{-0.03746\sigma_e})} \tag{L-2}$$

$$K_{n3} = 0.00365 \cdot e^{-5.23720(1-e^{-0.05565\sigma_e})} \tag{L-3}$$

$$K_{n4} = 0.0000115753 \cdot e^{-3.6287401(1-e^{-0.07453\sigma_e})} \tag{L-4}$$

3.2 采动覆岩变形损伤及渗透特性演化特征

3.2.1 采动覆岩损伤-应力-渗流关系模型

3.2.1.1 损伤及渗透率更新数值计算方法

为了可以更好在数值计算中反应采场覆岩的动态运移过程，本节提出基于压实理论的损伤及动态分带渗透率计算流程，如图3-9所示。基于压实理论的损伤

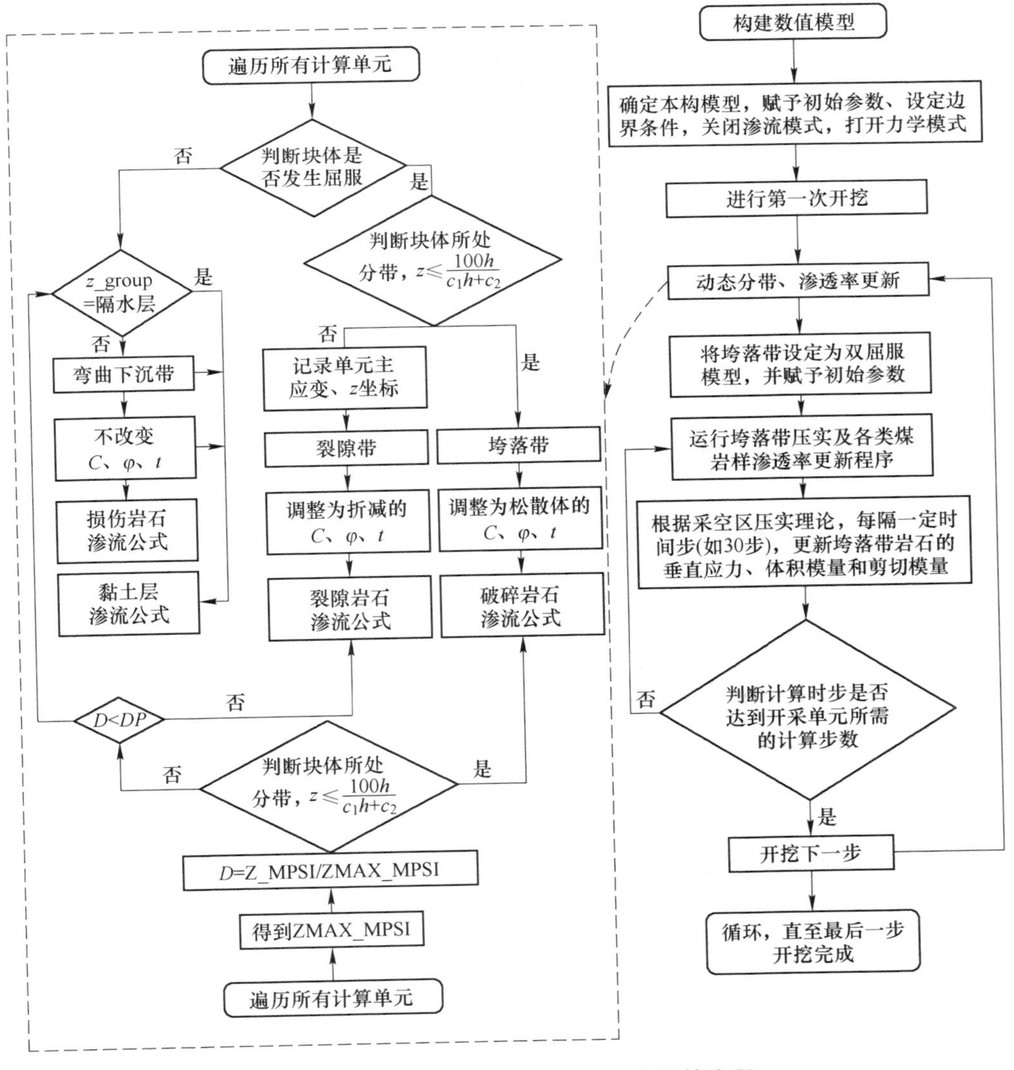

图3-9 基于压实理论的损伤渗透率计算流程

及动态分带渗透率计算程序的基础思想，依据采场覆岩的变形损伤程度对岩体进行分带的划分及物理力学参数的更新，并根据采空区压实承载特性，按照垮落带破碎岩体的应力-应变关系，对采空区计算单元垂直应力进行修正，进而获得采空区及采场围岩的真实响应。

损伤值更新实现步骤为：

（1）结合数值模拟方案中工作面参数、推进步距确定具体分布开挖距离，即每次开采工作面的走向推进长度，结合矿区 H_f 经验公式计算破断岩体发育高度，达到充分采动后拟合值与数值模拟值之间不可避免地会存在差异，如数值计算模型的塑性区高度与破断岩体高度经验公式误差小于20%时，选取最顶端塑性单元的 z 坐标为 z_{max}，否则选取 H_f 为 z_{max}。收集155个矿井实测数据，采用多元回归分析[157]得到破断岩体高度 H_f 的经验公式，再基于榆神矿区数据对 K_1、K_2 进行拟合，得到如下公式：

$$H_f = K_1\left[a\ln(bh + c)\exp\left(d + \frac{e}{L}\right)M\right] + K_2 f \tag{3-13}$$

式中，h 为埋深，m；L 为工作面推进长度，m；M 为采高，m；e 为常数项；K_1、K_2 为根据地质条件调整的参数。具体参数为：$a = 0.119609583992828$，$b = 0.019704$，$c = 3.6408$，$d = 4.0722414884235$，$e = -12.8621683947167$，$f = 10.0042605338607$。K_1 为1.232586958990830，K_2 为7.23034964355888，拟合得到的裂采比随着采高的增加而降低，整理数据的采高均大于4 m，开采高度小于4 m情况的裂采比采用采高4 m条件进行评估，拟合误差最大值为-23.86%，拟合误差最小值为-0.94%，95.54%案例的拟合误差均小于20%，认为是可以接受的范围，进而对榆神矿区内进行采场破断岩体发育高度预估。

（2）遍历工作面上方的每一个计算单元，判断单元是否发生屈服，记录单元的 z 方向坐标，通过判定语句搜索小于 z_{max}、同时距离工作面最远的发生塑性破坏的计算单元，通过对比分析水平应变、垂直应变及主应变的分布特征，主应变以工作面中心线为轴呈现对称分布，工作面端部煤壁处变形损伤相对集中，采空区中部位置处的损伤值相对稀疏的特征，同时随着距煤层垂直距离的增加，主应变呈现减小的趋势。在数值模型的边界的侧压系数为1，即模型的垂直应力与水平应力大小相当，采动岩土损伤过程中的渗透率演化中损伤值分析表明，此时损伤值可采用主应力表示，关注的计算单元为未发生塑性破坏的单元，即此时的块体处在弹性状态，因此也可采用主应变进行表示。记录单元的最大主应变量（ZMAX_MPSI）。

（3）遍历工作面上方的每一个计算单元，记录单元的最大主应变量，采用单元的最大主应变（Z_MPSI）除以ZMAX_MPSI得到单元的损伤值，当损伤值大于1时取为1。

（4）基于垮落带统计回归公式判定计算单元是否处在垮落带范围内，当计算单元不属于垮落带，同时损伤值大于损伤阈值时，将单元划分为破断岩体，损伤值小于损伤阈值时，将单元划分为损伤区域。

渗透率更新实现步骤为：渗透率的更新基于采动覆岩的不同分带判定准则，结合 3.1.2 节建立的不同损伤程度岩土体渗透率关系方程，采用 $FLAC^{3D}$ 内嵌的 FISH 语言对渗流模块进行二次开发，建立采场覆岩不同分带内的采动应力-裂隙-渗流关系模型。

实现上述基础思想的前提是需要将不同损伤岩石渗流-应力理论公式在数值模拟软件中得以实现，对于裂隙岩石和破碎岩石，本节采用的是幂指数函数关系，采用 $FLAC^{3D}$ 内嵌的 FISH 语言可以将理论计算公式直接写进数值模拟软件，如图 3-10（b）（c）所示，本节提出的弹性-损伤段渗流理论公式在幂指数关系的基础上引入了概率积分函数，因此首先需将 erf 函数写入数值模拟软件中，再结合 $FLAC^{3D}$ 内嵌的 FISH 语言实现幂指数关系与概率积分函数相乘，进而在数值模拟计算中实现弹性-损伤段渗流更新，如图 3-10（a）所示。在不同损伤岩石渗流-应力关系基础上实现基于压实理论的动态分带渗透率计算流程。

采场覆岩动态渗透率计算步骤如下：

（1）结合数值模拟方案中工作面参数、推进步距确定具体分步开挖距离，即每次开采工作面的走向推进长度。

（2）遍历工作面上方的每一个计算单元，记录单元的应变量，判断单元是否发生屈服。

1）损伤岩土体渗透率更新。如果计算单元的损伤值小于损伤阈值，则计算单元处于弹性变形阶段，该处的岩体属于损伤状态，保持初始的内聚力、内摩擦角和抗拉强度参数不变，按照 3.1.2 节建立的应力损伤岩石渗流计算公式（3-7）进行渗透率更新。

2）破断岩体渗透率更新。损伤值大于损伤阈值，同时计算单元不属于垮落带，根据强度折减公式对内聚力、内摩擦角和抗拉强度参数进行更新，同时按照前文建立的裂隙岩石渗流计算公式（L-4）进行渗透率更新。

3）破碎岩体渗透率更新。当计算单元的高度小于垮落带统计回归公式预计高度，则计算单元属于冒落带，将此处岩体赋予双屈服本构关系，并根据破碎岩石应力-应变关系对采空区的垂直应力进行更新，模拟垮落带破碎岩体的逐渐压实过程以及对采场覆岩的支撑特性，同时按照前文建立的破碎岩石渗流计算公式 $K_{\bar{S}}=0.13800e^{-3.08276(1-e^{-0.14826\sigma_e})}$ 进行渗透率更新。

（3）模型的计算进程控制主要包括两种方式：一是设定运算步数（step）；二是设定最大不平衡力之比（the maximum unbalanced force ratio）。本节通过现场实测的地表走向主断面的下沉数据，对数值模拟采用的开挖步距及其循环步（或

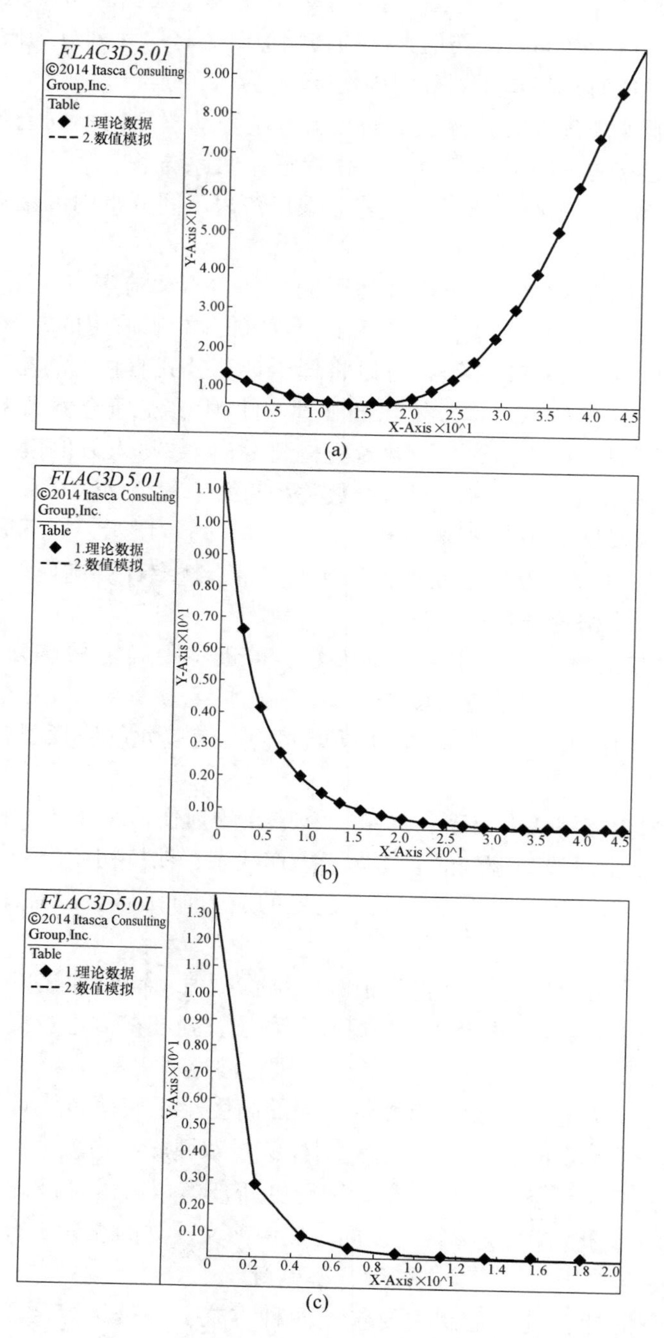

图 3-10　不同损伤岩石渗流-应力关系的数值模拟实现

最大不平衡之比）进行校核，确定的计算时步 N 的取值为 100，以最大不平衡力作为判定指标判断模式是否平衡，如果没有达到平衡，则重复步骤（2），直至模型计算平衡。

（4）继续向前推进指定长度，重复步骤（1）~（3），直至模型全部开挖完成。

3.2.1.2 不同损伤煤岩体应力-渗流关系模型构建

结合岩样的三轴渗流实验结果，根据上面渗透率更新程序对 FLAC^{3D} 中的渗流程序进行二次开发，发生拉伸破坏及剪切破坏的计算单元均采用裂隙岩石渗流公式进行渗透率更新，对未产生破坏的计算单元采用损伤岩石渗流公式进行渗透率更新。在数值模型的上、下两端采用位移加载方式，数值模拟参数见表 3-3，数值模拟结果如图 3-11 所示。

表 3-3 数值模拟物理力学参数

体积模量/GPa	剪切模量/GPa	应变/内聚力/MPa				应变/内摩擦角/(°)				应变/剪胀角/(°)			抗拉强度/MPa
2×10^{8}	1×10^{8}	0/2 $\times10^{6}$	0.05/ 1×10^{6}	0.1/ 5×10^{5}	1/ 5×10^{5}	0/45	0.05/42	0.1/40	1/40	0/10	0.05/3	0.1/0	1×10^{6}

由图 3-11 看出，a 点至 b 点，模型整体处于弹性变形阶段，仅在局部位置由于应力集中导致了个别单元破坏，随着应力的增长渗透率缓慢下降；b 点至 c 点，随着应变增加应力逐渐加大，模型中计算单元大多未发生破坏，渗透率整体区域平稳；c 点至 d 点，随着应变增加应力逐渐加大，模型中发生屈服的计算单元数量急剧增加，弹性计算单元数量急剧下降，渗透率由之前的平稳状态转变为缓慢增长；经过 d 点之后，随着应变的增加应力逐渐下降，模型中发生屈服的计算单元数量的增长速度放缓，渗透率急剧增长。到 e 点之后，应力接近最小值，渗透率达到最大值，模型中发生屈服单元数量达到最大，随着应变增加，应力逐渐增加，渗透率逐渐下降。渗透率呈现 S 形的变化形态，这与杨天鸿[158]的理论实验结果相一致，再一次验证了本节采用的不同损伤渗透率更新程序的可靠性。

在数值模型的上、下两端采用位移加载方式，试件两端位移的加载方式导致应力在模型两端逐渐增大（a 点），弹性块体的渗透率采用损伤岩石渗透率公式计算，在应力升高过程中轴向渗透率与径向渗透率均逐渐降低，在模型中表现为径向渗透率的降幅大于轴向渗透率，这主要是由于径向渗透率对垂直应力的敏感性大于轴向应力，这与第 2 章数值模拟结果相一致。当计算单元产生塑性破坏时，采用裂隙岩石渗透公式计算，屈服单元的渗透率显著增加，模型中计算单元的渗透率与单元的损伤变形及应力状态密切相关。

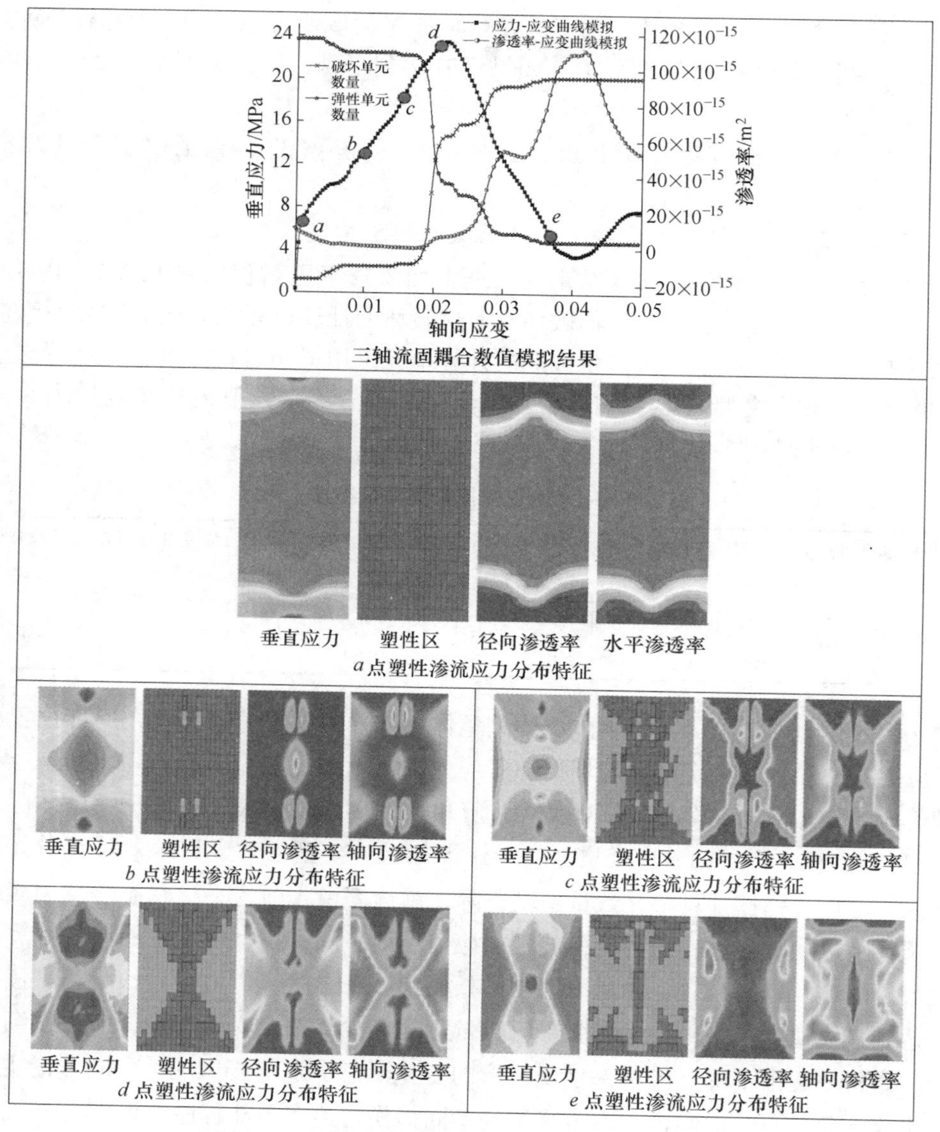

图 3-11　不同应力点的应力-塑性-渗透分布特征

随着位移量的增加，应力增高区域逐步向试样内部传递，且始终位于试件中轴线位置，导致在模型的中部区域首先发生屈服破坏，塑性破坏单元的渗透率采用裂隙岩石渗透公式计算，因此渗透系数显著大于周边计算单元，如图 3-11*b* 点塑性渗流应力分布特征所示；随着应力的增加，试件中部位置处的破坏范围进一步加大，塑性区在模型两端发育并逐渐向内部扩展，塑性破坏范围内应力开始卸载，试件两帮塑性破坏区域渗透率急剧增加，试件的中部位置计算单元发生屈服破坏，应力进一步向试件中部区域转移，使得中部区域的渗透率持续降低，但此时试件的整体渗透率开始缓慢地增长，如图 3-11*c* 点塑性渗流应力分布特征所示；当试件达到应力峰值时，塑性破坏区域在模型中间位置处贯通，试件呈现 X 形的共轭破坏，破坏单元中的应力开始卸载，模型中屈服单元数量占试件整体数量的一半以上，应力卸载导致计算单元渗透率增加以及屈服单元数量的增加，试件整体的渗透率急剧增高，如图 3-11*d* 点塑性渗流应力分布特征所示；在残余阶段，应力值大幅度降低，应力集中仅发生在模型中部局部区域，其他范围均发生不同程度的应力降，导致该范围内的单元渗透率进一步增加，屈服单元数量增大，模型整体的渗透率继续升高，如图 3-11*e* 点塑性渗流应力分布特征所示。

3.2.2 基于典型地质条件数值模型构建

3.2.2.1 覆岩损伤数值模型建立

榆神矿区内一期与二期规划区的勘探和开采程度较高，收集整理了一期规划区内金鸡滩煤矿水文地质资料，金鸡滩煤矿首采 2^{-2} 及 $2^{-2上}$ 煤层埋深 213.95～286.67 m，平均埋深约 260 m，倾角小于 1°，平均煤厚 12 m，松散层含水层是矿井充水的水源之一，第四系含水层储水条件较好，松散含水层厚度较大，水位埋深不稳定，富水性中等。为了满足后续数值计算需求依据图 2-11 地质分类结果，将原始数据进行简化，基于金鸡滩煤矿岩层组合形式改变地层厚度系数，对柱状图内厚度小于 5 m 的地层进行了整合，合并到相邻岩层，典型柱状如图 3-12 所示。

基于 2.3 节中五类地质条件，如图 2-11 所示，按照浅表水下部第一层为隔水层、中部为系列阻水层、下部为基本顶的采场覆岩类型数值计算模型，模型的底板厚底为 20 m，分别建立模型高度为 102 m、152 m、262 m、372 m、472 m 的五类基础模型。为减少边界效应对数值计算结果的影响，在边界各留 200 m 的煤柱，模型的下边界和两侧边界均为位移约束，由于模型上边界直至地表，因此不设置边界条件，侧压系数取值为 1.2。采高模拟方案设定为：2 m、4 m、6 m、8 m、10 m，进而分析开采高度对采场覆岩的影响特征。

3.2.2.2 采空区压实承载特性

随着工作面逐渐推进，采空区内破碎岩体的压实及承载特性是一个动态响应过程，压实过程中的应力恢复直接影响着采动覆岩应力分布和岩体运移，进而对覆岩体中的裂纹发育、扩展形态产生影响，采空区破碎岩石压实特性的研究对水体下采煤、地表沉陷等具有重要意义。研究人员对采空区破碎岩石的应力-应变关系进行了大量研究，其中 D. M. Pappas 和 C. Mark[159] 得出的 Salamon

(a)

风积沙	20
土层	20
泥质	6
粉砂质泥岩	7
粉砂岩	7
细砂岩	6
泥质粉砂岩	6
2煤	12

(b)

风积沙	20
土层	30
粉砂岩	7
泥质	6
粉砂质泥岩	8
粉砂质泥岩	8
粉砂岩	9
细砂岩	7
粉砂质泥岩	6
细砂岩	7
粉砂岩	6
泥质粉砂岩	6
2煤	12

(c)

风积沙	30
土层	20
粉砂岩	5
泥岩	6
粗砂岩	9
粉砂岩	7
泥岩	7
粉砂质泥岩	9
粉砂岩	9
粉砂质泥岩	22
中砂岩	11
粉砂岩	12
细砂岩	8
中砂岩	9
泥岩	8
粉砂岩	8
细砂岩	10
粉砂岩	9
泥岩	6
粉砂岩	10
细砂岩	9
泥质粉砂岩	5
2煤	12

(d)

风积沙	40
土层	20
粉砂岩	8
泥岩	9
粗砂岩	13
粉砂岩	11
泥岩	11
粉砂质泥岩	15
粉砂岩	15
粉砂质泥岩	33
中砂岩	17
粉砂岩	19
细砂岩	12
中砂岩	15
泥岩	12
粉砂岩	12
细砂岩	16
粉砂岩	13
泥岩	9
粉砂岩	16
细砂岩	15
泥质粉砂岩	8
2煤	12

(e)

风积沙	40
土层	10
粉砂岩	11
泥岩	13
粗砂岩	19
粉砂岩	15
泥岩	15
粉砂质泥岩	21
粉砂岩	21
粉砂质泥岩	47
中砂岩	24
粉砂岩	26
细砂岩	17
中砂岩	21
泥岩	17
粉砂岩	17
细砂岩	22
粉砂岩	19
泥岩	13
粉砂岩	22
细砂岩	21
泥质粉砂岩	11
2煤	12

图 3-12　基于重分类结果的钻孔柱状图

(a) 第Ⅰ类；(b) 第Ⅱ类；(c) 第Ⅲ类；(d) 第Ⅳ类；(e) 第Ⅴ类

经验公式可以较好地反映破碎岩石的压实特性，Bai、Kendorski 等[160]通过分析中、美两国大量矿井现场实测数据，得到了垮落带和破断岩体发育的统计回归计算公式：

$$H_c = \frac{100h}{c_1 h + c_2},\quad H_f = \frac{100h}{c_3 h + c_4} \tag{3-14}$$

式中，h 为采高，m；H_c为垮落带高度，m；H_f为破断岩体高度，m；$c_1 \sim c_4$为岩体强度系数，见表 3-4。

表 3-4　岩层强度系数

岩石类别	σ_c/MPa	系数			
		c_1	c_2	c_3	c_4
坚硬	>40	2.1	16	1.2	2
中硬	20~40	4.7	19	1.6	3.6
软弱	<20	6.2	32	3.1	5

推导得到采空区破碎岩体在逐渐压实过程中应力-应变的关系表达式：

$$\sigma = \frac{10.39\sigma_c^{1.042}}{\left[1 + \frac{m(c_1 h + c_2)}{100h}\right]^{7.7}} \cdot \frac{\varepsilon}{1 - \varepsilon \Big/ \left[1 - \frac{100h}{100h + m(c_1 h + c_2)}\right]} \tag{3-15}$$

式中，σ_c 为采空区破碎岩石的单轴抗压强度，MPa。

采空区岩体应力-应变关系理论和数值模拟结果如图 3-13 所示。

张年学等[161]学者对中等~软弱岩石（泥岩、砂岩等）进行了实验测定，发现多数岩石的泊松比为 0.2~0.3，个别泥岩的泊松比为 0.4。某煤矿直接顶的岩性主要为粉砂质泥岩和细砂岩，随着煤层开采直接顶将直接垮落填充采空区，这里设定泊松比为0.3，进而得到 $G=6/13K$，结合 Salamon 经验公式及 FLAC^{3D}中的应力-应变计算公式，推导得到体积模量 K 和剪切模量 G 的表达关系式：

$$K = \frac{10.39\sigma_c^{1.042}}{\left[1 + \frac{m(c_1 h + c_2)}{100h}\right]^{7.7}} \cdot \frac{13}{21 - 21\varepsilon \Big/ \left[1 - \frac{100h}{100h + m(c_1 h + c_2)}\right]},$$

$$G = \frac{10.39\sigma_c^{1.042}}{\left[1 + \frac{m(c_1 h + c_2)}{100h}\right]^{7.7}} \cdot \frac{2}{7 - 7\varepsilon \Big/ \left[1 - \frac{100h}{100h + m(c_1 h + c_2)}\right]} \tag{3-16}$$

采空区数值模拟计算单元参数见表 3-5。

表 3-5 采空区岩体力学参数

K/MPa	G/MPa	γ/MN · m^{-3}	φ/(°)	C/MPa	σ_t/MPa
7500	5000	0.019	10	0.1	0.25

3.2.2.3 模型物理力学参数确定

合理的物理力学参数可以较好地重现开采扰动影响下的采场应力环境及损伤破坏特征。目前 GSI 地质强度指标法是一种在岩体力学参数确定的比较常用的方法之一，GSI 围岩分级系统直接与岩体力学参数相关联，取值范围为 0~100。通过对数值计算模型的工作面超前支承应力分布特征和地表走向主断面的位移下沉曲线与 Wilson 理论计算、现场实测数据进行对比分析（见图 3-14、图 3-15），地表沉降监测数据误差率为 7.95%，超前支承峰值应力的误差率为 1.86%，数值模型的计算结果与现场实测及理论计算的误差均在 10%以内，表现出较好的一致性，证明所选取的物理力学参数合理性、基于二次开采的双屈服模型可以重现采空区的压实过程及应力分布特征。具体数值的计算方法参照 Wilson 理论[162]公式的计算方法，开采高度为 5 m 时理论公式中需要的参数见表 3-6，计算模型的物理力学参数见表 3-7。

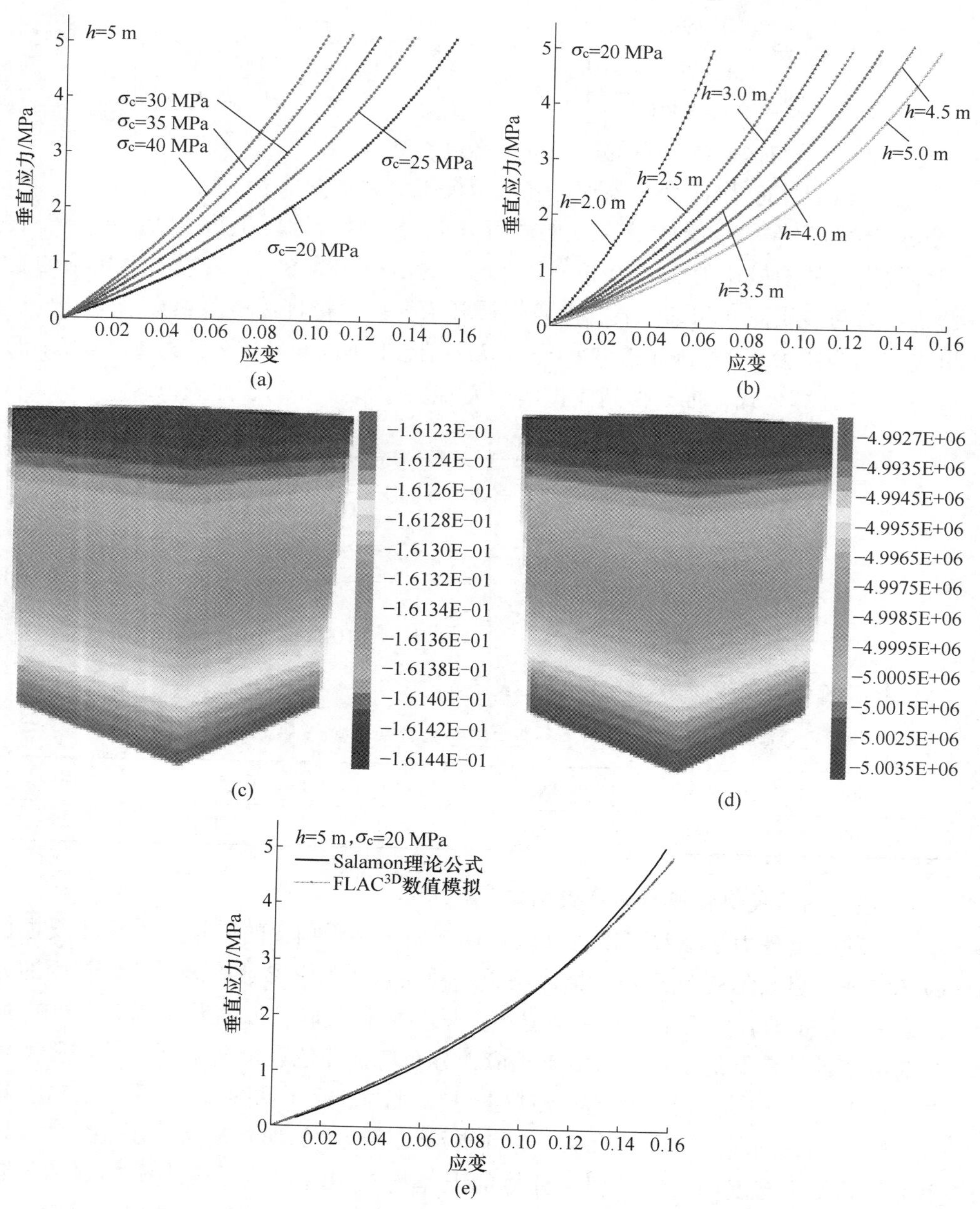

图 3-13　采空区岩体应力-应变关系理论和数值模拟结果

（a）垂直应力-σ_c；（b）垂直应力-h；（c）体积应变；

（d）垂直应力；（e）垂直应力-应变

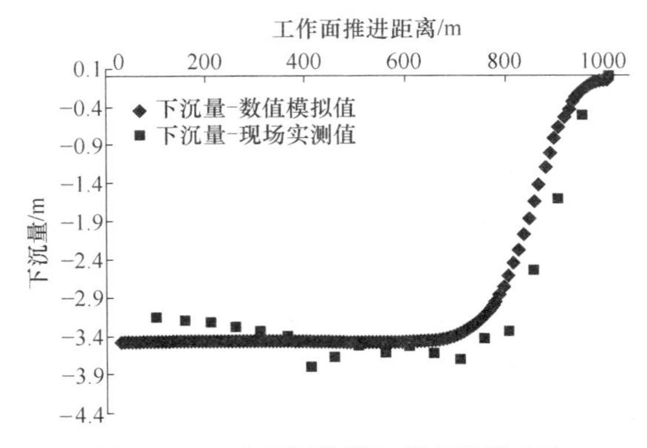

图 3-14 地表下沉数据与模拟结果对比

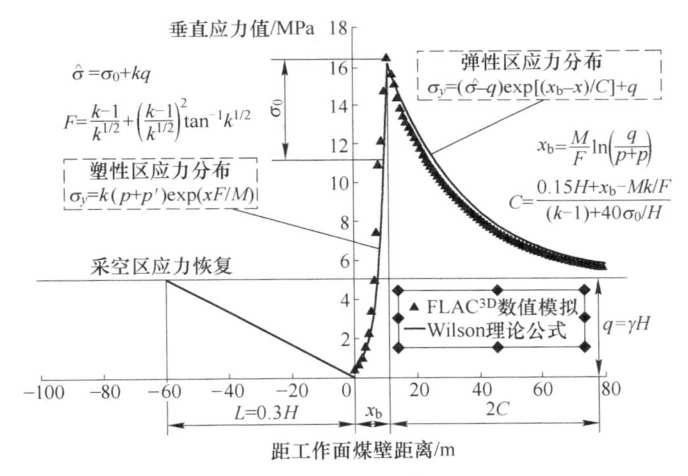

图 3-15 工作面支承压力分布特征

表 3-6 Wilson 理论公式参数取值

煤层厚度 /m	埋藏深度 /m	三轴应力因子	煤壁处侧向支承压力/MPa	静水压力 /MPa	单轴抗压强度/MPa	单轴抗压残余强度/MPa
5	200	2. 3	0	5	5	0. 2

表 3-7 数值模型中煤岩体物理力学参数

层位	岩性	密度 /kg · m^{-3}	弹性模量 /Pa	泊松比	内聚力 /MPa	内摩擦角 /(°)	抗拉强度 /MPa	m_i	GSI
顶板	风积沙	1350	1. 69×10^{7}	0. 35	4. 46×10^{3}	23. 82669	6. 36×10^{2}	6	30
	土层	2450	4. 56×10^{8}	0. 35	5. 24×10^{4}	47. 31945	0. 99×10^{5}	8	45
	粉砂岩	2500	2. 34×10^{9}	0. 25	2. 56×10^{5}	54. 77663	1. 14×10^{5}	9	56

续表 3-7

层位	岩性	密度 /kg · m^{-3}	弹性模量 /Pa	泊松比	内聚力 /MPa	内摩擦角 /(°)	抗拉强度 /MPa	m_i	GSI
顶板	泥岩	2560	1.56×10^9	0.24	2.84×10^5	52.33684	1.31×10^5	8	60
	粗砂岩	2500	3.73×10^9	0.25	7.80×10^5	53.02811	4.04×10^5	8	68
	粉砂岩	2500	2.34×10^9	0.25	2.56×10^5	54.77663	1.14×10^5	9	56
	泥岩	2560	1.56×10^9	0.24	2.84×10^5	52.33684	1.31×10^5	8	60
	粉砂质泥岩	2500	9.43×10^8	0.3	1.47×10^5	48.15	4.82×10^4	10	55
	粉砂岩	2500	2.34×10^9	0.25	2.56×10^5	54.77663	1.14×10^5	9	56
	粉砂质泥岩	2500	9.43×10^8	0.3	1.47×10^5	48.15	4.82×10^4	10	55
	中砂岩	2500	2.64×10^9	0.23	2.59×10^5	54.76	1.52×10^5	9	64
	粉砂岩	2500	2.34×10^9	0.25	2.56×10^5	54.77663	1.14×10^5	9	56
	细砂岩	2500	3.26×10^9	0.2	7.21×10^5	61.39127	2.68×10^5	15	70
	中砂岩	2500	2.56×10^9	0.24	2.84×10^5	52.33684	1.31×10^5	8	60
	泥岩	2560	1.56×10^9	0.24	2.84×10^5	52.33684	1.31×10^5	8	60
	粉砂岩	2500	2.34×10^9	0.25	2.56×10^5	54.77663	1.14×10^5	9	56
	细砂岩	2500	3.26×10^9	0.2	7.21×10^5	61.39127	2.68×10^5	15	70
	粉砂岩	2500	2.34×10^9	0.25	2.56×10^5	54.77663	1.14×10^5	9	56
	泥岩	2560	1.56×10^9	0.24	2.84×10^5	52.33684	1.31×10^5	8	60
	粉砂岩	2500	2.34×10^9	0.25	2.56×10^5	54.77663	1.14×10^5	9	56
	细砂岩	2500	3.26×10^9	0.2	7.21×10^5	61.39127	2.68×10^5	15	70
	泥质粉砂岩	2500	2.34×10^9	0.25	2.56×10^5	54.77663	1.14×10^5	9	56
煤层	煤	1400	8.85×10^7	0.4	2.31×10^4	31.87736	2.25×10^3	10	36
底板	粉砂质泥岩	2600	7.00×10^8	0.3	1.13×10^5	46.64892	2.49×10^4	12	50

3.2.3　不同采高覆岩损伤演化特征

本节重点关注开采条件下采场损伤变形特征，在数值计算模型走向中部位置设定损伤监测区域，按照第 2 章煤炭开采对浅表水系统的影响形式及贯通裂隙发育高度的研究成果，在损伤岩体设定损伤值监测区域，每个监测区域的长宽分别为 10 m×10 m，高度要根据模型破断岩体高度进行调整，从左向右侧依次编号，为损伤岩体第 1 测区至损伤岩体第 45 测区；在损伤土体设定损伤值监测区域，每个监测区域的长宽分别为 10 m×10 m；高度要根据模型破断岩体高度进行调整，从左向右侧依次编号，为损伤土体第 1 测区至损伤土体第 45 测区，如

图 3-16 所示，第 1 测区与第 45 测区距离模型两侧边界的距离为 100 m。

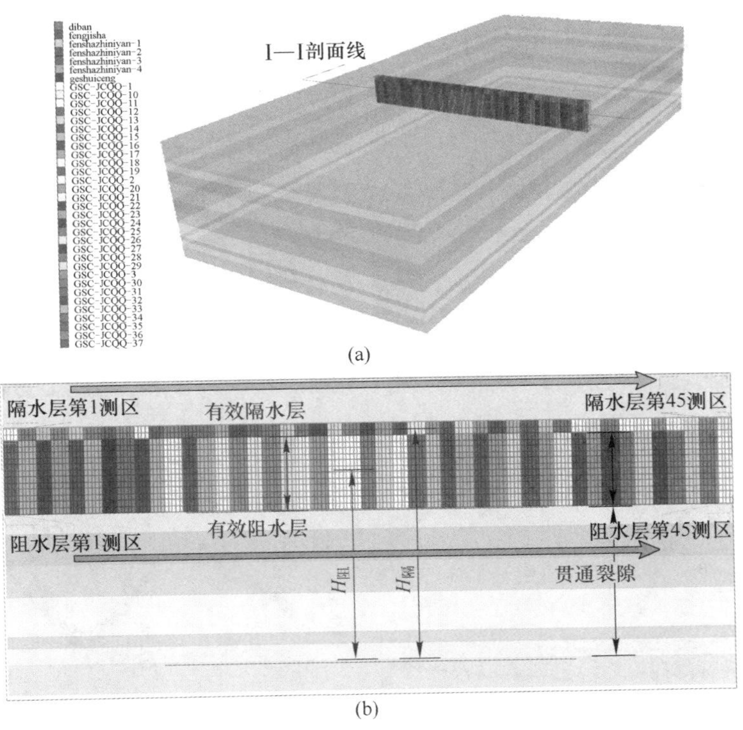

图 3-16 不同开采参数下损伤计算模型

(a) 三维图；(b) Ⅰ—Ⅰ剖面图

典型地质条件第Ⅰ类、第Ⅱ类、第Ⅲ类、第Ⅳ类、第Ⅴ类模型高度分别为 102 m、152 m、262 m、372 m、472 m 的五类基础模型，采高为 2 m、4 m、6 m、8 m、10 m，因此采高达到一定数值后，最大损伤值贯穿整个模型，即不再进行后续采高的模拟，如煤水间距 50 m 条件下采高的方案为 2 m 和 4 m，依次类推。采用本节提出的采动覆岩损伤更新数值模拟计算方法，对整个采场模型进行损伤值更新，然后再根据设定的损伤土体与损伤岩体监测区域，以损伤岩体第 1 测区为例，识别出该区域内的计算单元，遍历所有的计算单元，然后对该区域的所有计算单元的损伤值累加后求平均。本节重点分析开采范围（100~450 m）的损伤值演化特征，采动覆岩结构损伤变形模拟结果如图 3-17~图 3-20 所示。

开采扰动覆岩结构损伤以工作面中心线为轴呈现对称分布，工作面端部煤壁处变形损伤相对集中，采空区中部位置处的损伤值相对稀疏。地质条件为第Ⅰ类时，损伤值在采空区煤壁两端上部阻水层出现了拱形集中现象，隔水层出现了椭圆形损伤集中现象，地表也出现了损伤值集中，此时破断岩体高度已经超出阻水

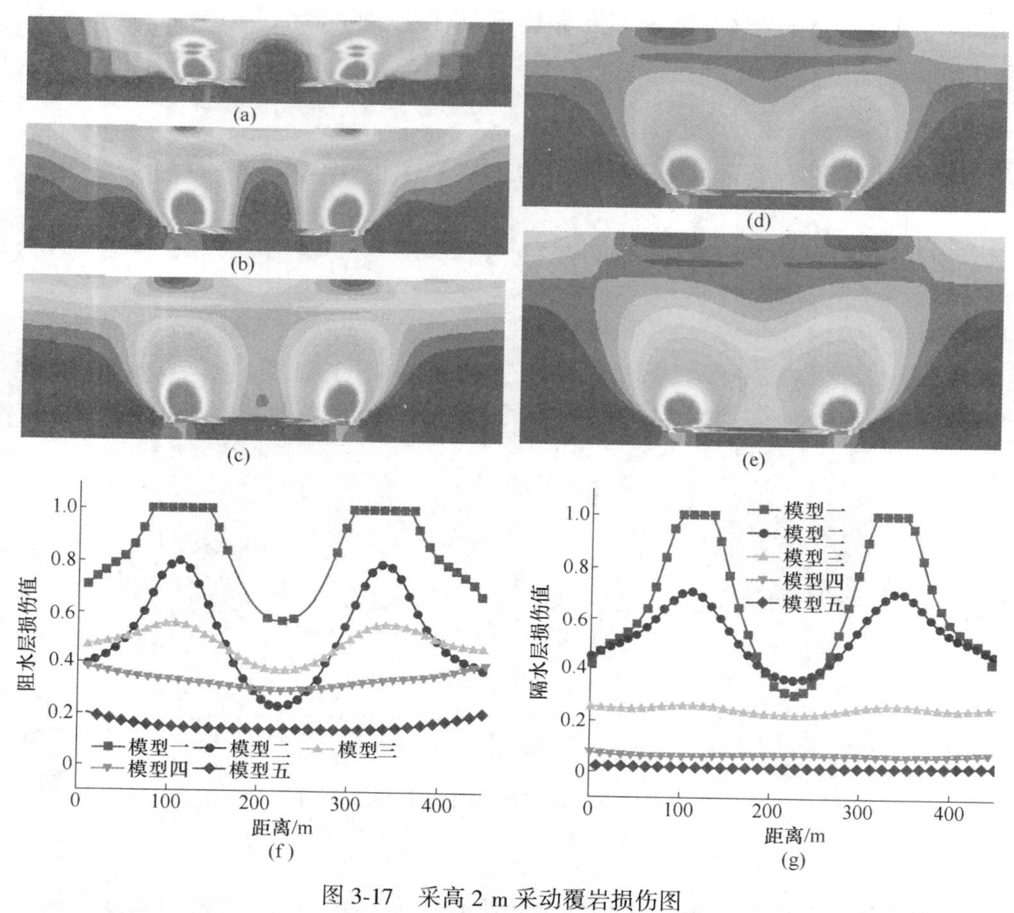

图 3-17　采高 2 m 采动覆岩损伤图

(a) 模型一；(b) 模型二；(c) 模型三；(d) 模型四；(e) 模型五；(f) 损伤岩体；(g) 损伤土体

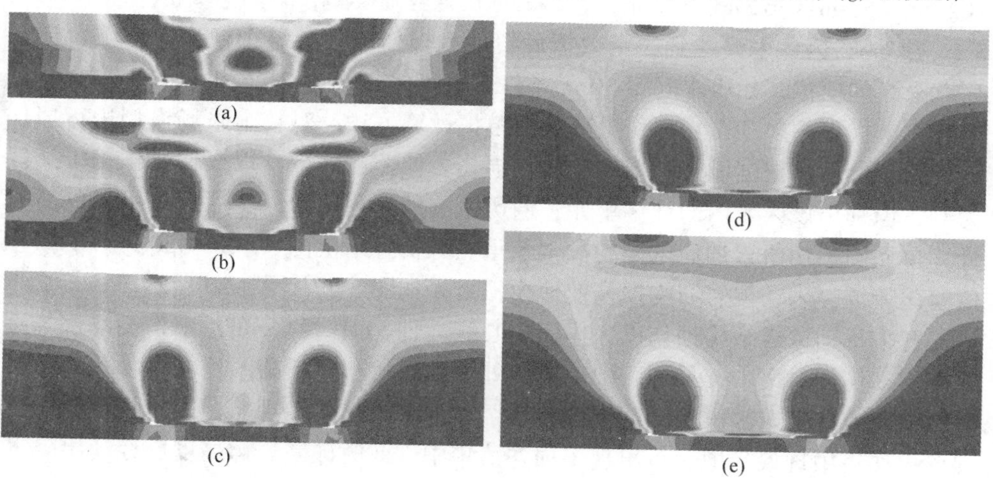

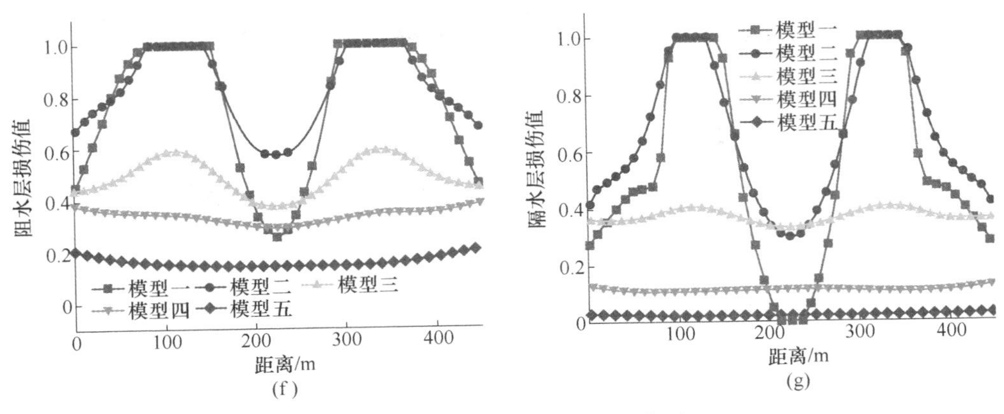

图 3-18 采高 4 m 采动覆岩损伤图

（a）模型一；（b）模型二；（c）模型三；（d）模型四；（e）模型五；（f）损伤岩体；（g）损伤土体

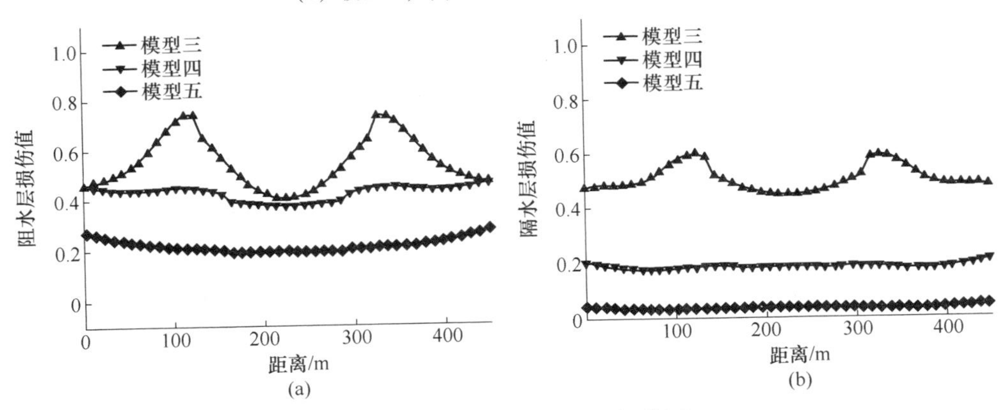

图 3-19 采高 6 m 采动覆岩损伤图

（a）损伤岩体；（b）损伤土体

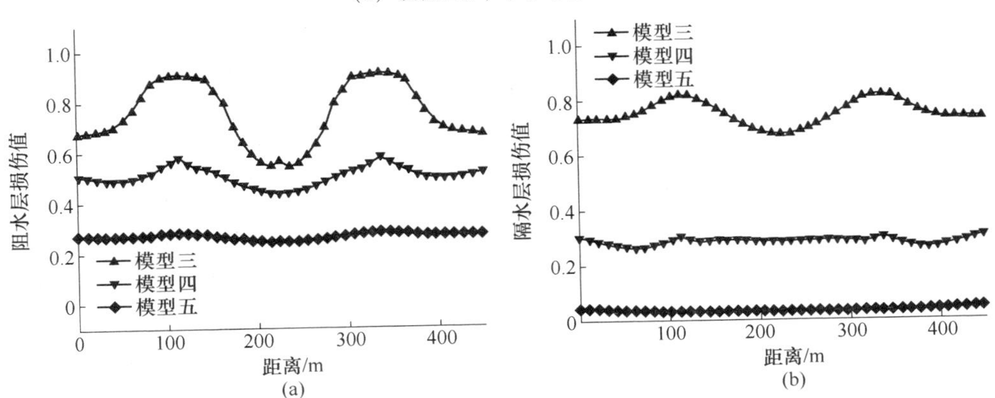

图 3-20 采高 8 m 采动覆岩损伤图

（a）损伤岩体；（b）损伤土体

层厚度，取隔水层下部 20 m 阻水层中的最大损伤值为 1，隔水层中最大损伤值为 1。地质条件为第Ⅱ类时，损伤值在采空区煤壁两端上部阻水层出现了拱形集中现象，损伤值以放射形状向地表扩展，隔-阻层中出现连通的损伤分布形态，损伤岩体中的最大损伤值为 0. 800，损伤土体中最大损伤值为 0. 706。地质条件为第Ⅲ类时，高损伤值分布的区域相对独立，损伤值在采空区煤壁两端上部阻水层出现了拱形集中现象，损伤值以拱形形态向外扩展，在模型上表现为两端及中部损伤值相对较大，在阻水层的顶部出现了损伤值相对较小区域，隔-阻层中出现“似连通”的损伤分布形态，损伤岩体中的最大损伤值为 0. 554，损伤土体中最大损伤值为 0. 260。地质条件为第Ⅳ类时，高损伤值分布的区域相对独立，损伤值在采空区煤壁两端上部阻水层出现了拱形集中现象，损伤值以拱形形态向外扩展，并最终在阻水层中形成了马鞍状的分布形态，在模型上表现为两端及中部损伤值相对较大，在阻水层的顶部出现了损伤值相对较小区域，隔-阻层中出现“似连通”的损伤分布形态，损伤岩体中的最大损伤值为 0. 327，损伤土体中最大损伤值为 0. 059。地质条件为第Ⅴ类时与地质条件为第Ⅳ类时损伤值分布形态相接近，但高损伤值分布的区域更加独立，损伤岩体中的最大损伤值为 0. 148，损伤土体中最大损伤值为 0. 014。

开采扰动覆岩结构损伤以工作面中心线为轴呈现对称分布，地质条件为第Ⅰ类时，采场覆岩均出现损伤集中现象，高损伤值在采空区煤壁两端向斜向上贯通至地表，阻水层中的最大损伤值为 1，隔水层中最大损伤值为 1。地质条件为第Ⅱ类时，采场覆岩均出现损伤集中现象，高损伤值在采空区煤壁两端向斜向上贯通至地表，相比较地质条件为第Ⅰ类时，损伤值有所降低，阻水层中的最大损伤值为 1，隔水层中最大损伤值为 1。地质条件为第Ⅲ类时，损伤值在采空区煤壁两端上部阻水层出现了拱形集中现象，损伤值以放射形状向地表扩展，隔-阻层中出现连通的损伤分布形态，损伤岩体中的最大损伤值为 0. 592，损伤土体中最大损伤值为 0. 405。地质条件为第Ⅳ类时，高损伤值分布的区域相对独立，损伤值在采空区煤壁两端上部阻水层出现了拱形集中现象，损伤值以拱形形态向外扩展，并最终在阻水层中形成了马鞍状的分布形态，在模型上表现为两端及中部损伤值相对较大，在阻水层的顶部出现了损伤值相对较小区域，隔-阻层中出现“似连通”的损伤分布形态，损伤岩体中的最大损伤值为 0. 341，损伤土体中最大损伤值为 0. 105。地质条件为第Ⅴ类时与地质条件为第Ⅳ类时损伤值分布形态相接近，但高损伤值分布的区域更加独立，损伤岩体中的最大损伤值为 0. 150，损伤土体中最大损伤值为 0. 020。

开采扰动覆岩结构损伤以工作面中心线为轴呈现对称分布，地质条件为第Ⅲ类时，采场覆岩均出现损伤集中现象，在阻水层的顶部出现了损伤值相对较小区域，隔-阻层中出现“似连通”的损伤分布形态，损伤岩体中的最大损伤值为

0.740，损伤土体中最大损伤值为0.594。地质条件为第Ⅳ类时，高损伤值分布的区域相对独立，损伤值在采空区煤壁两端上部阻水层出现了拱形集中现象，损伤值以拱形形态向外扩展，并最终在阻水层中形成了马鞍状的分布形态，在模型上表现为两端及中部损伤值相对较大，在阻水层的顶部出现了损伤值相对较小区域，隔-阻层中出现“似连通”的损伤分布形态，损伤岩体中的最大损伤值为0.448，损伤土体中最大损伤值为0.183。地质条件为第Ⅴ类时与地质条件为第Ⅳ类时损伤值分布形态相接近，阻水层上部及隔水层损伤程度减少，损伤岩体中的最大损伤值为0.207，损伤土体中最大损伤值为0.034。

开采扰动覆岩结构损伤以工作面中心线为轴呈现对称分布，地质条件为第Ⅲ类时，采场覆岩均出现损伤集中现象，高损伤值在采空区煤壁两端向斜向上贯通至地表，损伤岩体中的最大损伤值为0.908，损伤土体中最大损伤值为0.818。地质条件为第Ⅳ类时，采场覆岩均出现损伤集中现象，在阻水层的顶部出现了损伤值相对较小区域，隔-阻层中出现“似连通”的损伤分布形态，损伤岩体中的最大损伤值为0.578，损伤土体中最大损伤值为0.305。地质条件为第Ⅴ类时，高损伤值分布的区域相对独立，损伤值在采空区煤壁两端上部阻水层出现了拱形集中现象，损伤值以拱形形态向外扩展，并最终在阻水层中形成了马鞍状的分布形态，在模型上表现为两端及中部损伤值相对较大，在阻水层的顶部出现了损伤值相对较小区域，损伤岩体中的最大损伤值为0.282，损伤土体中最大损伤值为0.061。

采高为10 m时，地质条件为第Ⅲ类时，损伤岩体中的最大损伤值为1，损伤土体中最大损伤值为0.999。地质条件为第Ⅳ类时，损伤岩体中的最大损伤值为0.736，损伤土体中最大损伤值为0.478。地质条件为第Ⅴ类时，损伤岩体中的最大损伤值为0.379，损伤土体中最大损伤值为0.111。

基于上述研究成果，结合工作面推进过程中覆岩应力、裂隙呈现周期性的演化特征，本节假定损伤岩体与损伤土体在产生损伤后不会恢复，继而选定最大损伤值作为分析对象，研究不同煤水间距下不同开采高度损伤土体与损伤岩体最大损伤值的变化特征。需要说明的是，此处指的煤水间距，实际为损伤土体与损伤岩体最大损伤值处距离煤层的垂直距离（见图3-17（b））。采用麦考特法+通用全局优化算法，设定收敛判断指标为1×10^{-10}，最大迭代数为1000，实时输出控制数为20，进而对损伤土体与损伤岩体的损伤值与层位、开采高度的关系进行参数拟合，拟合的结果如图3-21、图3-22所示，损伤土体损伤值拟合的相关系数为99.32%，损伤岩体损伤值拟合的相关系数为97.81%。

$$z = z_0 + A\exp(-0.5((x\cos(theta) + y\sin(theta) - x_c\cos(theta) - y_c\sin(theta))/w_1)^2 - 0.5((-x\sin(theta) + y\cos(theta) + x_c\sin(theta) - y_c\cos(theta))/w_2)^2) \tag{3-17}$$

式中，$z_0 = 0.008947288940115$；$a = 206.356959841208$；$theta = 0.0611662226596795$；$x_c = 5178.39169459232$；$y_c = 322.101883501657$；$w_1 = 1593.22687465674$；$w_2 = 7.70147431943825$；相关系数为 0.99319181740819；$z$ 为损伤土体损伤值；x 为层位高度，m；y 为开采高度，m。

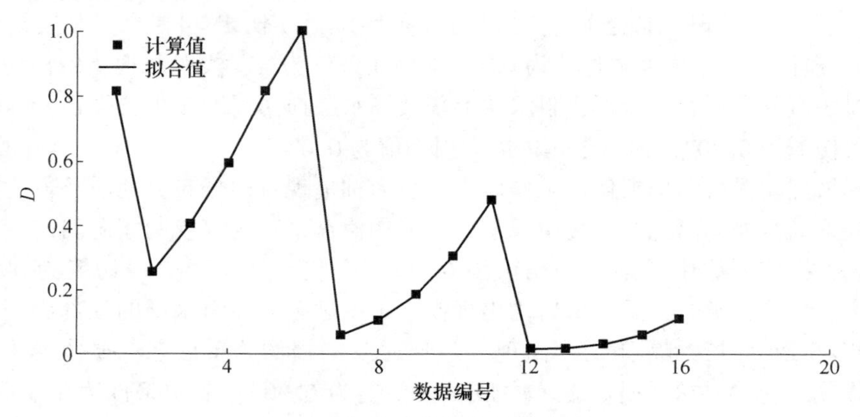

图 3-21 损伤土体损伤值拟合结果

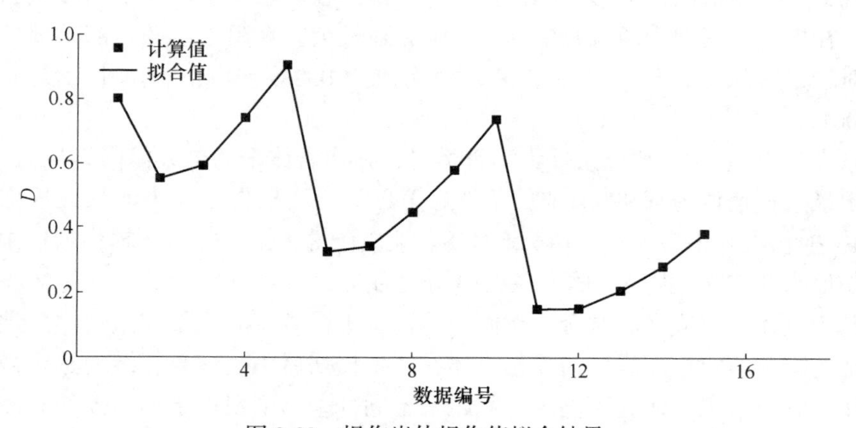

图 3-22 损伤岩体损伤值拟合结果

$$z = z_0 + A\exp(-0.5((x\cos(theta) + y\sin(theta) - x_c\cos(theta) - y_c\sin(theta))/w_1)^2 - 0.5((-x\sin(theta) + y\cos(theta) + x_c\sin(theta) - y_c\cos(theta))/w_2)^2) \tag{3-18}$$

式中，$z_0 = -3.34630328719303 \times 10^{-5}$；$a = 603.520006742591$；$theta = -18.776007513983$；$x_c = 3509.440648628$；$y_c = 264.15168154946$；$w_1 = 984.283914614401$；$w_2 = -8.6280080422184$；相关系数为 0.978104650885552；z 为损伤岩体损伤值；x 为层位高度，m；y 为开采高度，m。

3.2.4 覆岩渗流率更新方法及演化特征

Hoek 和 Brown[163]结合大量的工程数据资料，结合岩体峰后变形破坏特征，将全应力-应变曲线概化为如图 3-23 所示的“三段线”形式。峰前弹性模量保持不变，峰后阶段强度逐渐退化，到参与强度阶段区域恒定。这可以较好地概括岩石试件在受载过程中应力-应变的变化特征：在达到峰值应力前，随着变形的累加应力值逐渐增加；达到屈服状态后，随着变形的增加应力值降低，承载能力降低；达到破裂阶段后，岩石沿着宏观断裂面产生滑移，承载力维持在一个相对较小的数值。在采空区破碎岩块以尺寸不一、形状各异的散体形态堆积在开采空间，这时采空区破碎岩石的强度要远小于岩体的残余强度，因此，此处将岩石的全应力-应变曲线及渗透率-应变曲线概化为“四段线”形式，如图 3-24 所示。全应力-应变的四段线依次为：*OA*，峰前应力增长段；*AB*，峰后应变软化段；*BC*，残余强度段；*DE*，散体变形段。

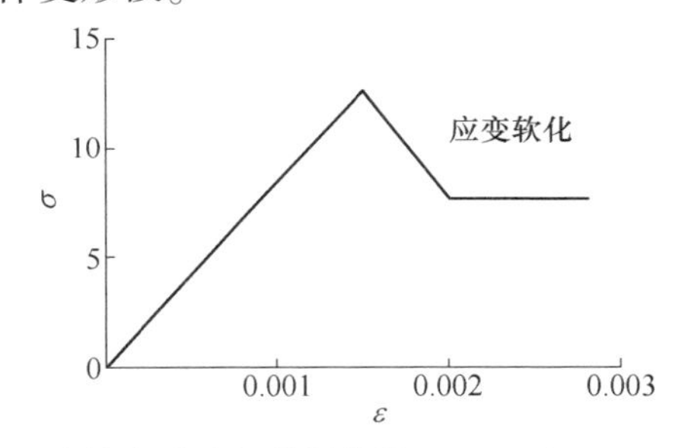

图 3-23 岩体变形破坏特征曲线（Hoek 和 Brown，1997）

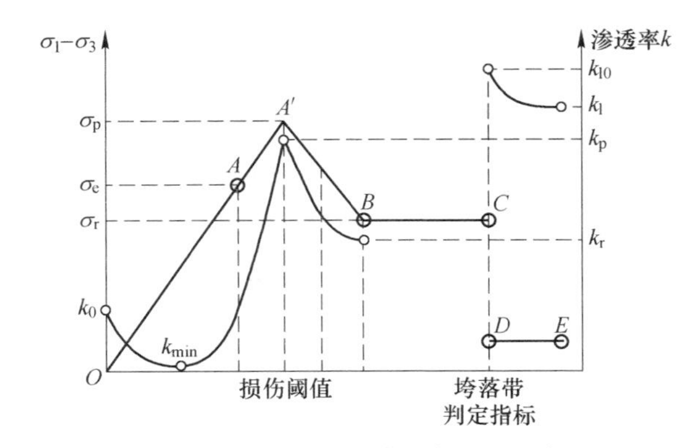

图 3-24 采场覆岩渗透率更新程序

工作面采场围岩移动变形损伤是导致浅表水漏失的主要因素，本节重点分析工作面倾向充分采动条件下，在不同损伤情况下采场覆岩渗透性演化特征。某煤矿工作面宽度在 250 m 左右，工作面推进到 251 m 时，地表达到临界充分采动，在倾向方向上达到充分采动。采场覆岩系统渗透率更新程序如图 3-24 所示，在损伤达到阈值之前，采用弹性-损伤段渗透率公式进行渗透率更新；当计算单元处在垮落带范围内，采用破碎岩石渗透率公式进行渗透率更新；当计算单元不属于垮落带，同时损伤值大于损伤阈值时，采用裂隙渗透率公式进行渗透率更新，进而分布不同损伤状态下的采场覆岩渗透特性演化特征。

开采扰动采场覆岩渗透系数分布特征如图 3-25 所示。图 3-25（a）为采动覆岩渗透系数分带分布特征图，在损伤岩土体内渗透系数的分布特征如图 3-25（b）所示，渗透系数由呈现“船”形的分布特征，渗透系数的最大值为 1.118×10^{-7} m/s；在破断岩体内渗透系数的分布特征如图 3-25（c）所示，由图可知：渗透系数由内至外依次也可以划分为裂隙闭合区、裂隙不完全闭合区、O 形裂隙区、压裂裂隙区、裂隙不发育区，也呈现出在两工作面之间煤柱上方区域的渗透系数大于边界区域，呈现出“O”形的分布特征，渗透系数的最大值为 1.135×10^{-5} m/s；在垮落带内渗透系数的分布特征如图 3-25（d）所示，在工作面端部位置处渗透系数较大，向采空区内部渗透系数逐渐降低，呈现“铲”形的分布特征，渗透系数的最大值为 1.3226×10^{-3} m/s。

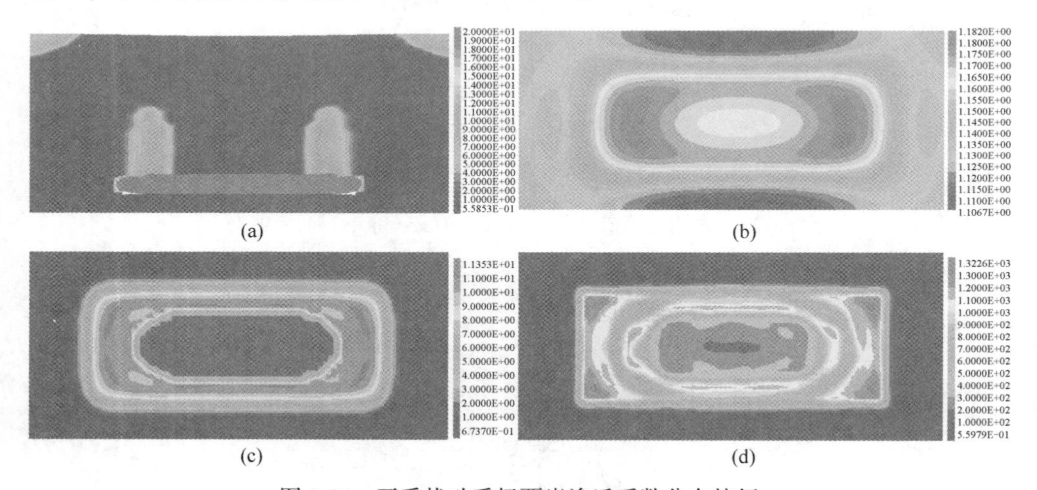

图 3-25　开采扰动采场覆岩渗透系数分布特征

（a）采动覆岩渗透系数分带分布；（b）损伤岩土体渗透系数分布；
（c）裂隙岩体渗透系数分布；（d）垮落带渗透系数分布

为进一步分析推进过程中覆岩层内变形损伤的演化情况，工作面上方 130 m 位置处的岩层布置 5 个测点，距离模型边界位置处的距离依次为 300 m、400 m、500 m、600 m 和 700 m，且均位于走向中线位置处，具体如图 3-26 所示。图 3-26 为走向推进过程中该层不同位置处的变形损伤演化曲线，在监测点 A，随着工作面逐渐接近监测点，损伤变形值逐渐增加，当工作面推进至监测点位置下方时，损伤变形量增加值为 0.00475，后续随着推进距离的增加，损伤变量继续增加，在工作面推过监测点 160 m 位置处，损伤值最大为 0.0168；接下来随着推进距离增加损伤值降低，在推过该测点 300 m 处损伤值区域稳定，为 0.0034。监测点 B 变形损伤呈现与测点 A 类似的形态，随着推进距离的增加，损伤值先增大后降低，最大损伤值为 0.0132，最大损伤值的出现具有一定滞后性，滞后距离为 20 m。监测点 C、D、E 损伤呈现相似的规律，损伤值出现两个峰值，第一个峰值出现在工作面推过测点之前，第二个峰值出现在工作面推过测点之后，第一个应力峰值均小于第二个应力峰值，在经历过第二个应力峰值后，随着推进距离的增加，损伤值均逐渐降低。工作面推采结束后，损伤值的大小顺序依次为 E 点、A 点、D 点、B 点、C 点。

图 3-26 为倾向剖面上损伤变形的分布特征，在模型垂直高度为 50 m、90 m、130 m、170 m 位置处布置测线监测损伤值，损伤值的变化曲线呈现“M”形分布，50 m 位置处的最大损伤值为 0.042，90 m 位置处的最大损伤值为 0.02，130 m位置处的最大损伤值为 0.01，170 m 位置处的最大损伤值为 0.01。

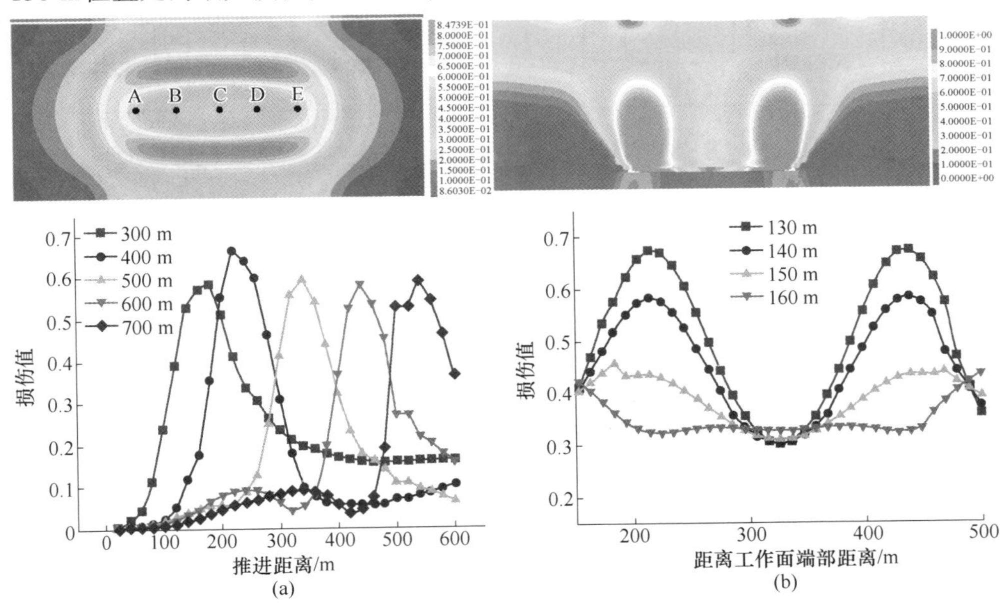

图 3-26 开采过程中覆岩损伤值变化特征

不同损伤阈值采动覆岩分带渗透系数分布特征如图 3-27 所示，随着损伤阈值的降低，采场覆岩的渗透系数较高区域的分布范围在逐渐加大，损伤阈值为 0.6~1 时，在距离煤层高度为 50 m 和 90 m 位置处岩层的渗透系数分布规律相似（图 3-28），损伤阈值为 0.8~1 时，在距离煤层高度为 130 m 和 160 m 位置处岩层的渗透系数分布规律相接近，均处在较小数值，损伤阈值为 0.6 时，在距离煤层高度为 130 m 位置处岩层的渗透系数最大为 9.35×10^{-7} m/s，160 m 位置处岩层的渗透系数处在较小数值。

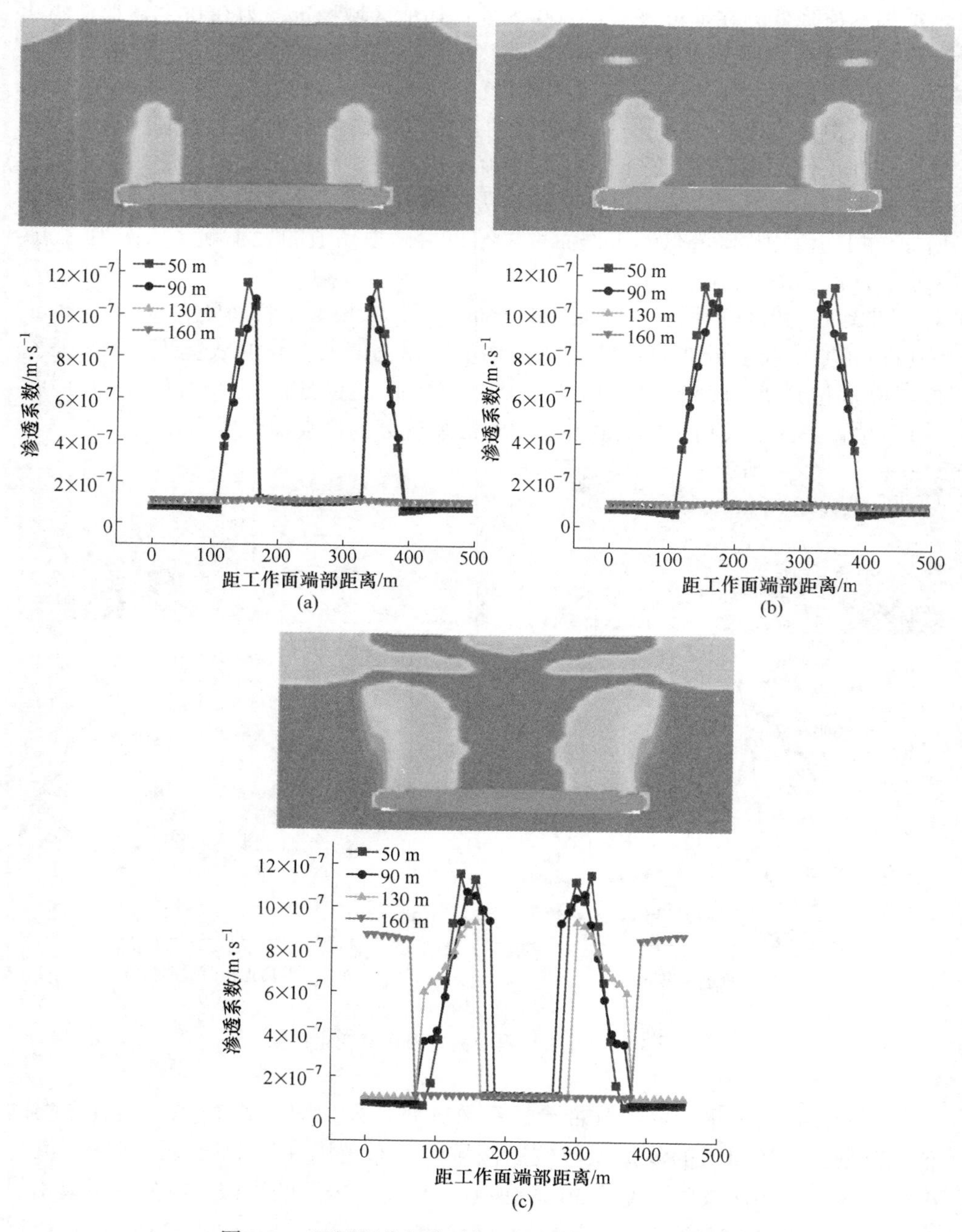

图 3-27　不同损伤阈值采场覆岩渗透系数分布特征

（a）损伤阈值 1；（b）损伤阈值 0.8；（c）损伤阈值 0.6

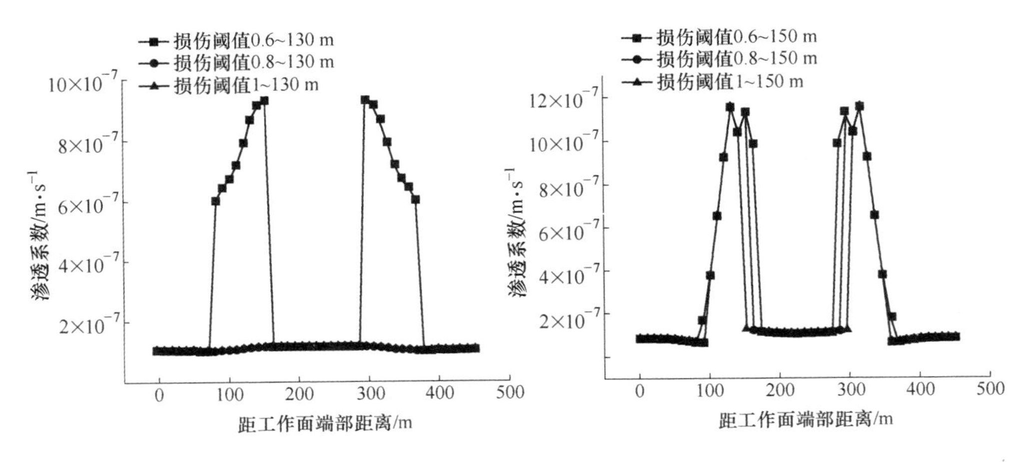

图 3-28 不同损伤阈值渗透系数特征对比分析

该渗透系数更新程序也是基于采动覆岩的不同分带判定准则，分带判定准则为垮落带统计回归公式及损伤阈值，进而对采场覆岩进行三带的界定。当损伤阈值取 1 时，该方法与第一种渗透系数更新程序相同，当开采条件发生变化（如采高、推进度），依据不同开采条件下破断岩体高度，可以对损伤阈值进行修正，因此该方法对于不同开采条件具有较好适用性。

采用分形维数的采场覆岩系统渗透系数更新为：在损伤达到阈值之前，以分形维数为桥梁，采用渗透系数-损伤值进行渗透系数更新。计算单元处在垮落带范围内，采用破碎岩石渗透系数公式进行渗透系数更新；当计算单元不属于垮落带，同时损伤值大于损伤阈值时，采用裂隙渗透系数公式进行渗透系数更新，进而分析不同损伤状态下的采场覆岩渗透特性演化特征；当计算单元的损伤值小于损伤阈值时，结合“煤岩体应力-损伤-分形特征研究”的计算结果，采用 $FLAC^{3D}$ 内嵌的 FISH 语言将分形维数与渗透系数的量化关系写进数值计算模型，因此该方法可以作为第二种渗透系数更新程序的进一步扩展。开采扰动采场覆岩渗透系数分布特征如图 3-29 所示。

数值计算模型中渗透系数更新核心是渗透系数的量化方程，采用获得的渗透系数-应力（应变）关系应用引入模型对渗透系数更新，这种方法对于损伤岩体与损伤土体的渗透系数更新更合理，可以实现对覆岩内损伤岩体和损伤土体渗透系数的计算，优点是可以具体问题进行详细分析。但这种方法也存在如下不足：此种量化方程往往是试验尺度获得的渗透系数-应力（应变）关系，破断岩体范围内渗透系数更新有待进一步研究。

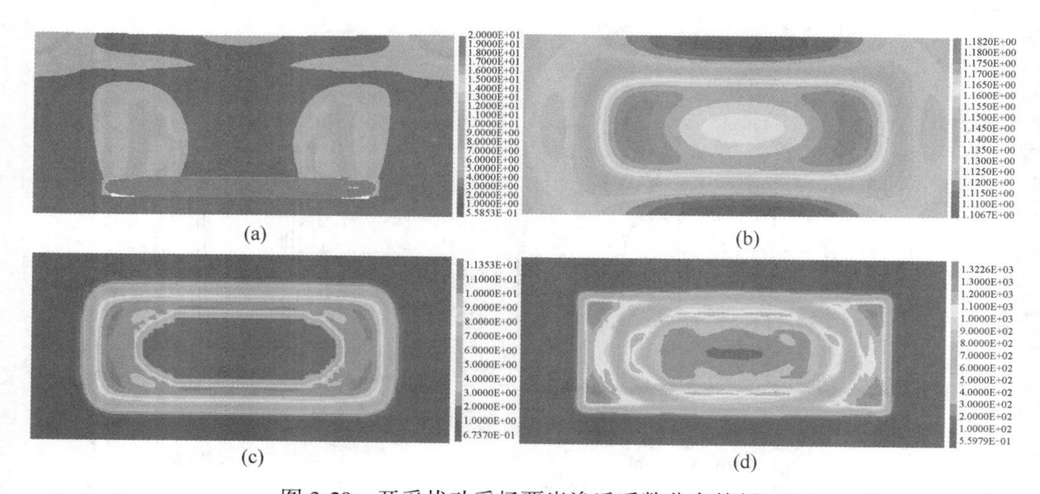

图 3-29　开采扰动采场覆岩渗透系数分布特征

（a）采动覆岩分带渗透系数分布；（b）损伤岩土体渗透系数分布；

（c）破断岩体渗透系数分布；（d）垮落带渗透系数分布

3.3　采动覆岩等效渗透系数计算方法

煤层开采后，岩体自下而上运动过程中相邻岩层也伴随着相互作用，采场覆岩中断裂岩块铰接形成的结构，采场覆岩结构的变化引起渗透系数的改变。要研究浅表水在覆岩结构中流动问题，就需要对采场覆岩结构体的渗透特性及浅表水在岩体结构中的流动规律进行研究。针对不同的裂隙形态，构建对应的导水裂隙模型是进行导水裂隙水流动特性的前提，结合第 2 章采场覆岩的损伤变形分析结果，本节构建的采场岩体结构模型为：（1）破断岩体划分为上部张拉裂隙、下部张拉裂隙和平行裂隙；（2）产生损伤岩体划为张拉型导水裂隙；（3）产生损伤土体划为多孔介质渗流。

3.3.1　采动覆岩破断损伤及流态演化

在自然状态下，含水层的补给排泄及煤水之间的系列岩层共同维持着浅表水系统的动态平衡。采矿领域及地下水方向的相关学者已经对开采扰动下覆岩层的损伤变形形成了较为一致的认识，煤炭资源开采导致覆岩结构发生变形、破断、运移等，覆岩层中从下至上破裂损伤程度在减弱[100-101,164]，导致覆岩结构层的含、导、阻水性能发生变异，进而引发地下水沿着导水裂缝大量涌入开采空间，地下水水位下降。

煤水之间的岩层组合形式及特性的稳定对浅表水系统影响较大，开采扰动下导水裂隙的分布特征、发育形态是覆岩层相互作用的结果。采场覆岩控制着浅表水的流动状态，稳定且相对完整的采场覆岩对于维持浅表水系统的动态平衡至关重要，而当采场覆岩的结构失稳破坏贯通含水层，浅表水系统也将出现干涸、断流等失稳现象。当采动岩体破断后裂隙相互贯通，形成导水通道，该部分岩层阻水能力较弱，将其称为破断岩体；当岩层内裂隙发育但未贯通的岩层，该部分岩层相比较破断岩层可以起到较好的阻水作用，将其称为损伤岩体；当采动引起隔水土层或隔水岩层内破断裂隙相互贯通，形成导水通道，该部分岩土层隔水能力较弱，将其称为破断岩土体；当岩土层内裂隙发育但未贯通的岩层，该部分岩层相比较破断岩土体可以起到较好的隔水作用，将其称为损伤岩土体。

覆岩破断损伤规律研究是浅表水系统扰动程度分析的主要方面，控制着浅表水的受扰动程度和范围，开采扰动引发采场覆岩层渗透系数的增加，当渗流介质中的渗流速度由低到高时，可将渗流介质中的水运动状态划分为三种情况[165]。

破断岩体区域内形成的裂隙导水通道宽度已经达到厘米级别及以上，师修昌[164]基于现场实测孔隙率数据，评估得到冒裂带的平均渗透率为 8.76×10^{-10} m^2，将周期破断长度（20 m）视为含水层颗粒平均半径，计算得到此时的雷诺数为175200，达到了渗流状态的上限（$Re=10$），表明了破断岩体内裂隙的导水状态属于管流范畴，地下水漏失机制简单，即导水裂缝揭露的含水层水直接涌入采场，导致采场顶部含水层直接疏干，对应采动浅表水的影响程度中的剧烈扰动。

当贯通裂隙未揭露含水层，即损伤岩土层厚度 M 不为零时，现场实测到的残余土层与残余隔水层的渗透系数在 1×10^{-14} m/s 的数量级，整体上 N2 红土以黏粒和粉粒（<0.075 mm）为主，占总含量的 80%以上[139]。将 0.075 mm 视为含水层颗粒平均半径，此时的雷诺数为 0.0000075，选低于渗流状态的上限（$Re=10$）。地下水漏失服从 Darcy 定律，浅表水有效控制层的渗透能力至关重要。当开采扰动导致采场覆岩的渗透系数增大达到一定程度，浅表含水层的渗透量增加，浅表水位下降显著，对应采动浅表水的影响程度中的轻微扰动。

3.3.2 采动覆岩导水裂隙类型划分

采场覆岩层导水裂隙类型划分，是进行采场覆岩主要渗流通道及导水流动特性分析的基础。煤层开采导致原岩应力的平衡状态被打破，上覆岩层的应力重新分布形成新的应力平衡状态，根据岩体内部主应力的大小、方向和性质，将采掘扰动后采场围岩的应力状态分为三个区（拉应力区、拉压应力区和压应力区）。在原岩应力与采动应力双重叠加作用下，采场围岩的不同区域也呈现出不同的破坏形态，随着产生的裂隙形态与裂隙张开度也各不相同，进而导致裂隙的导水能力有所差别。以前文构建的导水裂隙类型，建立相应的导水裂隙模型，进行不同类型裂隙渗透性的分析。

3.3.2.1　周期破断区域导水裂隙模型

结合采场覆岩层结构形态与受力分析的结果，将开采扰动后的周期破断覆岩结构划分为两种类型导水裂隙，如图 3-30 所示：一类为开采空间外侧煤岩体，在侧向支撑压力作用下形成的压剪裂隙；另一类为覆岩层周期破断后形成的拉剪裂隙。

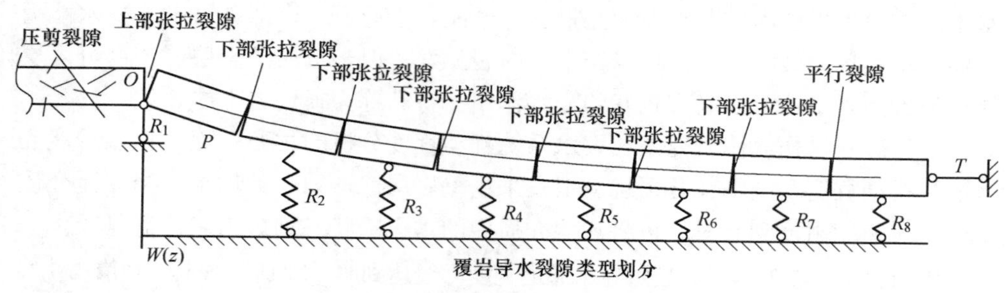

图 3-30　采场覆岩结构特征与裂隙类型

当煤层开采波及浅表含水层时，浅表水以垂向流动为主，结合覆岩层周期破断后形成的拉剪裂隙分布形态，针对不同的单裂隙分别建立模型进行裂隙水流动特性的分析，以如图 3-30 所示的单裂隙模型分别进行建模分析。

对于第一种类型的导水裂隙，受破断岩层在覆岩中不同位置影响，又可分为三种类型[166]，如图 3-31 所示。（1）处于开采空间边界附近的上端张拉裂隙，由于破断岩层块体经历一次回转，运动稳定后破断岩体将裂隙形态趋于稳定，裂隙剖面呈现类似“楔形”形状；（2）处在开采区域中部压实区的贴合裂隙，由于破断岩层块体经历双向回转运动，该区域相邻块体回转角几乎无差异，裂隙由相邻破断块体水平挤压而成，其外观虽表现为闭合状态，但受相邻裂隙表面形貌及其粗糙度差异的影响，裂隙面并不能完全贴合，裂隙仍具有一定的开度及过流能力；（3）处在开采边界与中部压实区之间的下端张拉裂隙，由于岩层破断块体间回转角的差异，裂隙剖面呈现“倒楔形”形状。采场覆岩不同区域应力环境的差异导致产生的裂隙形态与裂隙张开度也各不相同，因此裂隙的导水能力也呈现不同的特性。

压剪裂隙：对于开切眼及工作面超前煤岩体区域，在原岩应力与采动应力叠加作用下应力环境更为复杂，导致岩体内部的裂隙分布错综复杂，该区域压剪裂隙的渗流特性实质为岩石峰后应力的水渗流问题，由于该区域裂隙的杂乱无序难以对全部非裂隙构建渗流模型，因此，许多学者多针对选定区域中的裂隙岩体进行水渗流实验和水渗流特性分析。

3.3.2.2　张拉型导水裂隙模型

开采扰动下，损伤岩体直接位于破断岩体的上方，为了阻止浅表水向采空区

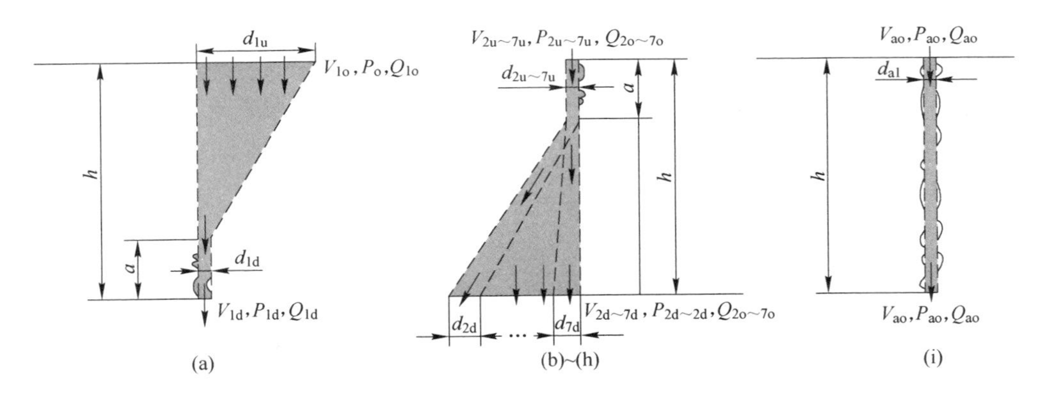

图 3-31 不同类型单裂隙模型

(a) 上部张拉裂隙；(b) ~ (h) 下部张拉裂隙；(i) 平行裂隙

渗漏，上部的损伤岩体就需要达到一定的阻水能力要求。采动后随着下部岩层的破断垮落，覆岩层处于悬露状态，在悬露岩层附近的岩层中最大主应力与最小主应力均处于拉应力状态，当岩体中的拉应力超出岩体的抗拉强度时，并伴随着上行裂隙向远离煤层的方向扩展；在开切眼及生产工作面上方地表区域，在地层下沉过程中岩土体也处于拉应力的状态，当拉应力超出抗拉极限时，采动地层的下行裂隙逐渐形成。本节为了定量表征损伤岩体岩体的渗流特性，结合损伤岩体受力形态将其视为张拉裂隙类型，以如图 3-32 所示的单裂隙模型分别进行建模分析。

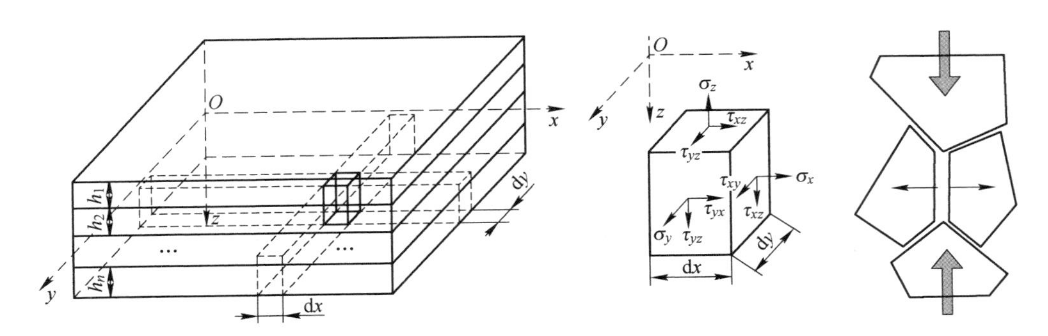

图 3-32 张拉型导水裂隙

3.3.2.3 多孔介质导水渗流模型

在煤层与含水层中间的岩层中，在采矿界普遍认为黏土（黄土与红土）具有相对较好的隔水性，特别是液性指数小于 0.75，达到塑性状态的黏土，其隔水性是非常好的。实际的黏土（黄土与红土）是由不同形状及尺寸的或胶结或松散的颗粒组成的多孔介质（见图 3-33（a）），对于胶结的黏土，其孔隙介质结构的孔隙率取决于胶结程度、水理特性，而松散孔隙介质结构的孔隙率则取决于颗粒的尺寸、形状及其排列形式等特征参数。本节为了定量分析隔水土层的渗流特性，将胶结颗粒视为由球状颗粒堆积而成，形成均匀排列的孔隙裂隙结构，如图 3-33（b）所示。

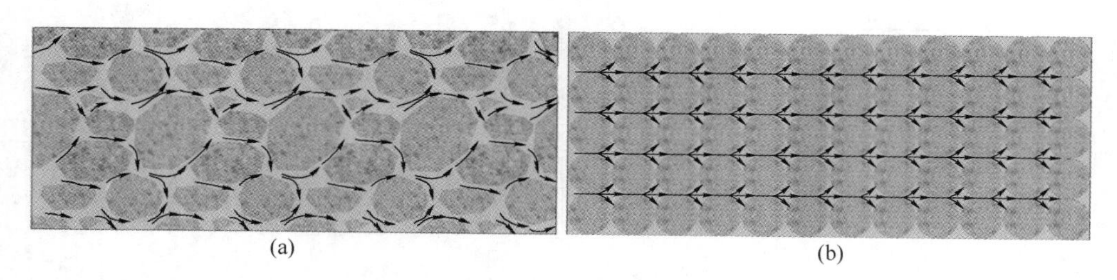

图 3-33　多孔介质中地下水渗流

（a）实际渗透模型；（b）理想渗透模型

3.3.3　单一岩土层等效渗透系数

3.3.3.1　周期破断区域导水裂隙

当渗流介质中的渗流速度由低到高时，可将渗流介质中的水运动状态划分为三种情况[165]，覆岩层周期破断后形成的拉剪裂隙中的水流动状态已经不再属于渗流范围，而是管流状态。

管流渗透率的计算：管流可视为流体在单根“管子”中的流动，而渗流则可视为液体在多根“管子”中的流动，基于广义的 Hagen-Poiseulle 方程，通过单根管子单位体积内的流量为：

$$q = \frac{\pi \Delta P r^4}{8 L_t \mu} \tag{3-19}$$

根据周期破断采场覆岩结构特征与裂隙类型，实际渗流通道不仅仅为单根管子，而更像是一束管子组成的渗流通道，单位横截面积上一束管子组成的渗流通道数目为 n，则所有渗漏通道上的总流量，即横截面积为 A 时的流量为：

$$q = nA \frac{\pi \Delta P r^4}{8 L_t \mu} \tag{3-20}$$

式中，A 为横截面的面积；n 为管流的面密度；r 为单根管道的水力学半径的平均值；μ 为流体的黏滞系数；ΔP 为压强；L_t 为弯曲直线的长度。

岩石体的孔隙率是衡量岩石体渗透性及工程质量的重要物理指标之一，产生

破断岩体的孔隙率是指破断条件下的岩块间孔隙体积与岩石总体积的比值，即

$$\varphi = \frac{nA\pi r^2 L_t}{AL} \tag{3-21}$$

根据上述公式及达西定律得到：

$$K = \frac{n\pi r^4}{8\tau} \tag{3-22}$$

对于单个管子组成的渗透通道，渗流通道的孔隙度为1，横截面积 $A=\pi r^2$，迂曲度 $\tau=1$，代入上述公式，得单个管子组成的渗透通道的渗透率：

$$K = \frac{r^2}{8} \tag{3-23}$$

上面公式表明单个管子组成的渗透通道也有渗透率，只是相比较多孔介质而言，这个渗透率数值通常比较高。对于整个地层而言，可视为一系列管子组成的渗透通道，具体渗透率用式（3-23）计算，可见渗透率与管流的面密度成正比，而孔径对渗透率的影响是呈四次方的，由于完整地层的孔隙度一般都较低，因而渗透率通常不会特别高。

基本顶岩层的厚度为 22 m，基本顶下方破碎岩层的厚度为 16 m，煤层开采高度为 4 m，选取垮落岩层的碎胀系数为 1.18，基本顶下方空间允许的运动空间为 $\Delta=4-16\times(1.18-1)=1.12$ m，顶板岩层维持稳定的最大下沉量 $\Delta_{max}=(0.67\sim0.73)\times h=14.74\sim16.06$ m，$\Delta_{max}>\Delta$，因此基本顶不会发生垮塌，当岩层发生破断后，选取此结构模型中的一层骨架结构展开分析，为了理论表达的方便，将此结构进行简化，选取结构的铰接关系与载荷状态[167]，如图 3-34 所示。此结构为静定结构，从左至右依次对 8 个铰接点取矩平衡，鉴于采场周期来压步距较为接近，因此假设骨架结构成各个断裂岩块长度相等，可得矩阵式（3-24）。

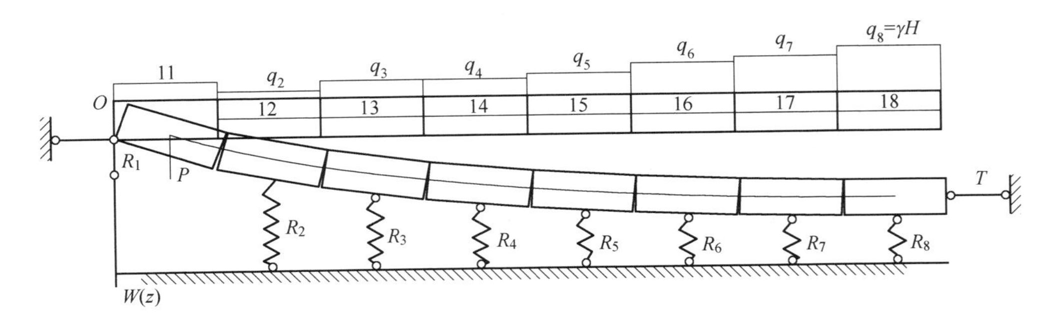

图 3-34 破断岩块结构示意图

$$
\begin{bmatrix}
\frac{3}{2}l & \frac{5}{2}l & \frac{7}{2}l & \frac{9}{2}l & \frac{11}{2}l & \frac{13}{2}l & \frac{15}{2}l & -(W_8-h') \\
\frac{1}{2}l & \frac{3}{2}l & \frac{5}{2}l & \frac{7}{2}l & \frac{9}{2}l & \frac{11}{2}l & \frac{13}{2}l & -(W_8-W_1) \\
0 & \frac{1}{2}l & \frac{3}{2}l & \frac{5}{2}l & \frac{7}{2}l & \frac{9}{2}l & \frac{11}{2}l & -(W_8-W_2) \\
0 & 0 & \frac{1}{2}l & \frac{3}{2}l & \frac{5}{2}l & \frac{7}{2}l & \frac{9}{2}l & -(W_8-W_3) \\
0 & 0 & 0 & \frac{1}{2}l & \frac{3}{2}l & \frac{5}{2}l & \frac{7}{2}l & -(W_8-W_4) \\
0 & 0 & 0 & 0 & \frac{1}{2}l & \frac{3}{2}l & \frac{5}{2}l & -(W_8-W_5) \\
0 & 0 & 0 & 0 & 0 & \frac{1}{2}l & \frac{3}{2}l & -(W_8-W_6) \\
0 & 0 & 0 & 0 & 0 & 0 & \frac{1}{2}l & 0
\end{bmatrix}
\begin{bmatrix} R_2 \\ R_3 \\ R_4 \\ R_5 \\ R_6 \\ R_7 \\ R_8 \\ R_9 \end{bmatrix}
=
\begin{bmatrix}
\frac{Pl}{2}+\frac{154}{7}\gamma Hl^2 \\
\frac{126}{7}\gamma Hl^2 \\
\frac{197}{14}\gamma Hl^2 \\
\frac{145}{14}\gamma Hl^2 \\
7\gamma Hl^2 \\
\frac{29}{7}\gamma Hl^2 \\
\frac{27}{14}\gamma Hl^2 \\
\frac{1}{2}\gamma Hl^2
\end{bmatrix}
\tag{3-24}
$$

根据破碎岩石载荷作用下的压实曲线，压实量与压应力表现出非线性关系，详细推导过程详见参考文献［167］，未知数与方程组的个数相等，采用 MATLAB 数值软件中的牛顿迭代方法进行数值求解，结合实测数据资料，采用计算条件为 $H=200$ m，$\gamma=2400$ kg/m^3，$K_p=1.2$，$K_{p'}=1.1$，$l=8$ m，$M=4$ m，$h=20$ m，$\sum h=20$ m，可得到数值计算结果如图 3-35 所示。

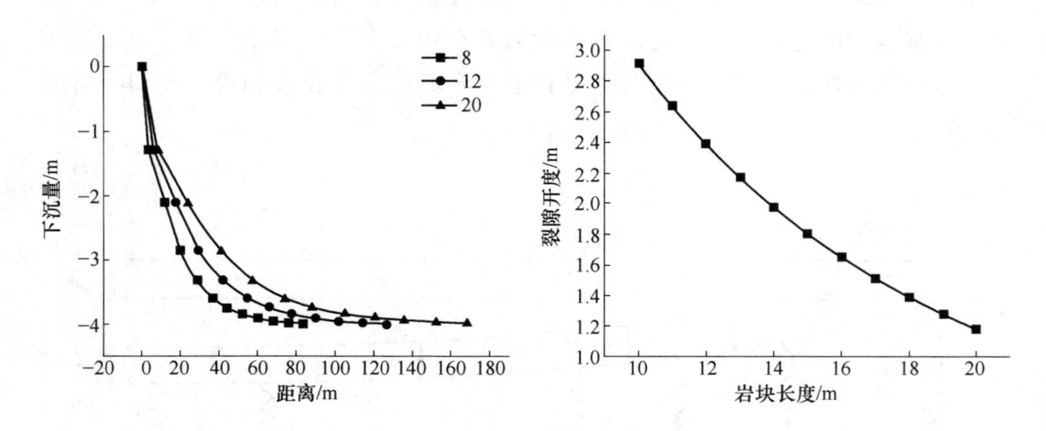

图 3-35 不同断裂块度下岩体内部的位移曲线

块体的长度为 l，高度为 h，采场覆岩结构稳定后，块体一在竖直方向上的

位移量为 W_1，块体一旋转有可能形成如图 3-36 所示的两种形态，形态一为块体在竖直方向的位移量 W_1 小于 $h/2$，形态二为块体在竖直方向的位移量 W_1 大于 $h/2$，根据块体稳定后结构的几何相似，推导得到两种情况下块体的旋转角度。

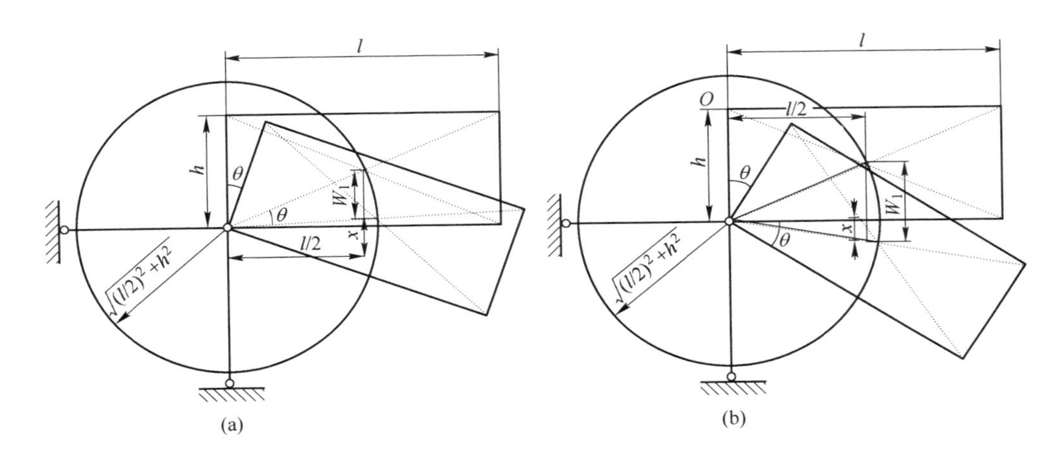

图 3-36 块体一的旋转角度

(a) 形态一；(b) 形态二

形态一：

$$\frac{\sqrt{(l/2)^2 + h^2} - \sqrt{(l/2)^2 + x^2}}{\sqrt{(l/2)^2 + x^2}} = \frac{h/2 - W_1 - x}{x} \tag{3-25}$$

$$x = \sqrt{\frac{(l/2)^2 \cdot (h/2 - W_1)^2}{(l/2)^2 + h^2 - (h/2 - W_1)^2}} \tag{3-26}$$

$$\theta = \arctan\left(\frac{h/2}{l/2}\right) - \arctan\left(\frac{\sqrt{\dfrac{(l/2)^2 \cdot (h/2 - W_1)^2}{(l/2)^2 + h^2 - (h/2 - W_1)^2}}}{l/2}\right) \tag{3-27}$$

进而获得张开裂纹入口处的开口度为：

$$d_1 = 2(h - a) \cdot \sin\left(\frac{\arctan\left(\dfrac{h/2}{l/2}\right) - \arctan\left(\dfrac{\sqrt{\dfrac{(l/2)^2 \cdot (h/2 - W_1)^2}{(l/2)^2 + h^2 - (h/2 - W_1)^2}}}{l/2}\right)}{2}\right) \tag{3-28}$$

形态二：

$$\frac{\sqrt{(l/2)^2 + h^2} - \sqrt{(l/2)^2 + x^2}}{\sqrt{(l/2)^2 + x^2}} = \frac{W_1 - h/2 - x}{x} \tag{3-29}$$

$$x = \sqrt{\frac{(l/2)^2 \cdot (W_1 - h/2)^2}{(l/2)^2 + h^2 - (W_1 - h/2)^2}} \tag{3-30}$$

$$\theta = \arctan\left(\frac{h/2}{l/2}\right) + \arctan\left(\frac{\sqrt{\frac{(l/2)^2 \cdot (W_1 - h/2)^2}{(l/2)^2 + h^2 - (W_1 - h/2)^2}}}{l/2}\right) \tag{3-31}$$

进而获得张开裂纹入口处的开口度为：

$$d_1 = 2(h - a) \cdot \sin\left(\frac{\arctan\left(\frac{h/2}{l/2}\right) - \arctan\left(\frac{\sqrt{\frac{(l/2)^2 \cdot (h/2 - W_1)^2}{(l/2)^2 + h^2 - (h/2 - W_1)^2}}}{l/2}\right)}{2}\right) \tag{3-32}$$

岩块长度为 20 m，岩块高度 22 m，$K_p = 1.2$，$K'_p = 1.1$，采高 5.5 m，埋深 103 m，计算得到上部张拉裂隙的上端开口度为 5.51 m。再根据形成铰接结构的水平推力 T[168]，岩层的弹性模量取 2×10^9 Pa，计算得到岩石的变形量为 1.06×10^{-2} m，此数值视为平行裂隙的开口度，平行裂隙的开口度约为上部张拉裂隙上端开口度的 0.002 倍。对于任意单层岩层，根据采动后断裂岩块长度，将该层划分为 n 组，假定其中任意组分的水力传导系数为 k_j，流过该单地层的总流量 Q 可以表示为通过 n 个组分的流量之和。如果直接采用复合岩层等效渗透率进行等效渗透率计算，当局部组分的渗透率极小时，会导致计算的等效渗透率偏小，为了开展单一地层等效渗透率的计算，先将不同裂隙类型的渗透率折算到指定横截面积上，以周期断裂步距为单位长度，将管子组成的渗透通道的渗透率进行折算，等效裂隙的长度为 L，上部张拉裂隙的等效渗透系数为式（3-33）、下部张拉裂隙的等效渗透系数为式（3-34）。

$$\frac{L}{Kh} = \frac{a}{k_1 d_{1d}} + \int_0^L \frac{1}{\frac{\left(d_{1d} + \frac{d_{1u} - d_{1d}}{L}z\right)^2}{8} \cdot \left(d_{1d} + \frac{d_{1u} - d_{1d}}{L}z\right)} \mathrm{d}z \tag{3-33}$$

$$\frac{L}{Kh} = \frac{a}{k_1 d_{2u\sim7u}} + \int_0^L \frac{1}{\frac{\left(d_{2u} + \frac{d_{2d} - d_{2u}}{L}z\right)^2}{8} \cdot \left(d_{2u} + \frac{d_{2d} - d_{2u}}{L}z\right)} \mathrm{d}z \tag{3-34}$$

对上述公式在 $0\sim L$ 范围内进行积分，得到不同类型导水裂隙渗透通道的等效渗透系数：

$$K_1=\frac{L}{h\cdot\left(\frac{a}{k_a d_{1d}}+\int_0^L\frac{1}{\frac{\left(d_{1d}+\frac{d_{1u}-d_{1d}}{L}z\right)^2}{8}\cdot\left(d_{1d}+\frac{d_{1u}-d_{1d}}{L}z\right)}dz\right)} \tag{3-35}$$

$$K_{2u\sim 7u}=\frac{L}{h\cdot\left(\frac{a}{k_a d_{2u\sim 7u}}+\int_0^L\frac{1}{\frac{\left(d_{2u}+\frac{d_{2d}-d_{2u}}{L}z\right)^2}{8}\cdot\left(d_{2u}+\frac{d_{2d}-d_{2u}}{L}z\right)}dz\right)} \tag{3-36}$$

$$K_8=\frac{d^2}{8} \tag{3-37}$$

上述公式表明，张开裂隙的上端裂隙开口度、上端裂隙长度、下端裂隙、下端裂隙长度对等效渗透系数产生影响。破断岩体塑性铰的长度可采用塑性铰公式直接得到，破断岩体塑性铰的开口度与断裂模型、初始开度、节理刚度、水平推力等因素相关，为了便于计算，将第一破断岩块至第八破断岩块的开口度视为线性下降，塑性铰处的开口度与平行裂隙的开口度相等，取第一断裂岩块开口度的0.002倍。以表3-8中数值作为基础参数，岩块的厚度为10m，再根据基础参数变化情况对等效渗透率的影响因素进行分析，具体分析结果如图3-37所示。随着铰接处开口长度的增加，等效渗透率呈现指数型增长；随着铰接长度的增加，等效渗透率先是急剧下降，随后降低幅度较小，等效渗透率区域稳定；随着岩块长度的增加，等效渗透率呈现近似线性增长；随着上端裂隙开口度的增长，等效渗透率先是急剧增长，随后增长幅度降低，等效渗透率区域稳定，但等效渗透率的变化幅度在较小，这与等效渗透率理论结果相一致。若存在一个岩层的渗透系数极小，即 $K_i=0$，存在不透水边界，则 $K=0$，即整个地层的渗透性质将变成不透水地层。在此基础上分析了不同下沉系数情况下的渗透率，如图3-38所示，下沉系数的范围在0.72~0.98，岩块的长度为10 m、15 m、20 m，岩块的厚度为8 m、10 m、12 m、15 m，随着下沉量的增加等效渗透率逐渐加大，下沉系数一定时，随着断裂岩块长度的增加等效渗透率降低，随着岩块厚度的增加，等效渗透率增加。

表3-8 影响因素基础参数

基础参数	铰接长度/m	张开裂隙长度/m	铰接处开口/m	张开度/m
数值	2	8	0.04	0.4

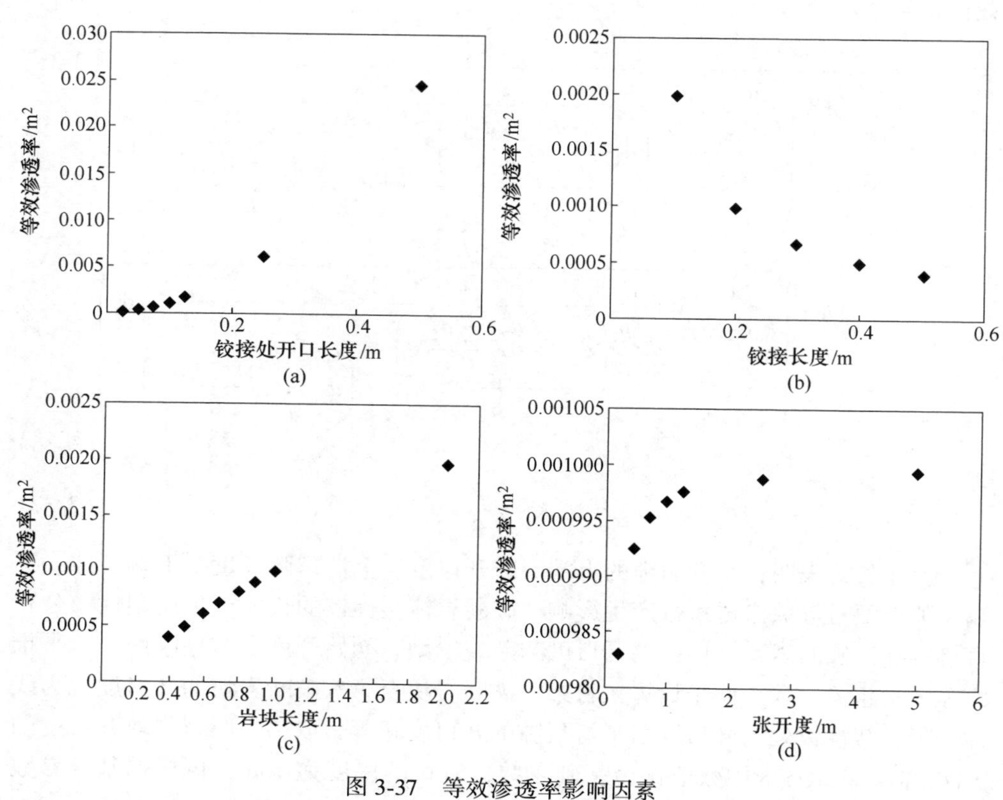

图 3-37　等效渗透率影响因素

（a）铰接开口长度；（b）铰接长度；（c）岩块长度；（d）张开度

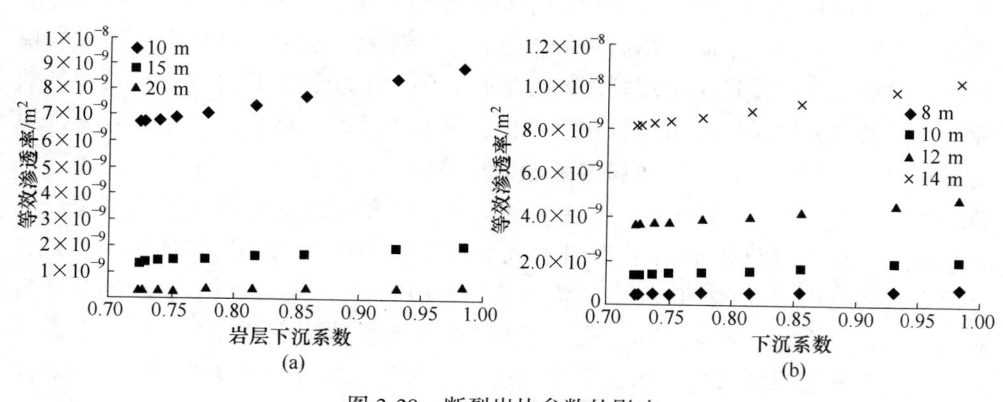

图 3-38　断裂岩块参数的影响

（a）岩块长度；（b）岩块高度

3.3.3.2　张拉型裂隙

流体介质在静载荷作用下在节理岩石中的流动，假定模型中的块体是不渗流的，流体只能在岩石的节理中流动，两个岩石块体平面之间的节理的流速[165]。根据分形理论，在特征长度为 δ 的岩体单元内沿某一发育主方向的裂隙条数为[169]：

$$N_{\delta}(F)=N_0(F)\delta^{-D} \tag{3-38}$$

式中，$N_0(F)$ 为系数；D 为分形维数。裂隙的平均水力开度为 b（m），则沿这一方向裂隙的渗透系数为：

$$k_{\mathrm{f}}=-\frac{gb^3}{12\mu}N_{\delta}(F)=-\frac{gb^3}{12\mu}N_0(F)\delta^{-D} \tag{3-39}$$

具有 n 个发育主方向，连通系数为 m 的裂隙岩体渗透系数张量表达式为[165]：

$$k_{ijk}=\sum_{r=1}^{n}m_rN_{\delta r}k_{\mathrm{f}}(\delta_{ijk}-n_i^rn_j^rn_k^r)\quad(i,\ j,\ k=1,\ 2,\ 3) \tag{3-40}$$

定义一个空间直角坐标系：x 轴为正东方向，y 轴为正北方向，z 轴为垂直向上。裂隙系统中第 i 组裂隙的倾角为 γ_i，倾向方位角为 β_i 时，依据空间解析几何学分析可知：

$$n_{xi}=\sin\beta_i\sin\gamma_i,\ n_{yi}=\cos\beta_i\sin\gamma_i,\ n_{zi}=\cos\gamma_i \tag{3-41}$$

对于一个裂隙岩石系统，等效多孔介质的平均流速可以表示为：

$$v_{ijk}=\sum_{r=1}^{n}m_rN_{\delta r}\frac{ba_r^x\rho g}{12\mu}\frac{Vh}{L}\frac{1}{S}(\delta_{ijk}-n_i^rn_j^rn_k^r)\quad(i,\ j,\ k=1,\ 2,\ 3) \tag{3-42}$$

结合经典达西定律，推导得到渗透系数：

$$k_{ijk}=\sum_{r=1}^{n}m_rN_{\delta r}\frac{ba_r^x\rho g}{12\mu}\frac{1}{S}(\delta_{ijk}-n_i^rn_j^rn_k^r)\quad(i,\ j,\ k=1,\ 2,\ 3) \tag{3-43}$$

式中，k_{ijk}为节理的渗透系数，m/s；a 为裂隙的宽度，m；b 为经验系数；μ 为流体的黏度，Pa · s；x 为裂隙开度的指数；S 为裂隙系统空间宽度，m。目前得到广泛应用的是立方定律，即 $x=3$，$b=1$。

在模拟进程中，节理的力学变形会影响的节理的水力开度，节理的水力开度通过下面公式计算。

$$a=a_0+Va \tag{3-44}$$

$$k_{ijk}=\sum_{r=1}^{n}m_rN_{\delta r}\frac{b\left(a_r-\dfrac{\sigma_{rn}}{k_{rn}}\right)^x\rho g}{12\mu}\frac{1}{S}(\delta_{ijk}-n_i^rn_j^rn_k^r)\quad(i,\ j,\ k=1,\ 2,\ 3) \tag{3-45}$$

式中，a_0 为零应力状态下的节理开度，m；σ_{rn}为作用在节理上面的正应力，N；k_{rn}为节理的刚度，N/m；a_r为节理的残余水力开度，m。

根据表 3-9 基础参数，给出了裂隙倾角为 0°以及 90°情况下的渗透系数的解析解。

表 3-9　张拉型裂隙影响基础参数

裂隙组	拉应力峰值 /MPa	节理刚度 /N · m^{-1}	裂隙初始开度/m	动力黏度 /Pa · s	平均间距 /m	裂隙倾角 /(°)
1	9	2×10^{11}	0.0000119	0.001	0.5	0
2	9	2×10^{11}	0.0000119	0.001	0.5	90

$$k_1 = \frac{9800 \times \left(0.0000119 + \dfrac{d \times 9 \times 10^6}{2 \times 10^{11}}\right)}{12 \times 0.001 \times 0.5}\begin{bmatrix} 1 - \cos^2 0° & -\sin^2 0°\cos^2 0° \\ -\sin^2 0°\cos^2 0° & 1 - \sin^2 0° \end{bmatrix}$$

$$k_2 = \frac{9800 \times \left(0.0000119 + \dfrac{d \times 9 \times 10^6}{2 \times 10^{11}}\right)}{12 \times 0.001 \times 0.5}\begin{bmatrix} 1 - \cos^2 90° & -\sin^2 90°\cos^2 90° \\ -\sin^2 90°\cos^2 90° & 1 - \sin^2 90° \end{bmatrix}$$

裂隙网络模型的定量刻画以及渗透性表征一直是采矿界的难解问题，此处为了获取解析解，对理论计算公式进行了简化。图 3-39（a）为泥岩 1 与泥岩 2 渗流实验数据取均值的结果。煤层开采后，损伤岩体岩层中以拉伸应力为主，在岩层受到拉应力作用时，在产生拉伸破坏之前，应力随着应变的增加呈现线性增长，因此将拉伸应变 ε_{t0} 定为阈值，此时的拉应力取值 9 MPa，拉伸应变与 ε_{t0} 的比值为损伤值，进而构建不同损伤张拉型裂隙渗流特征，如图 3-39（b）所示，理论计算结果与泥岩渗流数据表现出较好的一致性。针对现场具体工程中，需要采用监测仪器对裂隙网络进行实测，基于实测统计数据资料及第 3.1.2 节给出的不同损伤裂隙网络建模方法，综合采用现场实测、数值模拟及理论分析对裂隙网络的渗流特性进行深入探索。

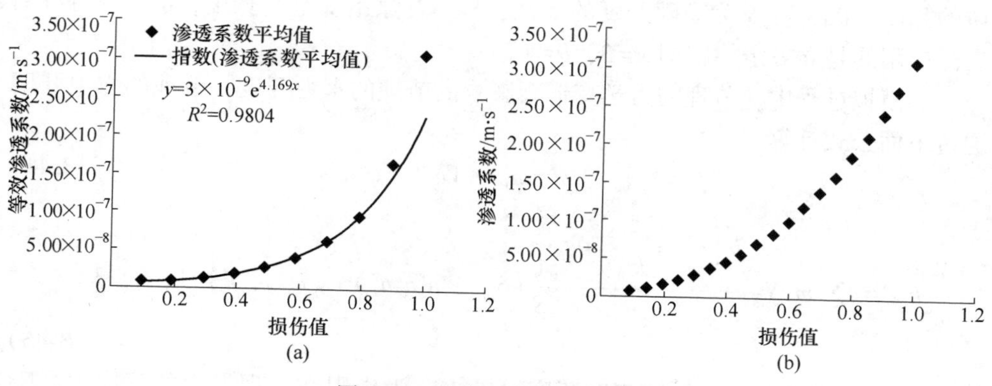

图 3-39　张拉型裂隙渗流特征

（a）实验数据；（b）理论计算

3.3.3.3 多孔介质导水渗流

不同堆积形式的土体颗粒受到采动应力影响产生变形，颗粒之间的孔隙面积大幅降低，球形颗粒变形符合 Hertz 变形法则，本节重点对三颗粒、四颗粒、五颗粒及六颗粒的破碎结构在受到采动应力作用下的变形特征展开定量分析，如图 3-40 所示。根据 Hertz 变形原理[170]，非均质球状破碎颗粒间形成的接触圆半径如式（3-46）所示：

$$a = \sqrt[3]{\frac{3F}{4} \times \frac{R_1 R_2}{R_1 + R_2} \times \left(\frac{1 - \nu_1^2}{E_1} + \frac{1 - \nu_2^2}{E_2}\right)}, \quad a = \sqrt[3]{\frac{3FR(1 - \nu^2)}{4E}} \tag{3-46}$$

式中，a 为颗粒间接触圆半径，m；F 为颗粒上总载荷，N；R_1 和 R_2 为球形颗粒半径，m；E_1 和 E_2 为颗粒弹性模量，Pa；ν_1 和 ν_2 为颗粒泊松比。

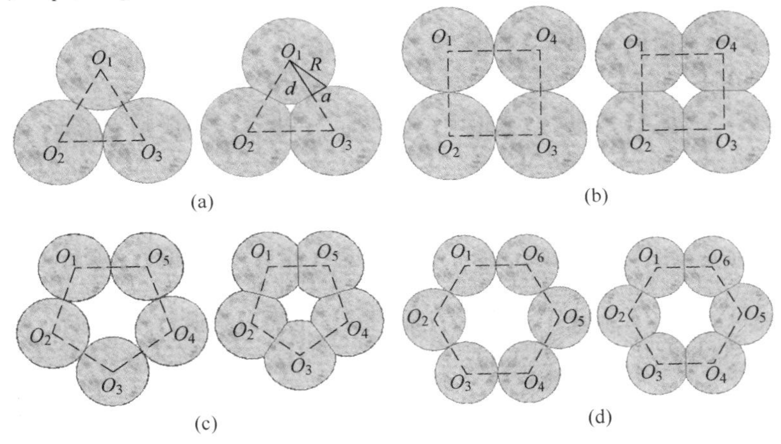

图 3-40 不同颗粒堆积结构变形情况

（a）三颗粒堆积；（b）四颗粒堆积；（c）五颗粒堆积；（d）六颗粒堆积

公式表明多孔介质的孔隙率及颗粒半径是其渗透系数的重要影响因素，Kozeny-Carman 提出与上式相近的计算渗透系数的公式[171]，选定岩石的物理力学参数为 $R=0.005$ m，$E=1\times10^9$ Pa，$\nu=0.45$，分别绘制了三颗粒、四颗粒、五颗粒及六颗粒的孔隙率-有效应力变化曲线和渗透率-有效应力变化曲线，如图 3-41 所示。不同颗粒组合结构模型的渗透率敏感性随着颗粒数的增加而减小，具体表现为三颗粒组合结构的应力敏感性最大，六颗粒组合结构的应力敏感性最小。研究表明随着有效应力增加，土层多孔介质材料的孔隙率与渗透系数逐渐降低，这与李涛等[172]的研究成果一致，合理地解释了实验现象。但上述模型是将堆积颗粒视为弹性体，并未考虑颗粒的损伤变形及再破碎的问题。岩石内部的微裂隙结构具有自相似性，如图 3-42 所示，采用分形维数对多孔介质中的微裂隙进行定量分析。

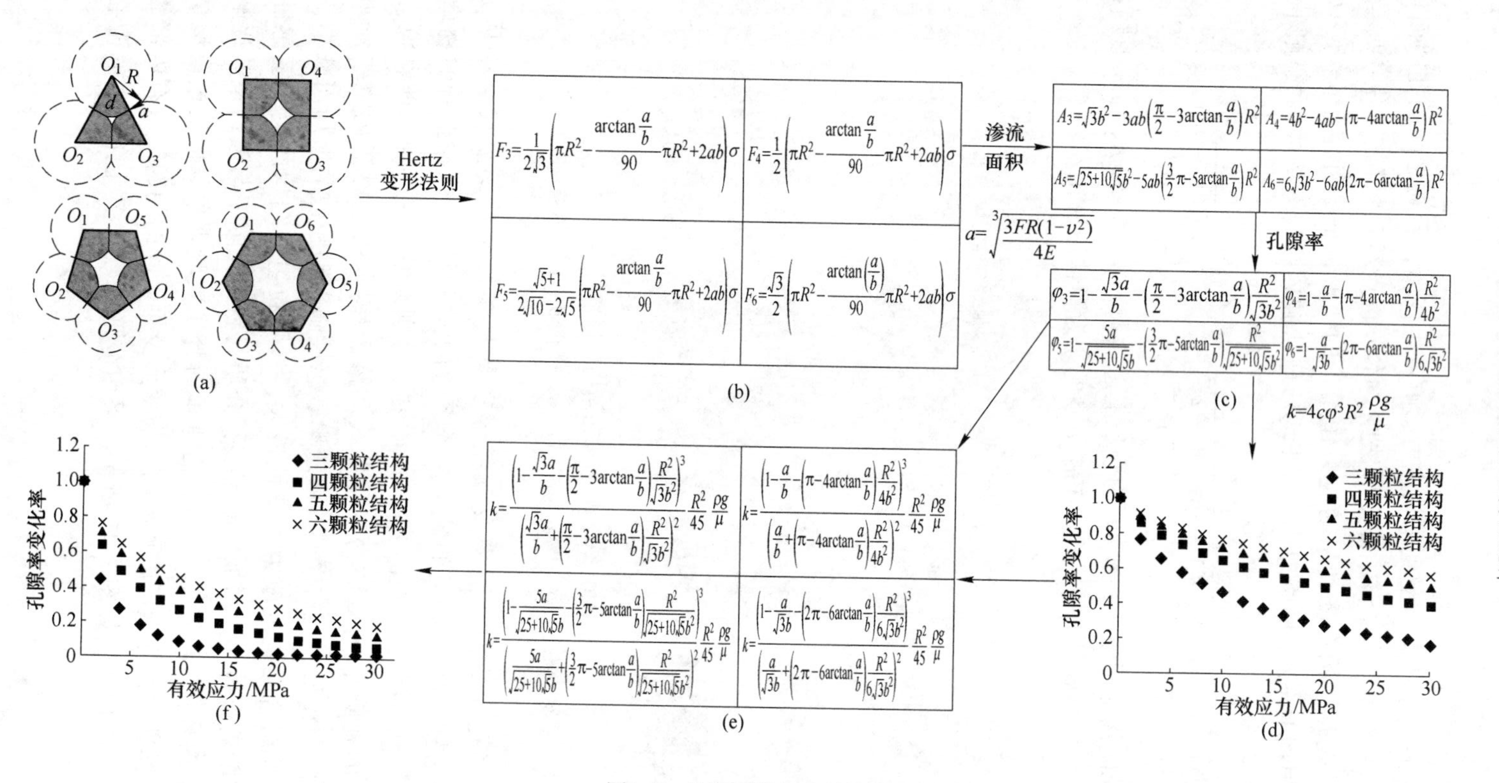

图3-41　不同颗粒组合结构模型

(a)不同颗粒计算单元；(b)颗粒上的载荷F；(c)孔隙率；(d)孔隙率曲线；(e)渗透系数理论公式；(f)渗透系数

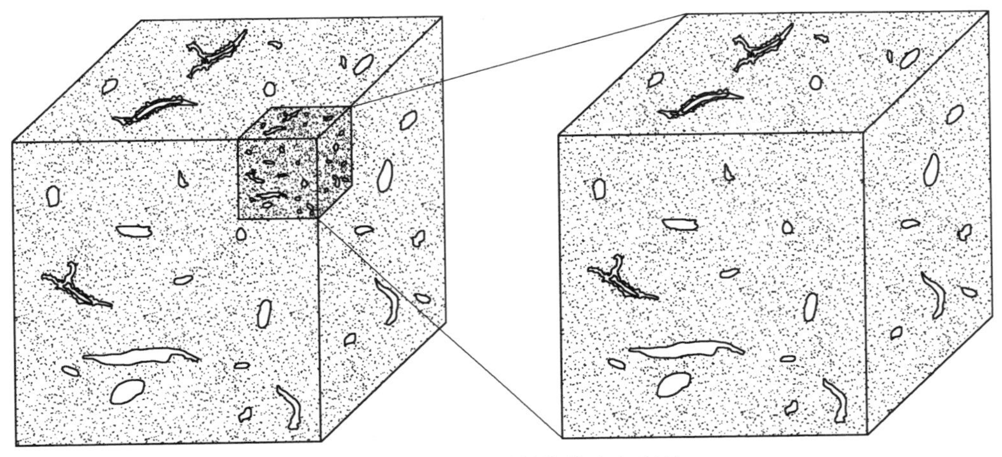

图 3-42 多孔介质结构的自相似性

根据几何尺寸的自相似性，微裂纹在特征尺寸上满足如下公式[169]：

$$N_l = N_{l0}\left(l/l_{\max}\right)^{-D_f} \tag{3-47}$$

式中，l 为微裂纹的特征尺寸，m；$l_{\max}$为多孔介质中微裂纹特征尺寸的最大值，m；N_{l0}为具有最大特征尺寸的微裂纹数量，个；N_l为具有特征尺寸大于 l 的微裂纹个数，个；D_f为稳定状态下微裂纹的孔径分形维数。

式（3-47）等号左右对 l 求导，得特征尺寸在 l 和 $l+dl$ 之间的微裂纹数量为：

$$-dN_l = N_{l0}D_f l_{\max}^{D_f} l^{-(D_f+1)}dl \tag{3-48}$$

式（3-48）表明：随着特征尺寸的减小，微裂纹的数量增多，表现为大裂纹的数量小于小裂纹的数量。根据微孔特征尺寸能够表征微孔几何特征的概念，微孔的体积与特征尺寸之间必然存在一定的关系。为了简化计算，假设微孔为类似球形结构，则单元中第 i 个微孔的体积可以用特征尺寸 l_i 表示为[173]：

$$V_{\mathrm{mpi}} = \pi\left(\frac{l_i}{2}\right)^2 = \frac{\pi}{4}l_i^2 \tag{3-49}$$

式（3-49）对基质中微孔的特征尺寸进行积分，得：

$$S_{\mathrm{mp}} = \sum V_{\mathrm{mpi}} = \int_0^{l_{\max}}\frac{\pi}{4}l_i^2 dN_l = \frac{\pi D_f l_{\max}^2}{4(2-D_f)}\left[1-\left(\frac{l_{\min}}{l_{\max}}\right)^{2-D_f}\right] \tag{3-50}$$

根据精确自相似的处理方式，得到多孔介质的孔隙率和分形维数的关系：

$$\varphi = \left(\frac{l_{\min}}{l_{\max}}\right)^{2-D_f} \tag{3-51}$$

固体（圆形颗粒）的面积为 $\pi/4l^2$，其中 d 为颗粒的平均直径。如果将最大孔隙等效成一个圆形孔隙，则最大孔隙面积为：

$$S = \frac{\pi l_{\max}^2}{4} = \pi d^2 \frac{\varphi}{4(1-\varphi)} \tag{3-52}$$

因此，最大孔隙直径和颗粒平均直径有如下关联：

$$l_{\max}^2 = d^2 \frac{\varphi}{1-\varphi} \tag{3-53}$$

流体通过多孔介质中直径为 l 长为 L 的毛细管通道时，流量 q（1）满足修正的 Hagen-Poiseulle 方程，联立 Darcy 定律可得考虑迂曲度及分形多孔介质的有效渗透率为：

$$K = \frac{2-D_{\mathrm{f}}}{32T(4-D_{\mathrm{f}})} \frac{\varphi^2}{(1-\varphi)^2} d^2 \tag{3-54}$$

为构建损伤-渗透率量化关系，将损伤值（见图 3-43（a））代入损伤值-分形维数量化关系（见图 3-43（b））方程，将分形维数代入式（3-51）和式（3-54），依据表 3-10 基础参数，得到不同损伤条件下的渗透率，如图 3-43（c）所示，随着损伤值的增加，渗透率逐渐加大，分形维数接近 1 时的损伤值约为 4. 53 $\times 10^{-15}$ m^2，理论计算结果与土层渗流数据（图 3-1 和图 3-7（f））接近。

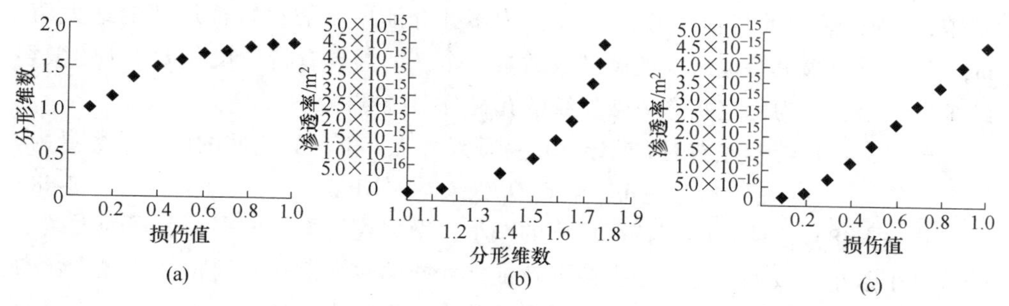

图 3-43　多孔介质渗流特征

（a）分形维数与损伤关系；（b）渗透率与分形维数关系；（c）渗透率与损伤值关系

表 3-10　基本参数

最大孔隙直径/m	最小孔隙直径/m	迂曲度
0. 000001	0. 00000005	2. 5

3. 3. 4　地层的等效渗透系数

为了进一步将理论公式应用于工程实际，进一步指导煤炭开采扰动对浅表水资源的响应问题，通过对开采活动引发覆岩结构变形特征及裂隙发育对含水层的影响程度分析，分别对采动覆岩不同分区及等效渗透系数进行计算。

根据采场覆岩层状特征将岩层首先在垂向上按照岩性分层，再根据采场覆岩断裂岩块的长度及各个断裂岩块铰接位置之间的关系，将各层在层内分成若干组分。

于是可得流过该地层的总流量为：

$$Q = \sum_{j=1}^{n} Q_j \tag{3-55}$$

当不考虑流体在岩层组合截面的流动时，即认为流体不会通过一个组分流向另外一个组分，各组分的流量可表达为：

$$Q_j = \frac{K_j W L_j (P_1 - P_2)}{\mu h_j} \tag{3-56}$$

设定岩层的厚度 h_j 为常数，L_j 为岩块周期断裂长度，考虑到采场周期来压步距较为接近，因此 L_j 也为常数，层内压力梯度随高度的变化为常数，则将式（3-56）代入式（3-55），得到：

$$Q = \frac{P_1 - P_2}{\mu h_j} \sum_{j=1}^{n} K_j W L_j \tag{3-57}$$

将采场覆岩视为层状岩层，将岩层在水平方向的渗透系数等效为一个水力传导系数 K_e，使得通过长度为 L、厚度为 h_j 的地层传导相等的流量 Q，则有：

$$Q = K_{ei} \frac{WL(P_1 - P_2)}{\mu h_j} \tag{3-58}$$

联立式（3-57）和式（3-58），得到：

$$K_{ei} = \frac{\sum_{j=1}^{n} K_j L_j}{L} \tag{3-59}$$

式（3-59）为单层地层的等效渗透系数表达式。单个地层的长度为 L，考虑工作面推进过程中覆岩应力、裂隙呈现周期性的演化特征，以周期来压步距（L_j）将地层在水平方向上划分为 N 个组分，即 $N \times L_j = L$，本节认为损伤岩体与损伤土体在产生损伤后不会恢复，进而以确定开采条件下损伤岩体与损伤土体的最大损伤值为桥梁，依据张拉型裂隙和多孔介质渗透率量化方程对地层中的每个组分进行渗透系数评价，代入式（3-59）计算得到损伤岩体与损伤土体单个地层的等效渗透系数。

在实际开采过程中，采场上覆岩层是由多组层状地层组成的组合结构。对于采场覆岩中的岩层由 m 层地层组合情况，研究区域开采空间总长度为 L，煤层与浅表含水层的总厚度为 H，总等效渗透率为 K，其中任意单个地层的厚度为 H_i，该层的等效渗透系数为 K_{ei}，则联立式垂直符合介质方向等效渗透系数公式可得：

$$K_e = \frac{H}{\sum_{i=1}^{m} \frac{H_i}{K_{ei}}} = \frac{H}{\sum_{i=1}^{m} \frac{H_i L}{\sum_{j=1}^{n} K_j L_j}} \tag{3-60}$$

式（3-60）即为多层地层组合下的等效渗透系数，采动对浅表水的影响取决于破断岩体高度、岩体整体渗透性及浅表含水层特征。当煤田上方地层存在稳定黏土隔水层时，将水文地质结构类型概化为浅表含水层+黏土隔水层+基岩，当煤田上方地层不存在稳定黏土隔水层时，将水文地质结构类型概化为浅表含水层+基岩，结合采动覆岩破断岩体高度及相应的水流动特性，可计算开采扰动影响下不同地层结构的等效渗透系数，具体计算步骤如图 3-44 所示。

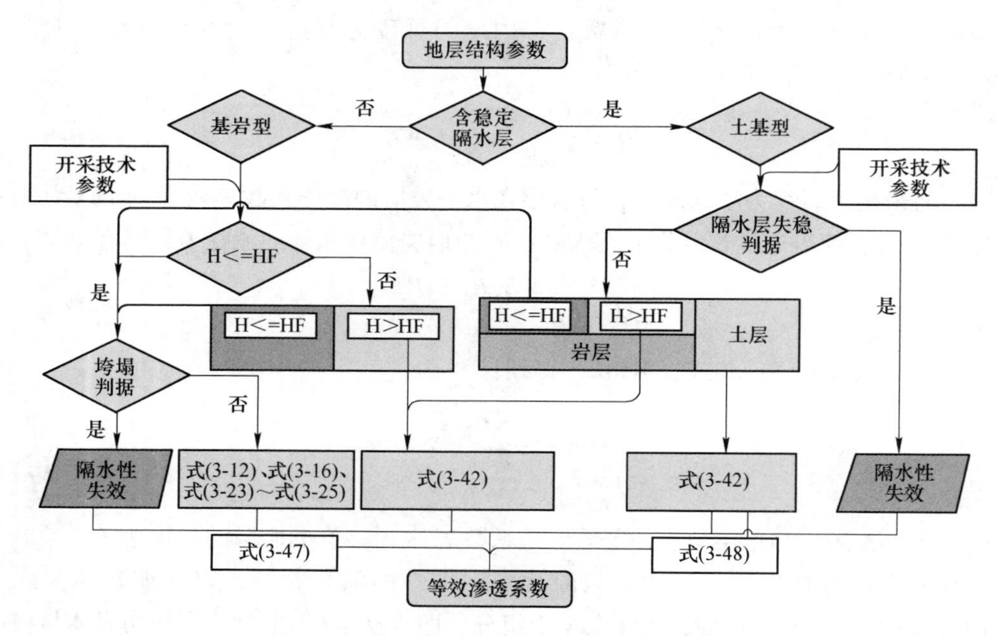

图 3-44　不同地层结构等效渗透系数计算

（1）一类：土基型，根据第Ⅲ类钻孔柱状图（图 3-12），随着工作面的逐步推进，在原岩应力与采动应力叠加作用下，导致上覆不同损伤断裂程度岩体的渗透性产生演变。采用管流渗透率计算公式对破断岩层的渗透率进行计算，采用张拉型裂隙渗透率公式对损伤岩体的渗透率进行计算，采用多孔介质导水渗流对损伤土体的渗透特性进行计算。

根据第Ⅲ类钻孔柱状图（图 3-12），开采高度 4 m 条件下，破断岩体高度为 120. 5 m，采用破断岩块等效渗透率计算公式，得到该地层破断岩体的等效渗透率为 2. 70095×10^{-10} m^2，见表 3-11。师修昌[164]基于现场实测孔隙率数据，评估得到冒裂带的平均渗透率为 8.76×10^{-10} m^2，数值上的一致性也证明了本节构建的等效渗透率计算方法的合理性。依据表 3-12 参数计算得到损伤岩体等效渗透率为 9.55643×10^{-15} m^2，需要说明的是，前文是基于实测与实验数据得到的渗透率-损伤关系方程，由于岩性实测数据有限，此处将损伤岩体简化为了一层，如果获得全部岩性的渗透率-损伤关系方程，此处也可以实现多岩性地层损伤岩体等效渗透系数的计算。依据多孔介质渗流公式及表 3-13 参数计算得到损伤土体等效渗透率为 7.41769×10^{-16}m^2，该地层结构的等效渗透率为 6.02595×10^{15} m^2。在此基础上，变化损伤岩体厚度，得到等效渗透率与损伤岩体后的关系如图 3-45 (a) 所示，随着损伤岩体厚度的增加，土基型岩层的等效渗透率逐渐增大。变化损伤土体厚度，得到等效渗透率与损伤岩体厚度关系如图 3-45 (b) 所示，随着损伤土体厚度的增加，土基型岩层的等效渗透率逐渐降低。

表 3-11　破断岩块等效渗透率

岩层	埋深/m	岩块长度/m	岩块高度/m	开口度/m	渗透率/m^2	等效渗透率/m^2
14	103	20	22	5.62	2.5407×10^{-8}	2.70095×10^{-10}
13	124	20	11	1.39	7.1046×10^{-10}	
12	135	20	12	1.65	1.1161×10^{-9}	
11	147	20	8	0.66	1.13119×10^{-10}	
10	155	20	9	1.00	3.117×10^{-10}	
9	165	20	8	0.68	1.23714×10^{-10}	
8	172	20	8	0.69	1.2925×10^{-10}	
7	180	20	10	1.23	5.45134×10^{-10}	
6	190	20	9	0.87	2.30078×10^{-10}	
5	199	20	6	0.49	6.3208×10^{-11}	
4	205	20	10	1.27	6.08099×10^{-10}	

表 3-12　损伤岩体等效渗透率

m_r	n/个	S/m	裂隙初始开度/m	原始裂隙压缩系数/N · m^{-1}	损伤值	等效渗透率/m^2
1	1	0.5	0.0000119	2×10^{11}	0.5925	9.55643×10^{-15}

表 3-13　损伤土体等效渗透率

最大孔隙直径/m	最小孔隙直径/m	迂曲度	损伤值	等效渗透率/m^2
0.000001	0.00000005	2.5	0.4054	7.41769×10^{-16}

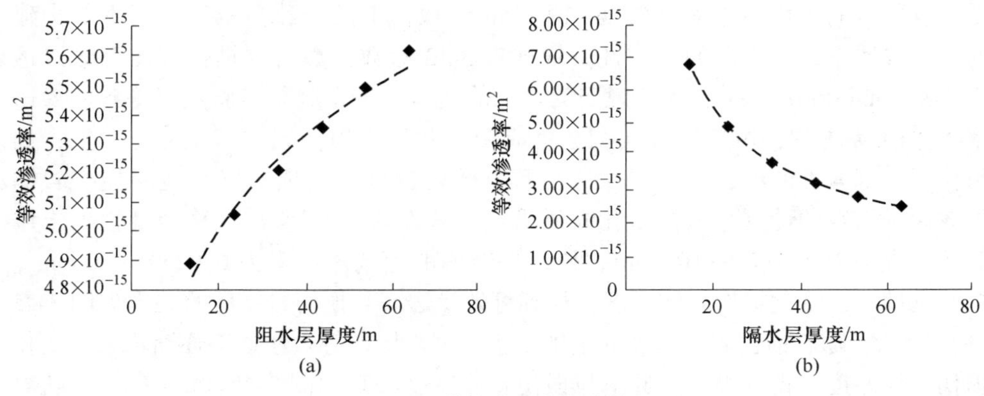

图 3-45　等效渗透率演化特征

（a）损伤岩体厚度；（b）损伤土体厚度

在采场岩体破断区域内等效渗透率为 2.70095×10^{-10} m²，水力梯度为 0.6，渗流速度采用式 $v=K_e \cdot J$ 计算，以周期破断步距 20 m 作为含水层颗粒的平均半径，水的密度为 1 g/cm³，动力黏滞系数为 0.001 Pa · s，计算得到雷诺数为 32411.40，远大于上限值 10，此时渗透状态为紊流。损伤岩体等效渗透率为 9.55643×10^{-15} m²，水力梯度为 0.6，渗流速度也采用式 $v = K_e \cdot J$ 计算，颗粒半径取为 0.000075 m，计算得到雷诺数为 4.30×10^{-6}，远小于上限值 10，地下水运动服从达西定律。损伤土体等效渗透率为 7.41769×10^{-16} m²，水力梯度为 0.6，渗流速度也采用式 $v=K_e \cdot J$ 计算，颗粒半径取为 0.000075 m，计算得到雷诺数为 3.34×10^{-7}，远小于上限值 10，地下水运动服从达西定律。

（2）二类：基岩型，根据第Ⅲ类钻孔柱状图（见图 3-12），此种情况下不考虑土层，采用管流渗透率计算公式对破断岩层的渗透率进行计算，采用张拉型裂隙渗透率公式对损伤岩体的渗透率进行计算。

基岩型岩层的等效渗透率与土基型计算步骤相同，按照破断岩块等效渗透率计算公式，得到该地层结构的破断岩体的等效渗透率为 2.70095×10^{-10} m²，依据表 3-12 参数计算得到损伤岩体等效渗透率为 9.55643×10^{-15} m²，得到该地层结构的等效渗透率为 2.89×10^{-14} m²。在此基础上，变化损伤岩体厚度，得到等效渗透率与损伤岩体厚度关系如图 3-46 所示，随着损伤岩体厚度的增加，基岩型岩层的等效渗透率逐渐降低。

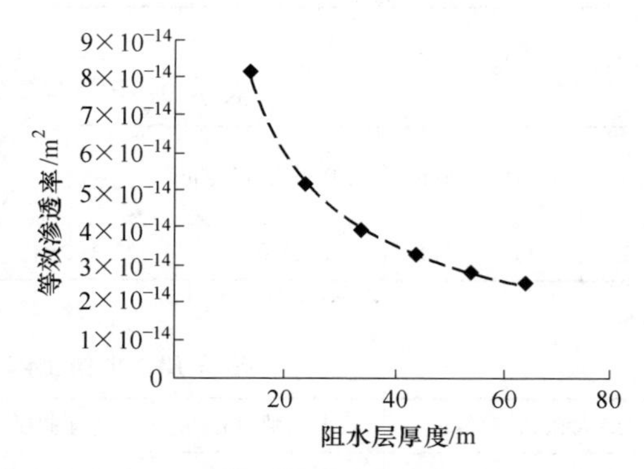

图 3-46　基岩型地层结构等效渗透率变化曲线

3.4 采动覆岩等效渗透系数时空演化模型

随着工作面的逐步推进，在原岩应力与采动应力叠加作用下，工作面上方岩体中裂隙逐渐发育、扩展形成新裂隙，引起岩体中的孔隙结构发生变化，导致上覆不同损伤断裂程度岩体的渗透性产生演变。在3.3节二维条件下，给出了不同采动覆岩导水裂隙类型划分及渗流特性的推导，选取合理的参数，采用覆岩最大损伤值计算的渗透系数，理论计算结果与前文的室内实验和现场实测表现出较好的一致性。由于工作面上覆岩层由下至上依次发生沉降运移，工作面上覆岩层的运移是一个与空间和时间相关的问题，因此，需要以动态的思路对工作面覆岩的运移及渗透性演化开展研究。

3.4.1 基于改进型 Knothe 函数岩层运移规律

1953年，波兰学者基于试验提出了地表下沉速度与地表最终下沉和某一时刻 t 的动态下沉之差呈比例[71]，即

$$\frac{\mathrm{d}w(t)}{\mathrm{d}t}=c[w_0-w(t)] \tag{3-61}$$

式中，$\frac{\mathrm{d}w(t)}{\mathrm{d}t}$ 为地表点在时刻 t 的沉降速率；w_0 为地表点的最终下沉量；$w(t)$ 为地表点在时刻 t 的下沉量；$w_0-w(t)$ 为地表点在时刻 t 的潜在下沉量；c 为时间影响系数。

对上式求解微分方程，并考虑到初始的边界条件为 $t=0$，$w_0=0$：

$$w(t)=w_0[1-\exp(-ct)] \tag{3-62}$$

式（3-62）即为 Knothe 时间函数的常用表达形式，该模型也被认为是研究采动沉陷动态发展规律的理论模型。

然而众多研究均表明[63,74,174]：采动地表点沉降-时间变化曲线往往呈现“S”形分布特征，当时间从 $0\to\infty$ 时，地表点下沉速度变化过程为 $0\to+\max\to0$，下沉加速度变化过程为 $0\to+\max\to0\to-\min\to0$。

Knothe 时间函数的下沉量及其导数变化曲线，可以反映采动影响下地表动态下沉、曲率、倾斜、水平移动和水平变形，并不能反映实际地表点下沉速度和下沉加速度随时间的发展全过程。

采空区冒落的矸石是一种松散介质，随着时间延长矸石在覆岩作用下逐步被压实，材料的密度 $\rho(\mathrm{kg/m^3})$，弹性模量 E 和泊松比 ν 都应随时间而增加，其对上覆岩层的支撑作用在增加，进而导致上覆岩层的运动规律发生变化，可由以下经验公式表述：

$$\rho=1600+800(1-\mathrm{e}^{-1.25t})、E=15+175(1-\mathrm{e}^{-1.25t})\mathrm{MPa}、$$

$$\nu = 0.05 + 0.2(1 - e^{-1.25t})$$

式中，t 为时间，a。

本节假定 Knothe 时间函数中的时间影响系数 c 不是固定不变的常量，而是与时间有关的变量，并且参数 c 随时间的变化过程符合幂函数形式，即

$$c(t) = c_0 t^{m-1} \tag{3-63}$$

式中，c_0、m 为模型参数。

将式（3-63）代入式（3-61）中得到：

$$\frac{\mathrm{d}w(t)}{\mathrm{d}t} = c_0 t^{m-1}[w_0 - w(t)] \tag{3-64}$$

由式（3-64）可以看出，地表点的下沉速度不仅仅与该点在 t 时刻的潜在下沉量有关，还与时间 t 相关。将上式写成一阶线性微分方程的标准形式[71-72]，并对其求解微分方程，并考虑到初始的边界条件为：$t=0$，$w_0=0$，推导得到：

$$w(t) = w_0\left[1 - \exp\left(-\frac{c_0}{m}t^m\right)\right] \tag{3-65}$$

式（3-65）即为改进型的 Knothe 时间函数模型，表 3-14 中改进型的 Knothe 时间函数的下沉量及其导数变化曲线，可以反映采动影响下地表动态下沉、曲率、倾斜、水平移动和水平变形，同时可以反映实际地表点下沉量、下沉速度和下沉加速度随时间的发展全过程。

表 3-14　时间函数及其导数变化曲线

项目 类型	下沉量 w	下沉速度 v	下沉加速度 a
理想时间函数	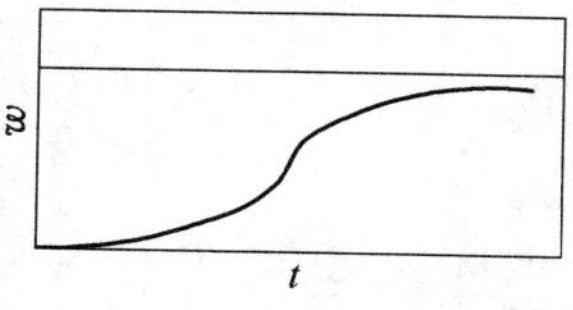 w–t	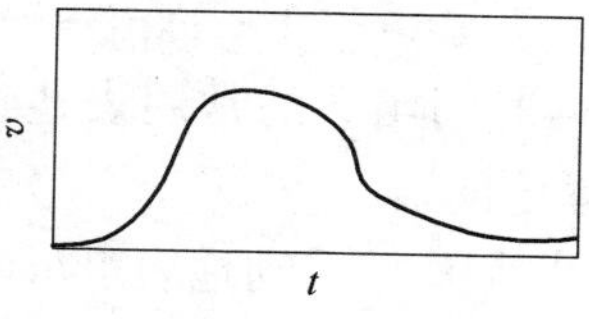 v–t	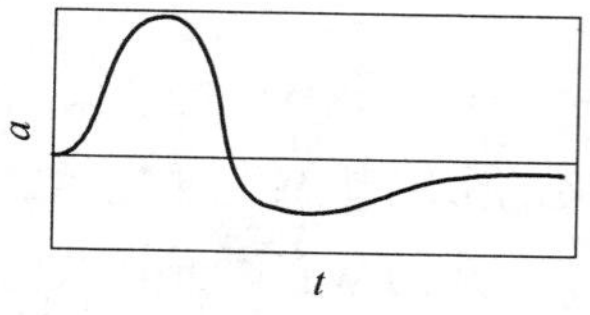 a–t
Knothe 时间函数	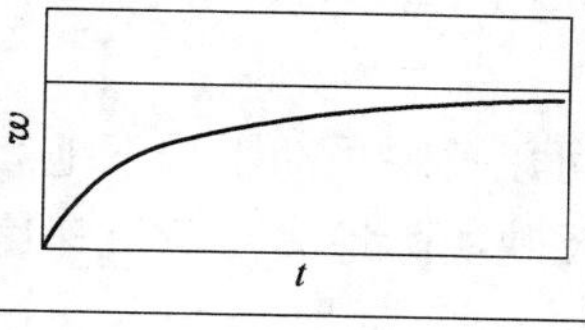 w–t	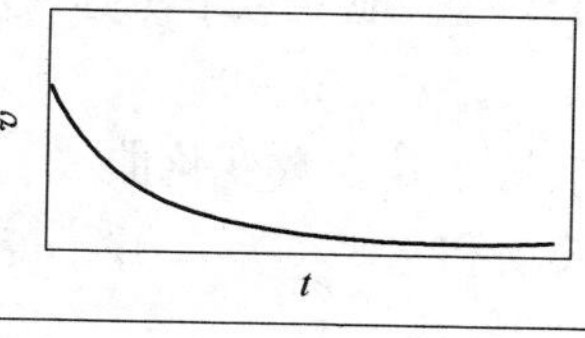 v–t	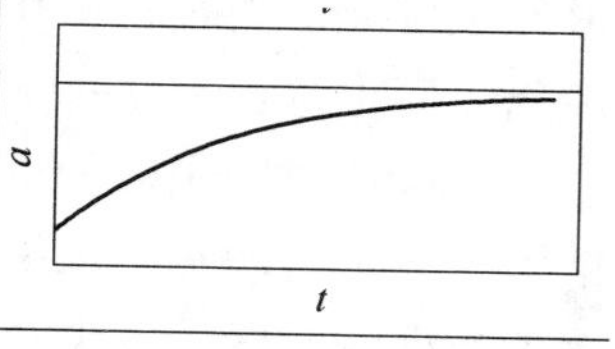 a–t
改进型的 Knothe 时间函数	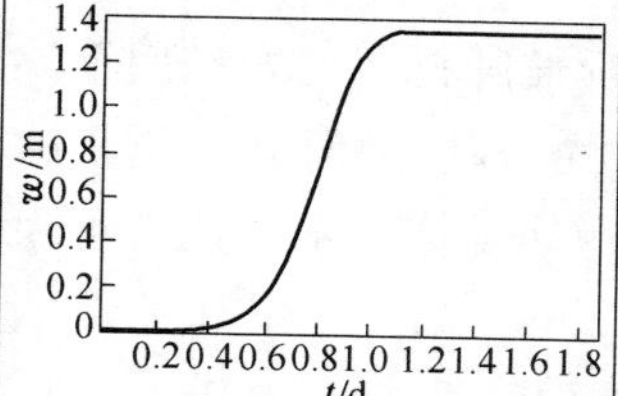 w/m: 0, 0.2, 0.4, 0.6, 0.8, 1.0, 1.2, 1.4 t/d: 0.2, 0.4, 0.6, 0.8, 1.0, 1.2, 1.4, 1.6, 1.8	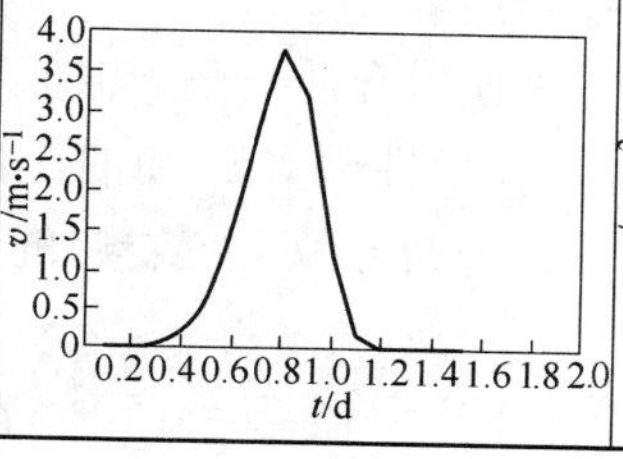 v/m·s^{-1}: 0, 0.5, 1.0, 1.5, 2.0, 2.5, 3.0, 3.5, 4.0 t/d: 0.2, 0.4, 0.6, 0.8, 1.0, 1.2, 1.4, 1.6, 1.8, 2.0	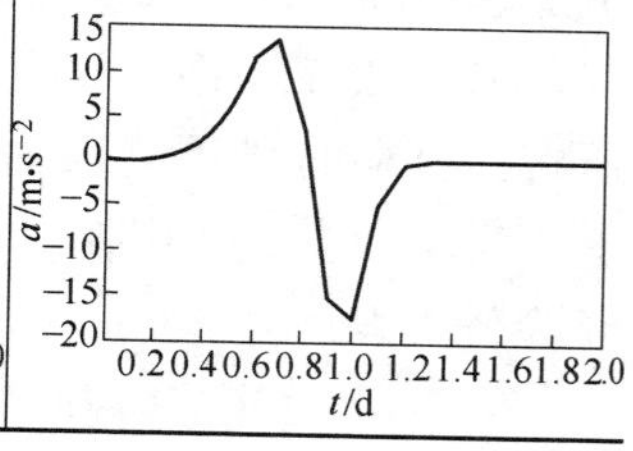 a/m·s^{-2}: −20, −15, −10, −5, 0, 5, 10, 15 t/d: 0.2, 0.4, 0.6, 0.8, 1.0, 1.2, 1.4, 1.6, 1.8, 2.0

3.4.2 岩层变形时空演化特征

煤层开采后，岩体自下而上运动过程中相邻岩层也伴随着相互作用，采场覆岩中断裂岩块铰接形成的结构，将影响地表岩层移动曲线的形态，同时地表松散介质中较难形成承载结构，松散介质的又会对覆岩运移产生影响，在厚松散层区域表现更为明显。考虑覆岩中存在的这种相互作用，本节构建岩体结构模型，即以在工作面开采范围达到双向（走向和倾向）充分采动数据为基础，构建考虑岩体结构的动态演化模型。

由于破断岩石的碎胀特性、离层空间的出现，以及由于应力释放引发的岩石体扩容现象，在一定程度上降低了等效开采空间，随着距离工作面垂向距离的增加，这种较低的空间越来越大，导致覆岩层的下沉系数等参数随着距离开采空间垂向距离的增加逐渐发生变化，当岩层移动传播到地表时，剩余的空间达到最小，此时的下沉系数也达到最小值，因此覆岩体的下沉系数不能直接采用地表的下沉系数。学者基于 30 个测站的实测数据，发现覆岩内部的下沉系数受开采深度的影响，呈现分线性的函数关系，二者的非线性关系可以采用式（3-66）表示[175]：

$$q(z) = 1 - 0.239235\left(\frac{H-\delta}{d}\right)^{0.054573} + 0.239235\frac{(z-\delta)^2}{(H-\delta)d}\left(\frac{H-\delta}{d}\right)^{-0.945427} \tag{3-66}$$

式中，q 为地表下沉系数；H 为工作面平均开采深度，m；δ 为表土层厚度，m，与岩性相关；z 为覆岩体至地表的垂向距离，m。

重复采动条件下地表的最大下沉量为：

$$w_0(z) = d - \varepsilon_{02}\frac{(H_2-\delta)^2-(H_1-\delta)^2}{2(H-\delta)} - k\varepsilon_{01}\frac{H_1-\delta}{2} \tag{3-67}$$

矿区中硬覆岩条件下的实测数据，回归得到式（3-68），即：

$$k = 0.2453\exp\left(0.00502\frac{H_1-\delta}{d_1}\right) \tag{3-68}$$

求出 k 后，对于同一矿区，认为相近地层的岩石碎胀量相接近，由式（3-67）可求得重复采动条件下地表下沉系数为：

$$q_2 = 1 - \varepsilon_{02}\frac{(H_2-\delta)^2-(H_1-\delta)^2}{(H_1-\delta)(H_2-\delta)} \times \frac{(1-q_1)d_1}{d_2} - k\frac{(1-q_1)d_1}{d_2} \tag{3-69}$$

式中，H_1、H_2 为两个煤层（第 1 层和第 2 层）的埋藏深度，m；q_1、q_2 为两个煤层（第 1 层和第 2 层）开采后地表下沉系数；d_1、d_2 为两个煤层（第 1 层和第 2 层）的采厚，mm；ε_{02} 为第 2 层煤开采时岩体的最大碎胀量；k 为重复采动下沉影响系数。

岩体主要影响半径是覆岩运移的主要参数之一[168]，除去沉降变形外，覆岩层岩体的主要移动变形均发生在主要影响半径范围内。岩体内部的主要影响半径 $r(z)$ 与地表主要影响半径 R 之间的关系可用式（3-70）表示：

$$r(z) = \frac{(H - z)^n}{H^n}R \tag{3-70}$$

式中，H 为采深，m；z 为岩体内各点的埋深，m；n 为主要影响半径指数。

假定开采单元厚度的煤层，在覆岩某点位置处下沉量为 w_x，此单元开采引起的覆岩下沉量采用式（3-71）表示：

$$w(x) = [k_1 w_1(x) + k_2 w_2(x)]\mathrm{d}x \tag{3-71}$$

式中，$w_1(x)$ 和 $w_2(x)$ 分别为开采扰动下覆岩任意点下沉曲线函数的负指数与概率积分表达形式；k_1 和 k_2 分别为负指数经验公式与随机介质对覆岩任意位置处变形移动的影响概率，并且有 $k_1+k_2=1$。

对于半无限开采条件下，结合公式，对公式进一步推导，获得半无限开采条件下岩层内任意点的下沉量计算公式：

$$w_x = w_{oi}\left\{k_1 \cdot (1 - \mathrm{e}^{-\frac{x}{2l_i}}) + k_2 \cdot \frac{1}{2}\left[\mathrm{erf}\left(\frac{\sqrt{\pi}}{\gamma(z)}x\right) + 1\right]\right\} \tag{3-72}$$

对于有限开采条件下，结合公式，对公式进一步推导，获得有限开采条件下岩层内任意点的下沉量计算公式：

$$w_x = w_{oi}\left\{k_1 \cdot (1 - \mathrm{e}^{-\frac{x}{2l_i}}) + k_2 \cdot \frac{1}{2}\left[\mathrm{erf}\left(\frac{\sqrt{\pi}}{\gamma(z)}x\right) - \mathrm{erf}\left(\frac{\sqrt{\pi}}{\gamma(z)}(x - l)\right)\right]\right\} \tag{3-73}$$

将前文建立的覆岩运移二维预测函数扩展到三维情况，采用线性叠加原理，可以推导得到水平煤层有限开采条件下，采场覆岩三维空间内任意点的移动预计函数：

$$\begin{aligned} w(x, y, z) &= \frac{1}{w_{\max}(z)}[w(x, z) - w(x - l_x, z)][w(y, z) - w(y - l_y, z)] \\ &= w_{\max}(z)\ \frac{1}{2}\left\{\mathrm{erf}\left(\frac{\sqrt{\pi}}{\gamma}x\right) - \mathrm{erf}\left[\frac{\sqrt{\pi}}{\gamma}(x - l_x)\right]\right\} \cdot \\ &\quad \frac{1}{2}\left\{\mathrm{erf}\left(\frac{\sqrt{\pi}}{\gamma}y\right) - \mathrm{erf}\left[\frac{\sqrt{\pi}}{\gamma}(y - l_y)\right]\right\} \end{aligned} \tag{3-74}$$

由上述公式，进一步推导得出考虑岩层结构形式及随机介质共同作用的覆岩运移力学模型，计算公式为：

$$w_{i(x, y, z)} = m \cdot \left[1 - 0.239235\left(\frac{H - \delta}{d}\right)^{0.054573} + 0.239235\frac{(z - \delta)^2}{(H - \delta)d}\left(\frac{H - \delta}{d}\right)^{-0.945427}\right] \cdot$$

$$\left\{k_1 \cdot \frac{\left(1 - \mathrm{e}^{-\frac{\frac{l_y}{2} - |y|}{2l_i}}\right)\left(1 - \mathrm{e}^{-\frac{x}{2l_i}}\right)}{1 - \mathrm{e}^{-\frac{l_y}{4l_i}}} + k_2 \cdot \frac{1}{4}\left[\mathrm{erf}\left(\frac{\sqrt{\pi}}{\gamma}x\right) - \mathrm{erf}\left(\frac{\sqrt{\pi}}{\gamma}(x - l_x)\right)\right] \cdot \left[\mathrm{erf}\left(\frac{\sqrt{\pi}}{\gamma}y\right) - \mathrm{erf}\left(\frac{\sqrt{\pi}}{\gamma}(y - l_y)\right)\right]\right\} \tag{3-75}$$

结合公式计算获得采场上覆岩体的沉降曲线，如图 3-47 所示，采场覆岩中岩石体的沉降位移在走向与倾向上均呈现出“U”形的对称分布特征，边缘位置处的位移量最小，随着与边缘位置处距离的增加，走向与倾向上孔隙率数值均快速增长，在距离边缘一定距离位置的下沉位移量逐渐趋于稳定，在中间位置处的位移量达到最大值。

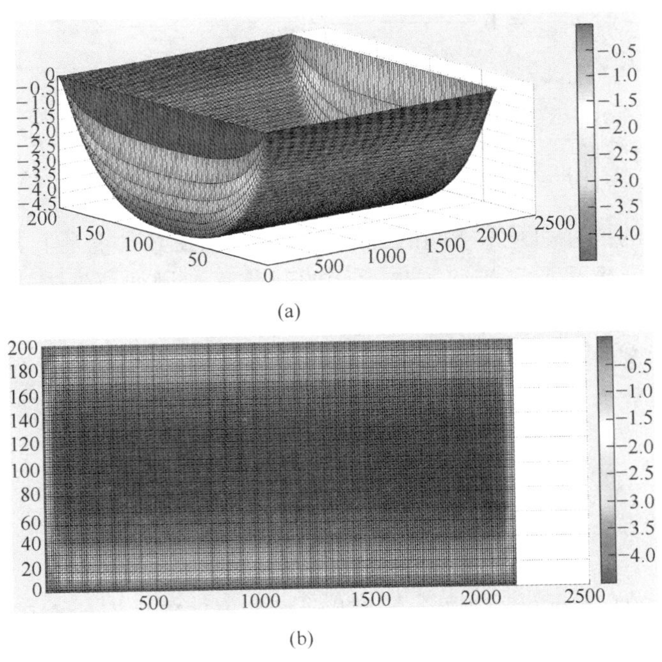

图 3-47 覆岩沉降曲面图
（a）立体图；（b）平面图

3.4.3 岩层渗透系数时空演化特征

3.4.3.1 采空区破碎岩体孔隙率及渗透系数分布特征

采空区冒落带岩体破碎后具有一定的碎胀性，冒落带岩体的碎胀系数为岩体破碎后松散状态下的总体积与破碎岩块体积总和之比。岩石的孔隙率是衡量岩石工程质量的重要物理指标之一。基于破碎岩体的碎胀系数与孔隙率的定义[176]，冒落带岩体的孔隙率是指破碎状态下的岩块间孔隙的体积与岩石总体积的比值。

推导出采空区破碎岩石的碎胀系数与采高、垮落顶板岩层的总厚度的关系为：

$$n_z = 1 - \frac{1}{BF} + n_0,\ BF = \frac{M + \sum_1^{n-1} h_i}{\sum_1^{n-1} h_i} \tag{3-76}$$

式中，n_z为破碎岩石的总孔隙率；n_0为破碎岩石的初始孔隙率；BF为破碎岩石的碎胀系数。

将上式联立，可得到冒落带破碎岩石的最大孔隙率，将孔隙率代入科森公式，可得到冒落带破碎岩石的最大渗透系数为：

$$n_{\max} = 1 - \frac{\sum_1^{n-1} h_i}{M + \sum_1^{n-1} h_i} + n_0 = \frac{M}{M + \sum_1^{n-1} h_i} + n_0$$

$$k_{\max} = \left(\frac{M}{M + \sum_1^{n-1} h_i} + n_0\right)^3 \Bigg/ \left(1 - \frac{M}{M + \sum_1^{n-1} h_i} - n_0\right)^2 \cdot \frac{R^2}{45} \cdot \frac{\rho g}{\mu} \tag{3-77}$$

随着时间的推移和开采空间的逐渐增加，老顶在其自重及上方载荷作用下产生弯曲下沉，导致采空区破碎岩体承受的载荷逐渐增加，破碎岩体呈现松散状态，在其自重及上方载荷作用下逐渐被压实，破碎岩体的碎胀系数随之变小。假设老顶岩层的弯曲下沉量为$\omega(x, y, z)$，则此时冒落带破碎岩石在压实过程中的残余碎胀系数为：

$$BF = \frac{M + \sum_1^{n-1} h_i - \omega(x, y, z)}{\sum_1^{n-1} h_i} \tag{3-78}$$

将式（3-78）代入式（3-76），可得到冒落带破碎岩石的在压实过程中孔隙率为：

$$n_{\max} = 1 - \frac{\sum_1^{n-1} h_i}{M + \sum_1^{n-1} h_i - \omega(x, y, z)} + n_0 = \frac{M - \omega(x, y, z)}{M + \sum_1^{n-1} h_i - \omega(x, y, z)} + n_0 \tag{3-79}$$

冒落带内破碎岩石体的孔隙率在走向与倾向上均呈现出“倒 C”形态的对称分布特征，近似于“O”形圈的分布形式，如图 3-48 所示，边缘位置处的孔隙率最大，随着与边缘位置处距离的增加，走向与倾向上孔隙率数值均是先降低后增加，在中间位置处的孔隙率达到最低值为0.02。

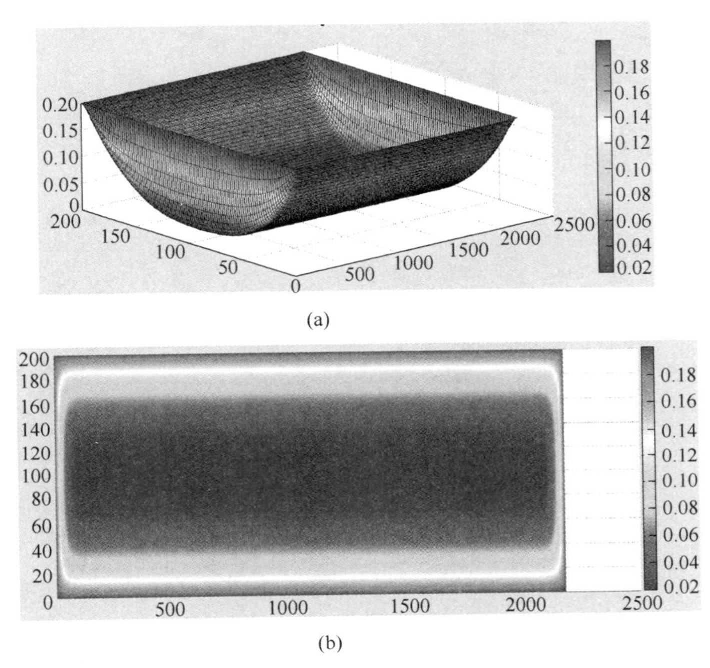

图3-48 冒落带破碎岩石孔隙分布特征

(a) 立体图；(b) 平面图

结合科森公式[173]，推导得到在老顶岩层逐渐下沉过程中，冒落带岩石渗透系数的计算公式：

$$k=\left(\frac{M-\omega(x,\ y,\ z)}{M+\sum_{1}^{n-1}h_i-\omega(x,\ y,\ z)}+n_0\right)^3\Big/\left(\frac{M-\omega(x,\ y,\ z)}{M+\sum_{1}^{n-1}h_i-\omega(x,\ y,\ z)}+n_0\right)^2\cdot\frac{R^2}{45}\cdot\frac{\rho g}{\mu} \tag{3-80}$$

冒落带内破碎岩石体的渗透系数如图3-49所示，在走向与倾向上均呈现出“U”形的对称分布特征，边缘位置处的孔隙率最大，随着与边缘位置处距离的增加，走向与倾向上孔隙率数值均是先急剧下降，在冒落带中间范围内的渗透率趋于稳定，且在中间位置处的孔隙率到最低值。

3.4.3.2 覆岩冒裂带岩体孔隙率及渗透系数分布特征

开采扰动影响下，覆岩在下沉过程中会产生不协调变形，在原岩应力和采动应力叠加作用下，岩体产生大量破断裂隙、孔隙及离层。基于孔隙率的定义，采用式（3-81）和式（3-82）计算相邻岩层的孔隙率，即平均孔隙率：

$$\varphi_{i,i+1}=\frac{\Delta\omega_{ki}\mathrm{d}x\mathrm{d}y}{\Delta\sum h_i\mathrm{d}x\mathrm{d}y}=\frac{\omega_{ki}(x,\ y,\ t)-\omega_{ki+1}(x,\ y,\ t)}{\sum h_i-\sum h_{i+1}}\tag{3-81}$$

$$\begin{aligned}\varphi&=\frac{\int_0^{l_x}\int_{-l_y/2}^{l_y/2}\Delta\omega_{ki}\mathrm{d}x\mathrm{d}y+\mu_i\Delta\sum h_i}{L_sL_y\Delta\sum h_i}\\&=\frac{\int_0^{l_x}\int_{-l_y/2}^{l_y/2}(\omega_{ki}(x,\ y,\ t)-\omega_{ki+1}(x,\ y,\ t))\mathrm{d}x\mathrm{d}y+\mu_i\Delta\sum h_i}{L_sL_y\Delta\sum h_i}\end{aligned}\tag{3-82}$$

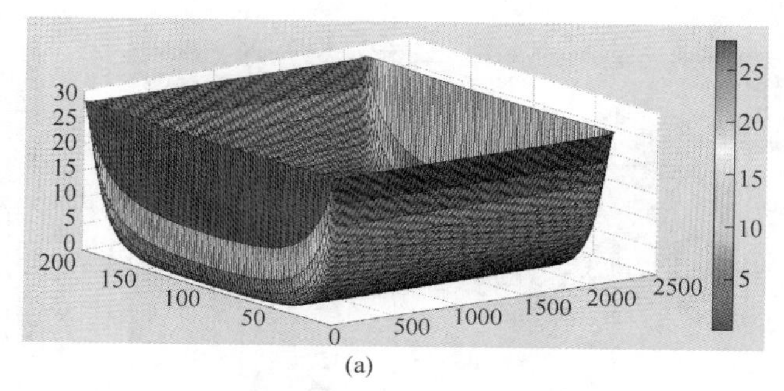

(a)

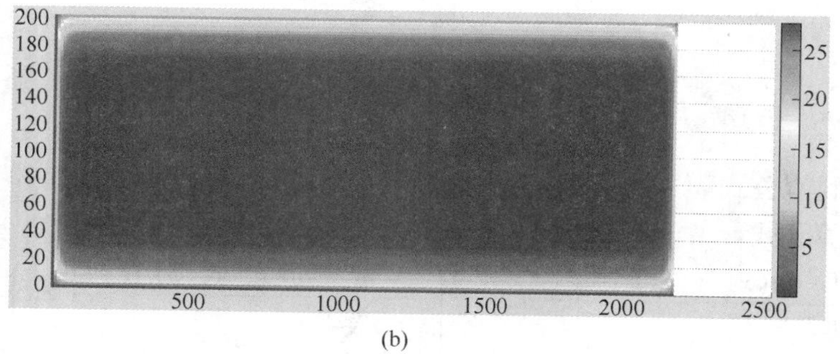

(b)

图 3-49　冒落带破碎岩石渗透系数分布特征

（a）立体图；（b）平面图

裂隙内岩石体的孔隙率在走向与倾向上均呈现出“双驼峰”形的对称分布特征，如图 3-50 所示，边缘位置处的孔隙率最小，随着与边缘位置处距离的增加，走向与倾向上孔隙率数值均是先迅速增长，在距边缘一定距离时渗透率达到最大值，之后迅速降低，在破断岩体水平方向中间范围内的孔隙率趋于稳定，在中间位置处的孔隙率达到最低值。

科森公式表明多孔介质的孔隙率及颗粒半径是其渗透系数的重要影响因素，Kozeny-Carman[173]提出与式（3-80）相近的计算渗透系数的公式，均表明孔隙率及颗粒半径对多控机制的渗透系数起到重要的控制作用，即渗透系数随孔隙率及

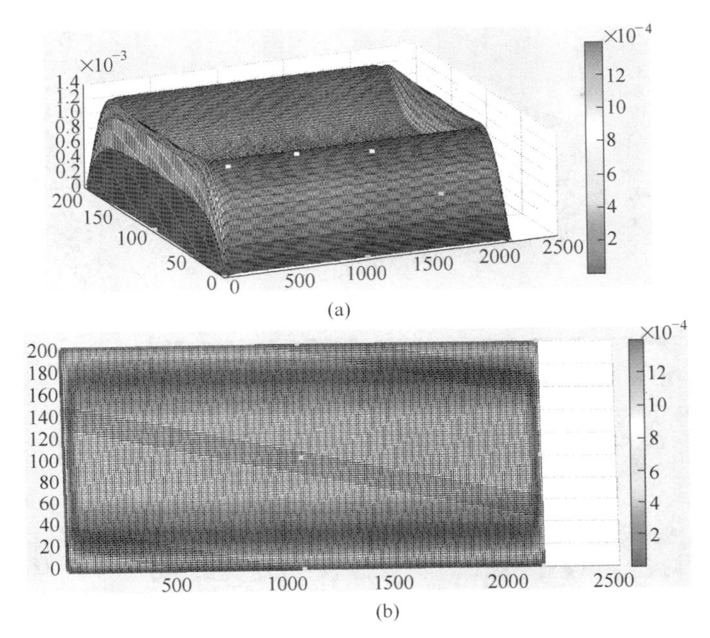

图 3-50 破断岩体岩石孔隙分布特征

（a）立体图；（b）平面图

颗粒半径的增加而增大。

$$k=\frac{\left(\dfrac{\displaystyle\int_0^{l_x}\int_{-l_y/2}^{l_y/2}(\omega_{ki}(x,\ y,\ t)-\omega_{ki+1}(x,\ y,\ t))\mathrm{d}x\mathrm{d}y+\mu_i\Delta\sum h_i}{L_sL_y\Delta\sum h_i}\right)^3}{\left(1-\dfrac{\displaystyle\int_0^{l_x}\int_{-l_y/2}^{l_y/2}(\omega_{ki}(x,\ y,\ t)-\omega_{ki+1}(x,\ y,\ t))\mathrm{d}x\mathrm{d}y+\mu_i\Delta\sum h_i}{L_sL_y\Delta\sum h_i}\right)^2}\frac{R^2\rho g}{45\mu} \tag{3-83}$$

式中，k 为多孔介质的渗透系数，m/s；R 为球形颗粒半径，m；ρ 为流体的密度，kg/m^3；g 为重力加速度，m/s^2；μ 为液体的黏度，Pa · s。

裂隙内岩石体的渗透系数在走向与倾向上均呈现出“双驼峰”形的对称分布特征，如图 3-51 所示，边缘位置处的渗透系数最小，随着与边缘位置处距离的增加，走向与倾向上渗透系数数值均是先迅速增长，在距边缘一定距离位置处的渗透率达到最大值，之后迅速降低，在破断岩体水平方向中间范围内的渗透系数趋于稳定，在中间位置处的渗透系数达到最低值。

将表 3-15 参数代入式（3-75）中，计算得到 14～9 号岩层下沉曲线，如

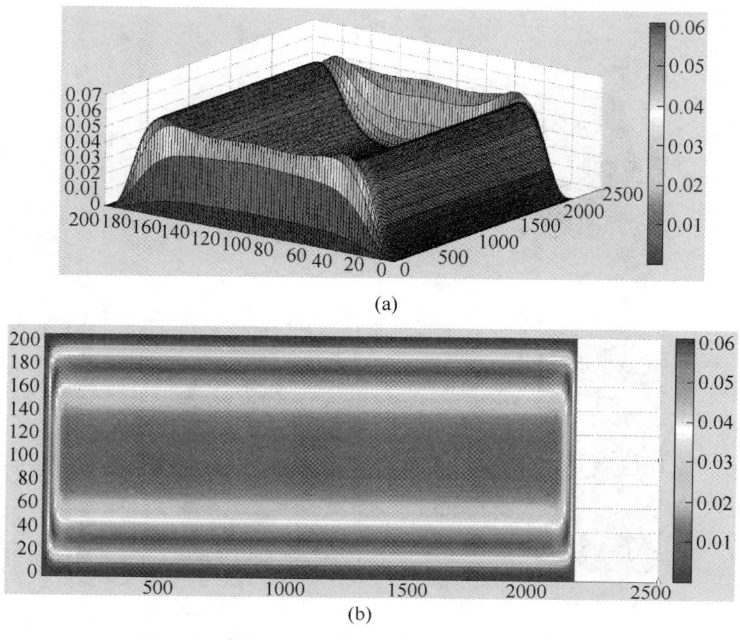

图 3-51　破断岩体渗透系数分布特征

（a）立体图；（b）平面图

图 3-52所示。采场覆岩中岩石体的沉降位移在走向与倾向上均呈现出“U”形的对称分布特征。提取图中倾向中线与走向中心的岩体沉降位移曲线，各岩层下沉位移曲线呈现相似的规律：在边缘位置处的位移量最小，随着与边缘位置的增长，位移沉降量逐渐增加，达到一定距离后趋于稳定（将这个趋于稳定位置距开采空间边缘的水平距离称为稳定距离），各岩层的稳定距离在 40~90 m 范围内。随着岩层距离煤层垂向距离的增加，下沉量的最大值逐渐降低，9 号岩层的下沉位移量最大，14 号岩层的下沉位移量最小，趋于稳定边界位置距边缘距离增加，9 号岩层的稳定距离最小为 40 m，14 号岩层的稳定距离量最大为 90 m。

表 3-15　采场覆岩特性参数

岩层编号	岩层厚度/m	埋藏深度/m	岩层与煤层距离/m	岩块破断长度/m	k_1	主要影响半径/m	偏移距离/m
14	22	103	127	15	0. 2	48	24
13	11	124	106	12	0. 25	45	23
12	12	135	95	10	0. 3	42	21
11	8	147	83	10	0. 5	30	15
10	9	155	75	8	0. 6	24	12
9	8	165	65	10	1	0	0

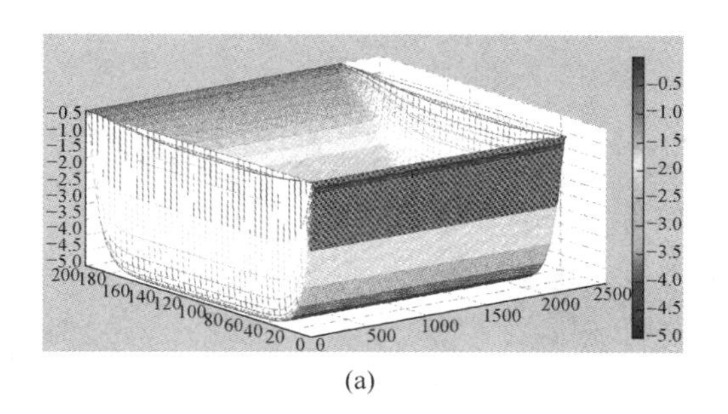

(a)

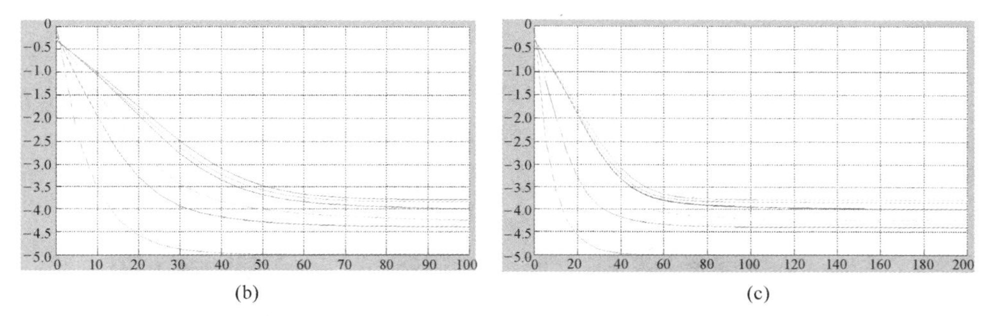

(b) (c)

图 3-52 覆岩沉降曲线分布特征

（a）立体图；（b）倾向中心；（c）走向中心

将表 3-15 参数代入式（3-82）中，计算得到 9~10 号、10~11 号、11~12 号、12~13 号、13~14 号岩层孔隙率分布曲线，如图 3-53 所示，将上述数据导入渗透系数计算式（3-83）中，推导出覆岩各岩层渗透系数。孔隙率与渗透系数在开采空间的走向与倾向上均呈现出“M”形的对称分布，在边缘位置处的数值最小，随着距边缘位置距离的增加，孔隙率与渗透系数均大幅度增长，增长到最大值后迅速降低，在达到一定距离后趋于稳定。

3.4.3.3 覆岩土层孔隙率及渗透系数分布特征

在构建的采场覆岩结构模型中，选取连续弯曲下沉区域内两层相邻岩层（一层为隔水土层，一层为岩层），如图 3-54 所示。

在开采扰动影响下，上覆岩层从上至下依次产生沉降，在覆岩层中任取一个微单元，在初始条件下计算单元的面积为 $S=\mathrm{d}x\mathrm{d}y$，受工作面开采扰动的影响，计算单元产生弯曲变形，变形后的面积为 S'，根据面积曲面积分的计算方法对计算单元进行积分运算：

$$S' = \sqrt{1 + \left(\frac{\partial w(x,\ y,\ z)}{\partial x}\right)^2 + \left(\frac{\partial w(x,\ y,\ z)}{\partial y}\right)^2}\,\mathrm{d}x\mathrm{d}y \tag{3-84}$$

在采动应力的作用下覆岩发生变形，变形包括水平变形与竖直变形，可以通

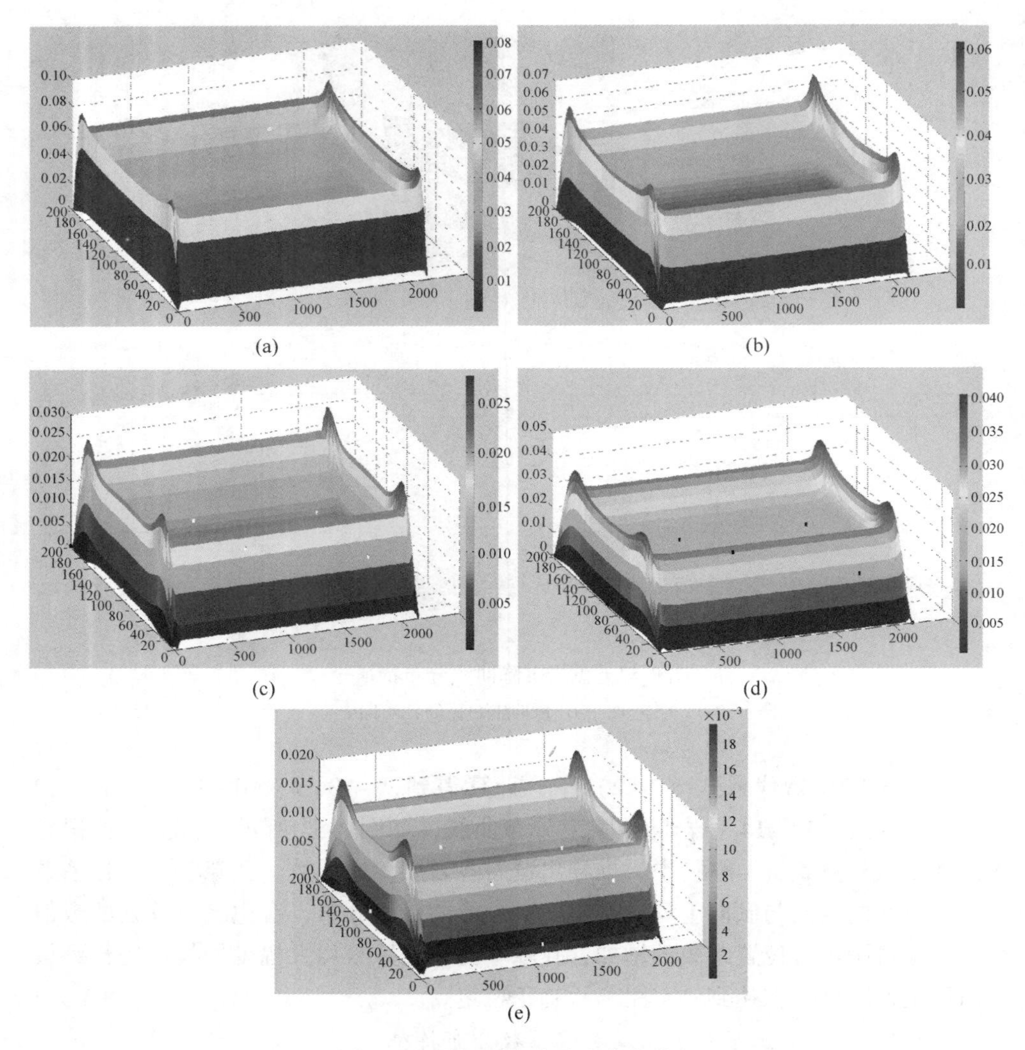

图 3-53　采场覆岩孔隙率分布特征

（a）9~10 号岩层间；（b）10~11 号岩层间；（c）11~12 号岩层间；（d）12~13 号岩层间；（e）13~14 号岩层间

过岩层拉伸率与岩层间拉伸率对岩层的水平和竖直变形程度进行衡量。当岩层的受拉程度超出阈值时，岩层发生拉伸破断，伴随着断裂裂隙的扩展贯通，岩层层面拉伸率可以用来表征岩层的水平变形程度，即岩层的拉伸率为岩层的弯曲变形后曲面面积与初始面积的比值：

$$\varepsilon_l = \frac{S' - S}{S} = \sqrt{1 + \left(\frac{\partial w(x,\ y,\ z)}{\partial x}\right)^2 + \left(\frac{\partial w(x,\ y,\ z)}{\partial y}\right)^2} - 1 \tag{3-85}$$

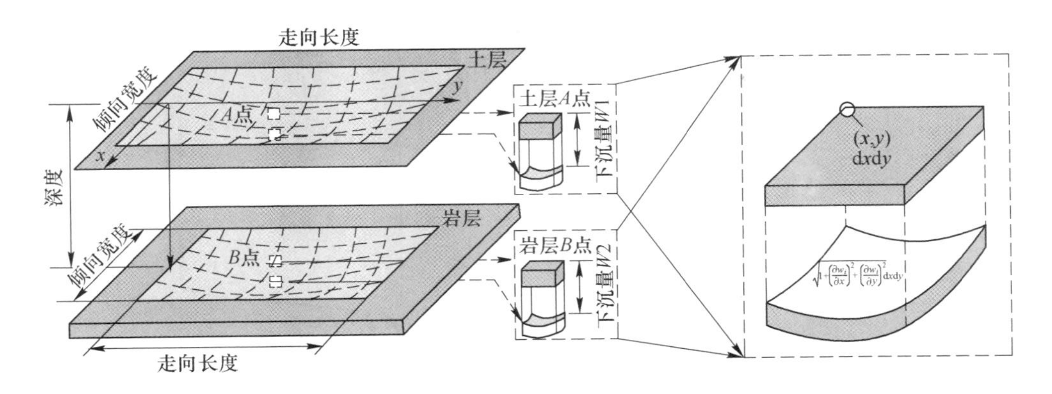

图 3-54 岩层变形前后示意图

由于覆岩各层岩层的岩性、厚度、强度等特性的差异，相邻岩组在弯曲沉降过程中会产生不协调变形，则会在相邻岩组中产生离层裂隙，各岩层组间拉伸率为开采扰动引起相邻岩层的距离增量与初始层间距的比值。

覆岩变形及渗透率动态模型：前文构建的覆岩变形及渗透性的静态模型只是预测了开采沉降稳定后覆岩的运移形态，并未考虑不同时间因素下覆岩的动态运移特性。

联立式（3-65）和式（3-75），推导得到覆岩变形的动态模型为：

$$w_{i(x,\ y,\ z,\ t)} = m \cdot \left(1 - 0.239235\left(\frac{H-\delta}{d}\right)^{0.054573} + 0.239235\frac{(z-\delta)^2}{(H-\delta)d}\left(\frac{H-\delta}{d}\right)^{-0.945427}\right) \cdot \left\{k_1 \cdot \frac{\left(1-\mathrm{e}^{-\frac{\frac{l_y}{2}-|y|}{2l_i}}\right)\left(1-\mathrm{e}^{-\frac{x}{2l_i}}\right)}{1-\mathrm{e}^{-\frac{l_y}{4l_i}}} + k_2 \cdot \frac{1}{4}\left[\mathrm{erf}\left(\frac{\sqrt{\pi}}{\gamma}x\right) - \mathrm{erf}\left(\frac{\sqrt{\pi}}{\gamma}(x-l_x)\right)\right] \cdot \left[\mathrm{erf}\left(\frac{\sqrt{\pi}}{\gamma}y\right) - \mathrm{erf}\left(\frac{\sqrt{\pi}}{\gamma}(y-l_y)\right)\right]\right\} \cdot \left[1 - \exp\left(-\frac{c_0}{m}t^m\right)\right] \tag{3-86}$$

为了获取 Knothe 时间函数的相关参数，应用第Ⅲ类地质条件地表点测定的单点实测下沉-时间数据，采用 MATLAB 软件的最小二乘法对公式进行拟合，拟合获得 c_0 值为 3304841.14，m 值为 3.04，$w_0 = -3220.67$ mm，地表下沉实测数据与拟合下沉-时间曲线如图 3-55 所示，拟合参数见表 3-16。

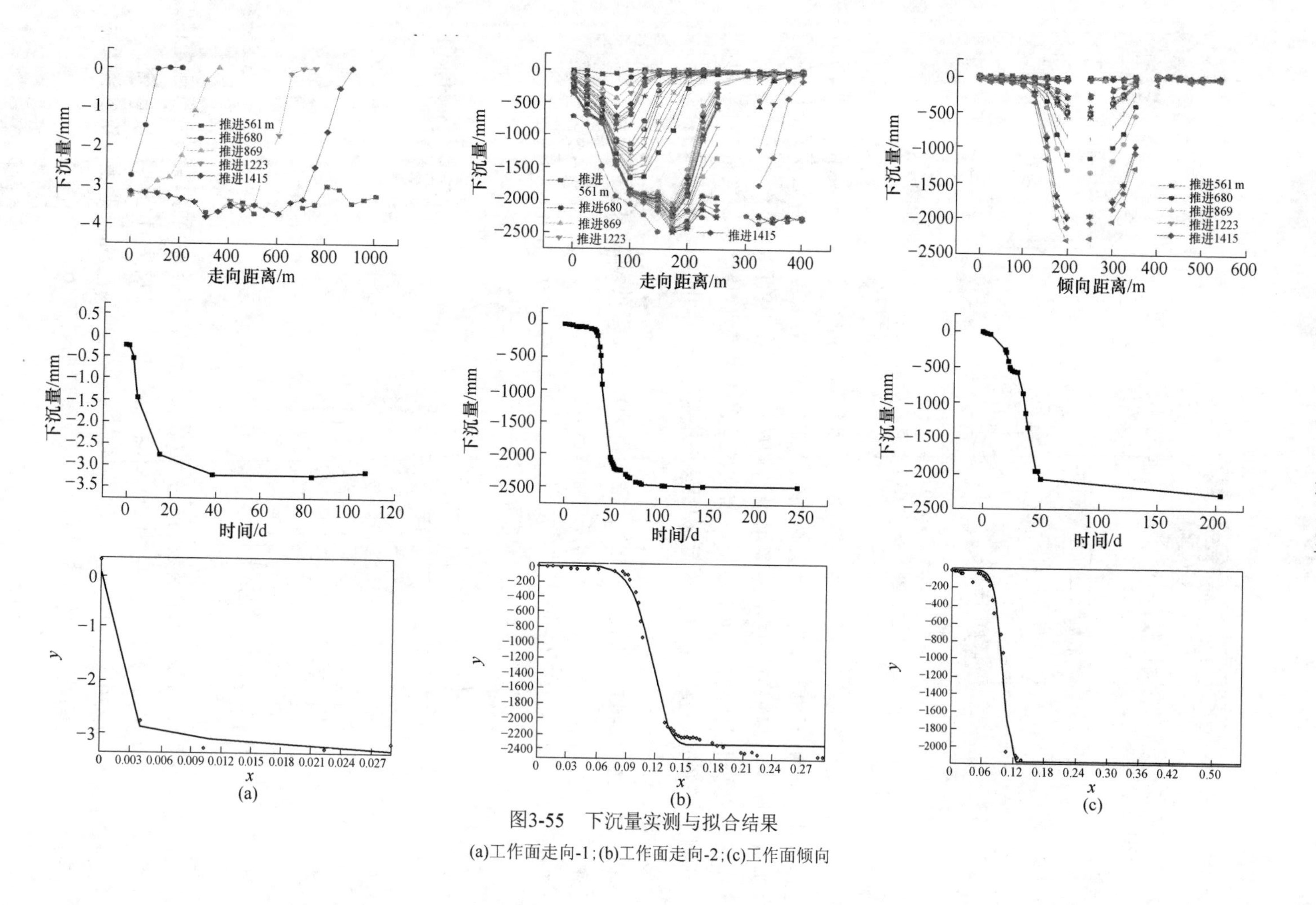

图3-55　下沉量实测与拟合结果

(a)工作面走向-1；(b)工作面走向-2；(c)工作面倾向

表 3-16 下沉量实测与拟合结果

测线位置	w_{max}	c_0	m	相关系数
工作面走向-1	-3220.67	1190.6872	2.2244	0.99
工作面走向-2	-2329.26	112425357.59	7.77	1.00
工作面倾向	-2161.19	3385706373.07	8.69	0.99

将拟合确定的指标参数代入煤层开采覆岩渗透系数公式，可得出 t=0.001 a、0.03 a、0.1 a、0.2 a、0.25 a、0.3 a 时覆岩岩体损伤区域、岩体破碎区域岩层及采空区破碎岩石的渗透性演化特征。

采场覆岩中岩石体的沉降位移在走向与倾向上均呈现出“M”形的对称分布特征，边缘位置处的位移量最小，随着与边缘位置处距离的增加，在距离边缘一定距离位置的下沉位移量逐渐趋于稳定，在中间位置处的位移量达到最大值。x 方向应变与 y 方向应变岩工作面的走向和倾向呈现对称分布，边缘位置处的应变值最小，随着与边缘位置处距离的增加，走向与倾向上应变均是先迅速增长，在距边缘一定距离位置处的渗透率达到最大值，之后迅速降低，在水平方向中间范围内的应变趋于稳定，在中间位置处的应变值达到最低值。孔隙率及渗透率的分布特征与应变值特征一致，边缘位置处的孔隙率及渗透率最小，随着与边缘位置处距离的增加，走向与倾向上孔隙率及渗透率数值均是先迅速增长，在距边缘一定距离时孔隙率及渗透率达到最大值，之后迅速降低，在水平方向中间范围内的孔隙率及渗透率趋于稳定，在中间位置处的孔隙率及渗透率达到最低值。根据第Ⅲ类钻孔柱状图，采高 4m 条件下得到该地层破断岩体的等效渗透率为 $2.70095\times10^{-10}m^2$。结合式（3-83）、式（3-86）计算得到不同时刻破断岩体区域岩层渗透率演化特征，如图 3-56 所示。

Karacan 等[177]指出垮落带初始最大渗透率为 1×10^{-6} m^2，结合式（5-80）、式（3-86）计算得到不同时刻采空区破碎岩石渗透率演化特征，如图 3-57 所示。随着开采后时间的延长，采空区破碎岩石在上部岩层载荷作用下逐渐被压缩，反过来也对上部岩层提供承载力[178]，随着上部载荷的逐渐增加，破碎岩石内部的孔隙结构在压应力作用下逐渐降低，渗透率随之降低，但由于破碎岩石的整体破碎程度较高，无法被完全压实，将仍然保持较大的渗透率。

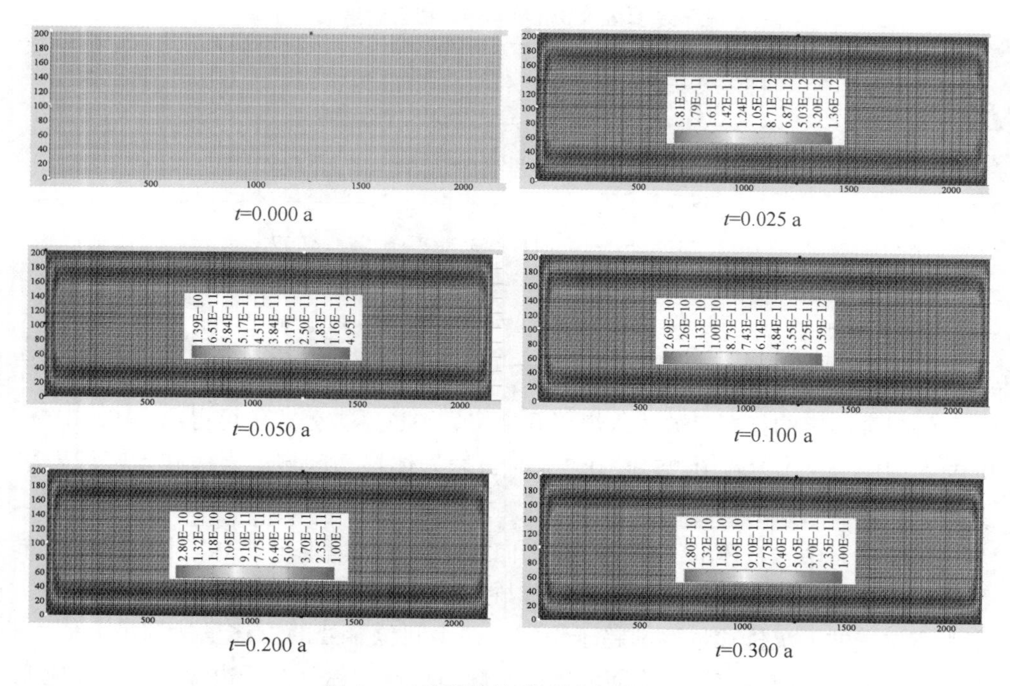

图 3-56　破断岩体渗透性演化特征

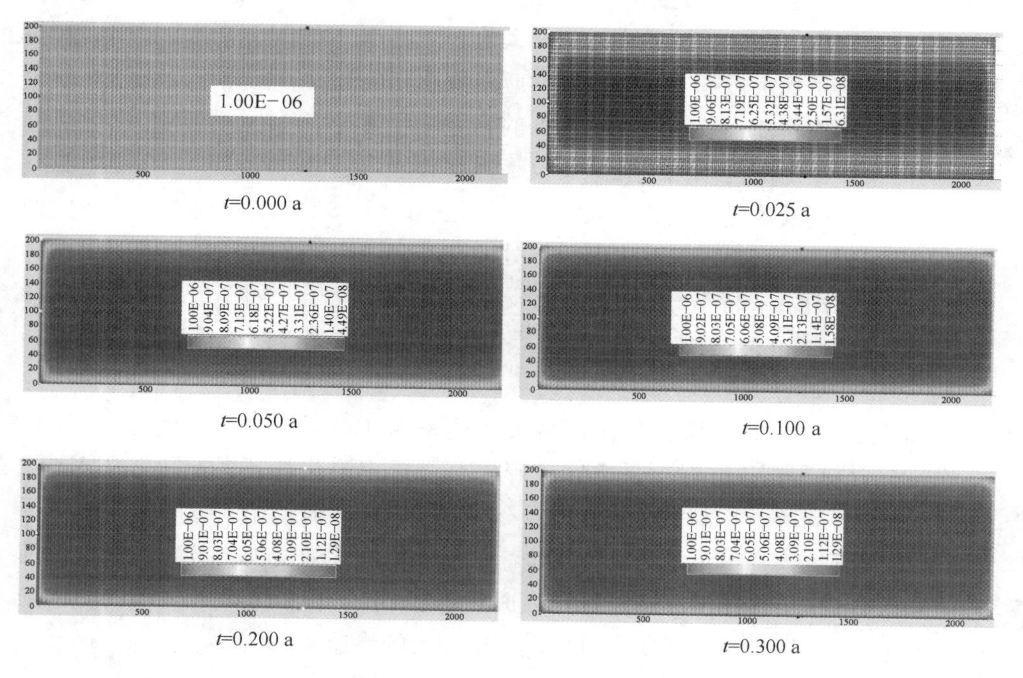

图 3-57　采空区破碎岩石渗透率演化特征

为了实现采场覆岩三维条件下不同区域等效渗透率的定量表征，主要采用Cozeny-Karman公式建立渗透率与孔隙度的量化关系，进而给出垂直方向上不同区域渗透性计算方法，结合现场实测、室内实验的研究数据资料实现定量表征。以损伤岩体为例：（1）通过构建的覆岩运移力学模型，推导得到损伤岩体孔隙率的三维分布特征；（2）根据构建的最大损伤值与采高、空间位置的量化关系，给出该地层下的最大损伤值；（3）基于现场实测与室内实验获得的渗透率与损伤值的量化关系，该地层最大损伤值对应的渗透率；（4）依据Cozeny-Karman公式，获得最大渗透率对应的相应参数值；（5）根据获得的不同位置处的孔隙率、相应的参数值，便可获得三维条件下等效渗透率分布图。

在三维采场模型中，结合式（3-59）和式（3-60），水之间岩土层的等效渗透率是对单个岩层进行层内等效，再对各个岩层进行垂直方向上的等效。在计算过程中，可以依据采动覆岩等效渗透率模型中，对冒落带、破断岩体、损伤岩体、损伤土体进行层内的等效，然后进行垂直方向上层间的等效。当鉴于三维下各层的等效渗透率是基于现场、实验、3.3节中二维的研究成果，三维条件下更多的是依赖经验关系获取，所以对于整个地层的等效渗透率，先在二维条件下获取煤水之间岩层的最大等效渗透率，再采用上一段落中给出的三维条件下等效渗透率描述方法，进而获得整个地层的等效渗透率分布特征。结合计算得到第Ⅲ类钻地层覆岩等效渗透率为6.02595×10^{-15} m^2，结合孔隙率计算公式、Kozeny-Carman、修正的Knothe时间函数计算得到不同时刻采场覆岩等效渗透率演化特征，获得开采范围内地层的等效渗透率分布特征，如图3-58所示。

3.5 本章小结

（1）采动导致隔水土层与岩层的渗透性不同程度增加，隔水土层的最大渗透系数平均值为3.04×10^{-8} m/s，不同岩性最大渗透系数的值为$(5\sim7)\times10^{-7}$ m/s，单裂隙泥岩、砂岩试样的渗透率随着应力的增加逐渐衰减，并且随应力呈指数变化。

（2）基于引入概率积分函数的立方体模型，建立不同损伤岩土体的渗透率-有效应力理论模型，采用归一化后的损伤值刻画岩石破裂全过程，并借助实验室三轴渗流实验数据进一步量化不同损伤岩土渗透率。

（3）将前文建立的不同损伤程度岩土体量化方程，采用$FLAC^{3D}$内嵌的FISH语言对渗流模块进行二次开发，实现采场覆岩不同分带内的采动应力-裂隙-渗流耦合数值计算。单轴压缩条件下渗透率呈现S形的变化形态，分形维数随着载荷的增加而增加。

（4）结合Salamon经验公式及$FLAC^{3D}$中的应力-应变计算公式，描述采空区内破碎岩体的压实以及承载特性的动态响应过程，结合榆神矿区五类地质条件，

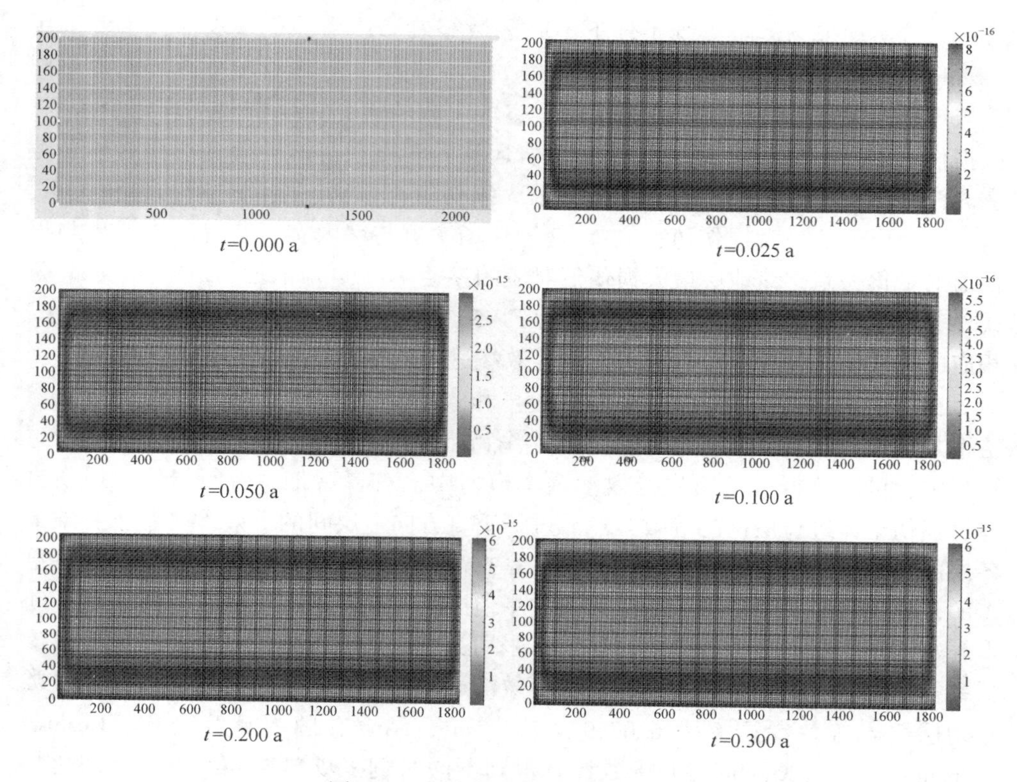

图 3-58 覆岩等效渗透率演化特征

开展了开采扰动下采动覆岩结构损伤变形定量分析，在损伤土体与损伤岩体中部位置布置测线，分布不同开采参数下的最大损伤值演化特征，表明损伤土体、损伤岩体开采扰动后最大损伤值与采高呈正相关，与岩层层位高度呈反相关，在此基础上构建了岩土层最大损伤值与采高、岩层层位高度的量化关系。

（5）开展了开采扰动下采动覆岩结构渗流特征定量分析，采用两种渗透率更新程序，渗透率也呈现出典型的三带特征，垮落带渗透率呈现“铲”形的分布形态，破断岩体呈现“O”形分布形态，损伤岩土体呈现“船”形分布形态。随着损伤阈值的降低，损伤范围在扩大，采场覆岩的整体渗透性在提升。

（6）依据层状地层破断后的铰接结构特征，分析了采场覆岩的结构形态及受力特征，按破断形态划分了不同类型导水裂隙，即周期破断区域导水裂隙（上部张拉裂隙、下部张拉裂隙和平行裂隙）、张拉型导水裂隙、多孔介质渗流，分析了不同类型裂隙的水流特性，采用等效渗透理论给出了单裂隙模型及管流模型的渗透系数计算方法。

（7）采用微裂纹特征尺寸及分形维数的描述参数，针对单一裂隙及裂隙系统分别进行量化，构建了单一裂隙及微裂隙系统的分形描述方法，给出了研究区域裂隙岩体（裂隙倾角 0°和 90°两种情况）的渗透系数张量的解析解，给出了采动覆岩不同分区等效渗透系数计算方法。根据榆神矿区第Ⅲ类钻孔柱状图，得到该地层破断岩体的等效渗透率为 2.70095×10^{-10} m^2，损伤岩体等效渗透率为 9.55643×10^{-15} m^2，依据多孔介质渗流公式及参数计算得到损伤土体等效渗透率为 7.41769×10^{-16} m^2，得到该地层结构的等效渗透率为 6.02595×10^{-15} m^2。

（8）将随机介质概率积分函数与负指数相结合，建立了开采扰动条件下的采场覆岩变形静态预计模型，联立 Knothe 公式和 Kozeny-Karman 公式，推导得到覆岩变形及渗透率的动态模型，结合下沉量实测数据，计算得到时间 t 为 0.001 a、0.025 a、0.050 a、0.100 a、0.200 a、0.300 a 时刻采场覆岩的应变量、孔隙率及渗透系数演化特征，结合孔隙率计算公式、Kozeny-Carman、修正的 Knothe 时间函数计算得到不同时刻采场覆岩等效渗透率演化特征，获得开采范围内地层的等效渗透系数分布特征。

4　采动浅表水系统稳定性评价及控制机理

常用的采动浅表水评价方法包括水均衡法、解析法和数值法，其中数值法可以比较切合实际地对含水层的水力边界条件、含水岩系的空间分布特征及地下水流动特征进行处理，因此被称作最具生命力的地下水系统评价方法。合理的水文地质模型和水文参数是定量分析煤炭资源开采对地下水系统影响的有效手段，结合前文等效渗透系数研究成果，本章构建了无入渗浅表含水层及含补给入渗浅表含水层的渗漏模型，分析采动含水层特性（渗透系数、水头值）、补给强度、等效渗透系数对浅表水位的影响机制，提出考虑开采扰动的等效渗透系数数值化处理方法，建立采动对浅表水系统扰动定量评价模型。本章以浅表水渗漏模型、采动浅表水定量评价模型为基础与手段，研究单个及多个开采单元下浅表水演化规律与再分布特征，分析矿区不同空间布局和恢复时间下浅表水演化规律与再分布特征。

4.1　采动浅表水漏失机制

在掌握浅表水在覆岩结构中流动规律基础上，为解决开采扰动后浅表水响应问题，需要结合实际工程问题构建采动影响下浅表含水层渗流理论模型，本节结合无入渗浅表含水层及含补给入渗浅表含水层两种边界条件进行渗流理论模型研究。

4.1.1　无入渗浅表水渗漏模型

浅表含水层稳定足够长时间后，浅层地下水可形成稳定的流动，在两定水头边界间形成的地下水流线可视为一系列的曲线，两定水头位置之间的距离为 l，位置一处的水位值为 H_1，位置二处的水头值为 H_2，在自然状态下隔水底板的水平面为零势面，如图 4-1 所示，对于此种定水头边界下的二维流动问题，对应的水流连续性方程可以退化为常微分方程[179]。

开采扰动打破了地层原有平衡状态，引起浅表水垂向上的渗漏，根据第 3 章等效渗透系数，在浅表水底部采用等效渗漏强度，假定渗漏强度在空间上是均匀分布的。垂向上的渗漏导致在浅表含水层垂向断面内的流量不再是一个常数，而是受入渗条件影响的变量，因此采用水均衡的方法建立流量方程。建立直角坐标系统，以隔水底板的水平面为 x 轴，取向右侧方向为正，以常数值水头 H_1 处边

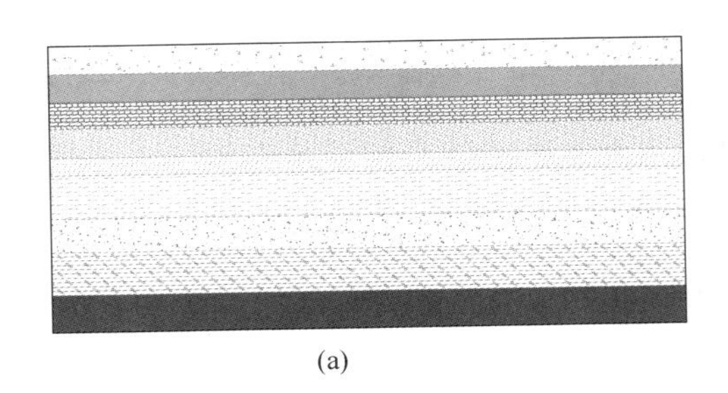
(a)

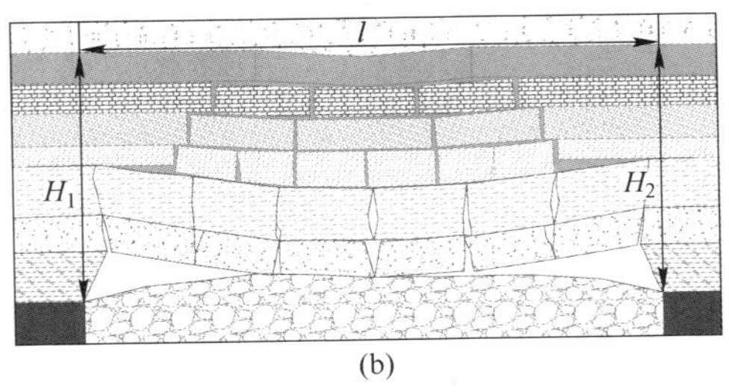

(b)

图 4-1 无入渗浅表含水层

（a）自然状态下；（b）开采扰动影响

界的垂向在 z 轴，取向上为正，取向右侧方向的流量为正，采动影响导致水量漏失，$W_c<0$。

构建定水头边界 H_1 与任意断面之间的水均衡流量方程，如图 4-2 所示，a 为地下水分水岭的位置，即 $x=a$ 处。当位置选取在地下分水岭的左侧时，该区间内任意断面上的浅表水流量为：

$$|q_1| = |q| + \left|K_e \frac{H_1 + H_2}{2L_e}x\right| \tag{4-1}$$

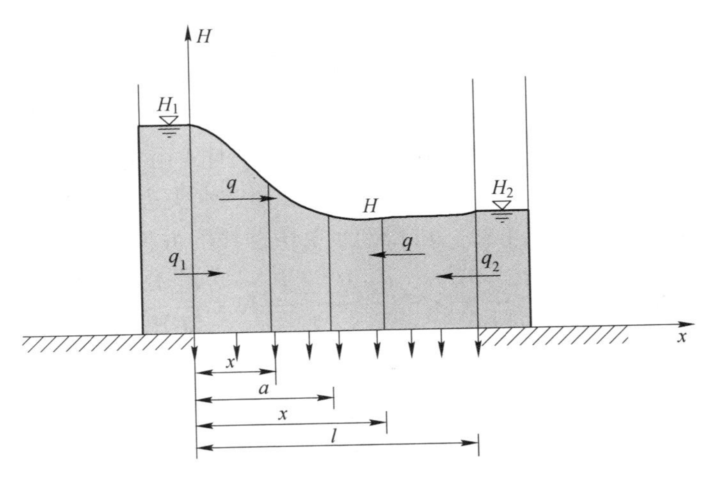

图 4-2 浅表水流动断面示意图

此时，$q_1<0$，$q<0$，式（4-1）转变为：

$$q = q_1 - K_e \frac{H_1 + H_2}{2L_e}x \tag{4-2}$$

当断面位置选取在地下分水岭的右侧时，则有：

$$-q_1+q=-K_e\frac{H_1+H_2}{2L_e}x \tag{4-3}$$

式（4-3）表明，不论断面位置选取在地下分水岭的右侧还是左侧，水均衡流量方程满足形式上的统一，在此条件下引入裘布依假定，即：

$$q=-KH\frac{dH}{dx} \tag{4-4}$$

联立式（4-1）~式（4-4）后进行变量分离处理，在断面 1 位置处与断面 x 之间进行定积分运算，得到：

$$\frac{1}{2}(H_1^2-H^2)=\frac{q_1}{K}x-\frac{K_e}{4K}\frac{H_1+H_2}{L_e}x^2 \tag{4-5}$$

在定水头边界 H_2 位置处，即 $x=l$，$H=H_2$，式（4-5）变形为：

$$\frac{1}{2}(H_1^2-H_2^2)=\frac{q_1}{K}l-\frac{K_e}{4K}\frac{H_1+H_2}{L_e}l^2 \tag{4-6}$$

可推导得到断面 1 位置处的流量方程为：

$$q_1=K\frac{H_1^2-H_2^2}{2l}+\frac{K_e}{4}\frac{H_1+H_2}{L_e}l \tag{4-7}$$

将式（4-7）代入式（4-3），得到任意断面 x 位置处的流量方程为：

$$q=K\frac{H_1^2-H_2^2}{2l}+\frac{K_e}{4}\frac{H_1+H_2}{L_e}l-K_e\frac{H_1+H_2}{2L_e}x \tag{4-8}$$

当入渗强度 $W=0$ 时，此时即为无入渗浅表水剖面的二维稳定流流量公式，这种情况下浅表含水层呈现单向流动，当 $H_1>H_2$ 时，由定水头边界 1 向定水头边界 2 处流动，当 $H_1<H_2$ 时，由定水头边界 2 向定水头边界 1 处流动。

联立式（4-6）与式（4-8），可得到水头值曲线的方程：

$$H^2=H_1^2-\frac{H_1^2-H_2^2}{l}x-\frac{K_e}{2K}\frac{H_1+H_2}{L_e}lx+\frac{K_e}{2K}\frac{H_1+H_2}{L_e}x^2 \tag{4-9}$$

式中，H_1 与 H_2 为边界水头值，m；l 为水头值间距，m；K_e 为等效渗透系数，m/s；L_e 为岩土层厚度，m；K 为含水层渗透系数，m/s。

浅表水渗透模型基础参数如表 4-1 所示，学者对含水层抽水试验影响半径平均值为 182 m[21]，此处选定影响半径为 200 m，因此开采范围为 200 m 条件下两水头的间距为 600 m。根据式（4-9），可计算得到不同采掘扰动情况下浅表含水层水位变化曲线，如图 4-3 所示。在不存在采动漏失时，浅表水位近似直线形态，随着采动漏失量的增加，浅表水头值逐渐演变为单调递减的曲线，当采动漏失量的增加到一定数值时，浅表水位曲线出现下凹的形态，在渗流场中出现极低的水位值，极低水头位置更靠近水头小的一侧，此时在渗流场中出现分水岭，受采动渗漏的影响，极低水头位置两侧的浅表水同时补给漏失量。工作面不同推进度下浅表含水层水位变化曲线，如图 4-3 所示。在工作面推进 600 m 时，浅表水位近似直线形态，随着工作面推进距离的增加，浅表水头值向单调递减的曲线形态转变，当工作面推进量增加到一定数值时，浅表水位曲线出现下凹的形态。随着岩土层厚度的增加，浅表含水层水位降深在逐渐减小；随着含水层渗透系数的增加，浅表含水层水位降深在减小。在渗流场中出现极低的水位值，极低水头位置更靠近水头小的一侧，此时在渗流场中出现分水岭，受采动渗漏的影响，极低水头位置两侧的浅表水同时补给漏失量。

表 4-1 浅表水渗透模型基础参数

水头 H_1 /m	水头 H_2 /m	开采范围 /m	两水头间距 /m	含水层渗透系数 /m · s^{-1}	等效渗透系数 /m · s^{-1}	岩层厚度 /m
40	30	200	600	0.0001	0.0000001	20

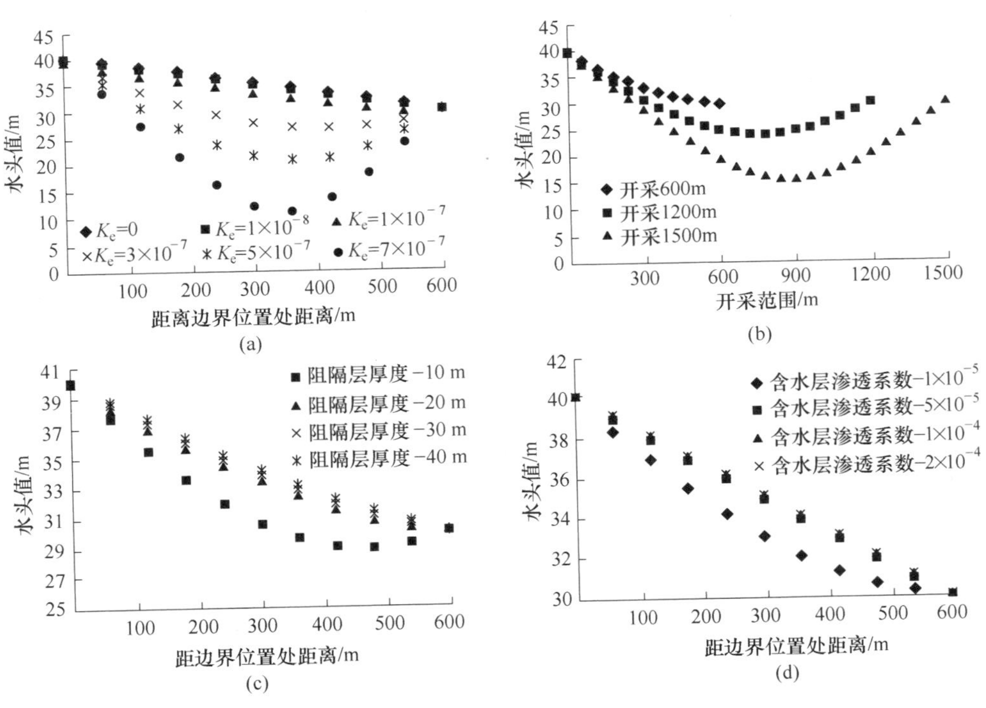

图 4-3 采动影响下浅表含水层水头值

(a) 等效渗透系数；(b) 开采范围；(c) 岩土层厚度；(d) 含水层渗透系数

上述分析已经表明，水位降深最大的位置出现在开采范围的中部位置附近，选定中部位置的水位降深进行分析，依据表 4-1 基础参数，水位降深在 1 ~ 15 m 内变化，代入式（4-9），得到不同水位降深情况下的岩土层厚度，如图 4-4 所示。水位降深 1 m 时要求阻水厚度为 33.5 m，水位降深 3 m 时要求阻水厚度为 13.94 m，水位降深 5 m 时要求阻水厚度为 9 m，水位降深 8 m 时要求阻水厚度为 6.05 m，水位降深 15 m 时要求阻水厚度为 3.71 m。

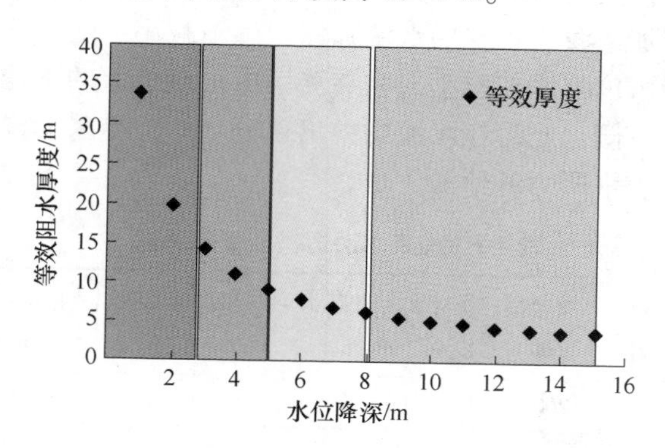

图 4-4　不同水位降深条件下等效阻水厚度

4.1.2　含补给入渗浅表水渗漏模型

对于浅表水，降雨入渗补给与蒸发排泄是自然条件下普遍存在的现象，通常采用入渗强度与蒸发强度对渗入量进行描述。与无入渗浅表含水层问题相同，假定稳定入渗条件下，两个定水头边界完全分割均质含水层，在自然状态下隔水底板的水平面为零势面，与无入渗浅表含水层的浅表水渗流不同，由于入渗补给可能导致在定水头边界之间会形成分水岭。假定入渗强度在空间上是均匀分布的，即入渗强度为 W，在两定水头边界间形成的地下水流线可视为一系列的曲线，两定水头位置之间的距离为 l，位置一处的水位值为 H_1，位置二处的水头值为 H_2，在自然状态下隔水底板的水平面为零势面，如图 4-5（a）所示，从渗流特征上，它是在 x 与 z 方向均有流速分量的二维流动问题，如图 4-5（b）所示。

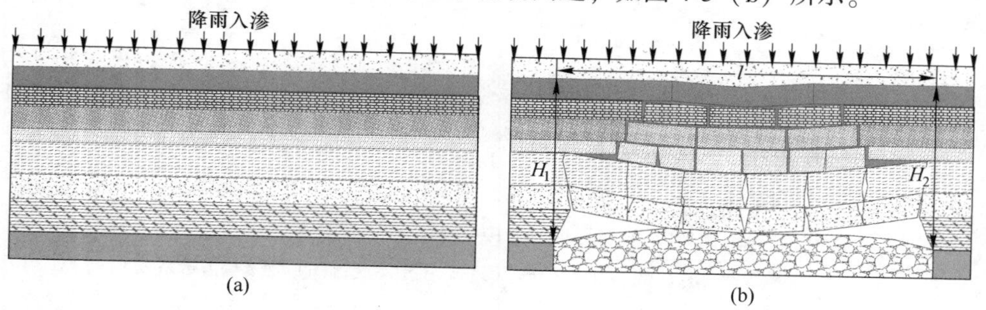

图 4-5　含补给入渗浅表含水层
（a）自然状态下；（b）开采扰动影响

浅表水的上边界存在着入渗补给边界，导致在浅表含水层垂向断面内的流量不再是一个常数，而是受入渗条件影响的变量，因此采用水均衡的方法建立流量方程。如图 4-6 所示，建立直角坐标系统，以隔水底板的水平面为 x 轴，取向右侧方向为正，以常数值水头 H_1 处边界的垂向在 z 轴，取向上为正，取向右侧方向的流量为正，入渗补给时，$W_r>0$，采动影响导致水量漏失，$W_c<0$。

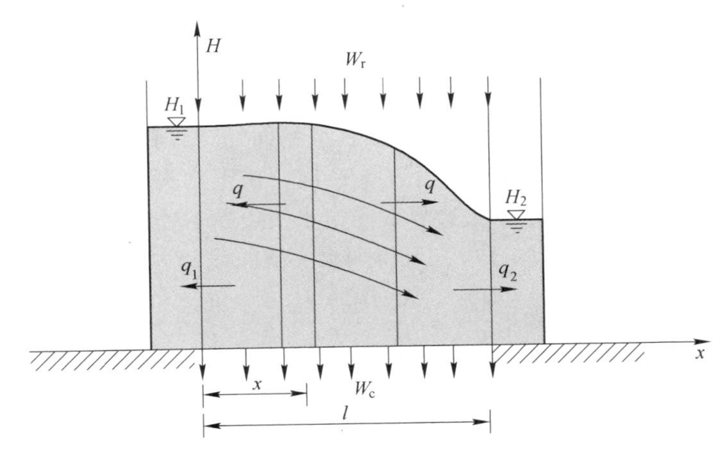

图 4-6 浅表水流动断面示意图

$$\left|q_1\right| + \left|Wx\right| = \left|q\right| + \left|K_e \frac{H_1 + H_2}{2L_e}x\right| \tag{4-10}$$

此时，$q_1<0$，$q<0$，式（4-10）转变为：

$$q = q_1 + Wx - K_e \frac{H_1 + H_2}{2L_e}x \tag{4-11}$$

当断面位置选取在地下分水岭的右侧时，则有：

$$-q_1 + q = Wx - K_e \frac{H_1 + H_2}{2L_e}x \tag{4-12}$$

式（4-12）表明，不论断面位置选取在地下分水岭的右侧还是左侧，水均衡流量方程满足形式上的统一，在此条件下引入裘布依假定，即：

$$q = -KH \frac{\mathrm{d}H}{\mathrm{d}x} \tag{4-13}$$

联立式（4-10）~式（4-13）后进行变量分离处理，在断面 1 位置处与断面 x 之间进行定积分运算，得到：

$$\frac{1}{2}(H_1^2 - H^2) = \frac{q_1}{K}x + \frac{W}{2K}x^2 - \frac{K_e}{4K}\frac{H_1 + H_2}{L_e}x^2 \tag{4-14}$$

在定水头边界 H_2 位置处，即 $x=l$，$H=H_2$，式（4-14）变形为：

$$\frac{1}{2}(H_1^2 - H_2^2) = \frac{q_1}{K}l + \frac{W}{2K}l^2 - \frac{K_e}{4K}\frac{H_1 + H_2}{L_e}l^2 \tag{4-15}$$

可推导得到断面 1 位置处的流量方程为：

$$q_1 = K\frac{H_1^2 - H_2^2}{2l} - \frac{Wl}{2} + \frac{K_e}{4}\frac{H_1 + H_2}{L_e}l \tag{4-16}$$

将式（4-16）代入式（4-12），得到任意断面 x 位置处的流量方程：

$$q = K\frac{H_1^2 - H_2^2}{2l} - \frac{Wl}{2} + \frac{K_e}{4}\frac{H_1 + H_2}{L_e}l + Wx - K_e\frac{H_1 + H_2}{2L_e}x \tag{4-17}$$

当入渗强度 $W=0$ 时，即为无入渗浅表水剖面的二维稳定流流量公式，这种情况下浅表含水层呈现单向流动，当 $H_1>H_2$ 时，由定水头边界 1 向定水头边界 2 处流动，当 $H_1<H_2$ 时，由定水头边界 2 向定水头边界 1 处流动。

联立式（4-15）与式（4-17），可得到水头值曲线的方程：

$$H^2 = H_1^2 - \frac{H_1^2 - H_2^2}{l}x + \frac{Wl}{K}x - \frac{K_e}{2K}\frac{H_1 + H_2}{L_e}lx - \frac{W}{K}x^2 + \frac{K_e}{2K}\frac{H_1 + H_2}{L_e}x^2 \tag{4-18}$$

式中，H_1 与 H_2 为边界水头值，m；l 为水头值间距，m；K_e 为等效渗透系数，m/s；L_e 为岩土层厚度，m；K 为含水层渗透系数，m/s；W 为上边界补给强度，m/s。

研究表明，水头值的大小与补给强度、渗透系数相关。当入渗强度大于 0 时，水头值的形态呈现椭圆曲线上半的形态；蒸发强度占据绝对优势时，水头值的形态呈现双曲线的形式，当入渗补给的强度为 0 时，水头值的形态呈现抛物线的形式。水头值与渗透系数呈现负相关，渗透系数越小，由于入渗补给引起的水位值升高越大，反之则小。

根据式（4-18），可计算得到不同采掘扰动情况下浅表含水层水位变化曲线，如图 4-7 所示。在浅表水补给量与采动漏失量数值相当时，浅表水位近似于直线形态，随着采动漏失量的增加，在浅表水补给量大于采动漏失量数值时，逐渐演变为从最小水头值向最大水头值单调递增的曲线；当浅表水补给量大于采动漏失量到一定数值时，浅表水水位曲线出现上凸的形态，在渗流场中出现最大的水位值，最大水头位置更靠近水头大的一侧，此时在渗流场中出现分水岭，受采动渗漏的影响，极大水头位置处的浅表水向两侧的浅表水进行补给。当浅表水补给量小于采动漏失量时，浅表水水头值逐渐演变为单调递减的曲线，当浅表水补给量小于采动漏失量到一定数值时，浅表水水位曲线出现下凹的形态，在渗流场中出现极低的水位值，极低水头位置更靠近水头小的一侧，此时在渗流场中出现分水岭，受采动渗漏的影响，极低水头位置两侧的浅表水同时补给漏失量。工作面不同推进度下浅表含水层水位变化曲线，如图 4-7（b）所示。在工作面推进 500 m 时，浅表水位近似于直线形态，随着工作面推进距离的增加，浅表水头值向单调递减的曲线形态转变，当工作面推进量增加到一定数值时，浅表水位曲线出现下凹的形态，在渗流场中出现极低的水位值，极低水头位置更靠近水头小的一侧，此时在渗流场中出现分水岭，受采动渗漏的影响，极低水头位置两侧的浅表水同时补给漏失量。

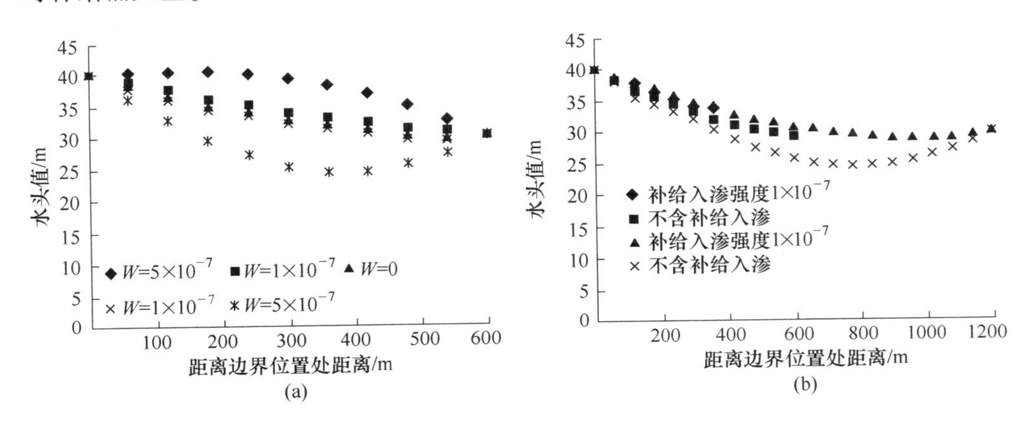

图 4-7 采动影响下浅表含水层水头值

（a）上边界补给强度；（b）开采范围

上述分析已经表明，水位降深最大的位置出现在开采范围的中部位置附近，选定中部位置的水位降深进行分析，依据表 4-1 基础参数，水位降深在 1~15 m 内变化，代入式（4-18），得到不同水位降深情况下的等效阻水厚度，如图 4-8 所示。水位降深 3 m 时：不含补给条件下要求阻水厚度为 13.94 m，补给强度为 1×10^{-7} m/s 时条件下要求阻水厚度为 9.97 m，对损伤岩体厚度的要求降低了 3.97 m。水位降深 5 m 时：不含补给条件下要求阻水厚度为 9 m，补给强度为 1×10^{-7} m/s 时条件下要求阻水厚度为 7.16 m，对损伤岩体厚度的要求降低了 1.84 m。水位降深 15 m 时：不含补给条件下要求阻水厚度为 3.71 m，补给强度为 1×10^{-7} m/s 时条件下要求阻水厚度为 3.35 m，对损伤岩体厚度的要求降低了 0.36 m。

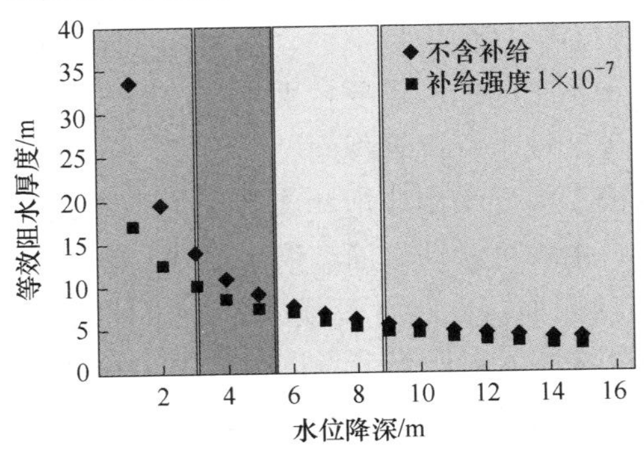

图 4-8 不同边界条件下等效阻水厚度

4.2　考虑开采扰动的等效渗透系数数值化处理方法

4.2.1　FEFLOW 水文地质模型模拟方法

建立一个模拟地下水流动的水文地质计算模型，通常分为七步，具体步骤如图 4-9 所示[180]。

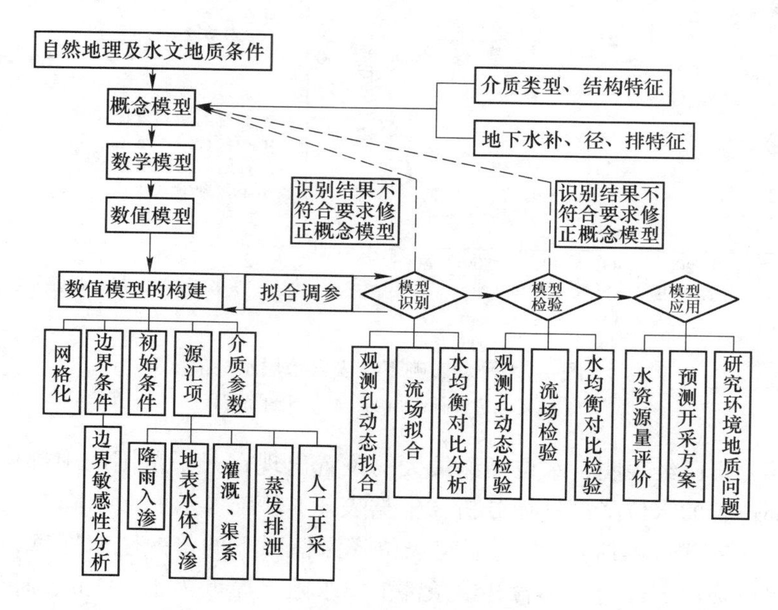

图 4-9　地下水数值模建立的一般步骤与方法

要把地下含水层中的每个孔隙裂隙结构都精确地确定出来，在现实中是无法实现的，因此，想要采用数学模型对这种复杂状态的地下水系统进行描述，必须对水文地质模型中的诸多因素进行概化，构建水文地质概念模型[180]，如图 4-10 所示，合理的水文地质概念模型是指导后续数值建模工作的基础。

默认情况下，FEFLOW 模型中模拟的含水层均表示承压含水层，如果需要模拟饱和非承压特征的水系统问题，需要特别指定浅表含水层的地下水位。浅表表面的处理方法最初是为区域水资源管理问题而设定，当模型需要模拟地层含水层的排水，构建的数值模型需要采用非饱和或者变饱和模式进行计算[181]。浅表水表面的处理方法包括自由与可移动表面、潜水模式、自由表面设定三种。

（1）自由与可移动表面。此种计算模式是通过使计算网格在模拟过程中产生垂直移动，采用 BASD 技术对网格节点进行移动，在迭代运算过程中调整地层的高程，使模型顶部即为地下水位的方式来处理浅表水表面。此种处理方法将模型中的非饱和和部分饱和条件下的计算单元排除在模型之外，只对模型中的饱和

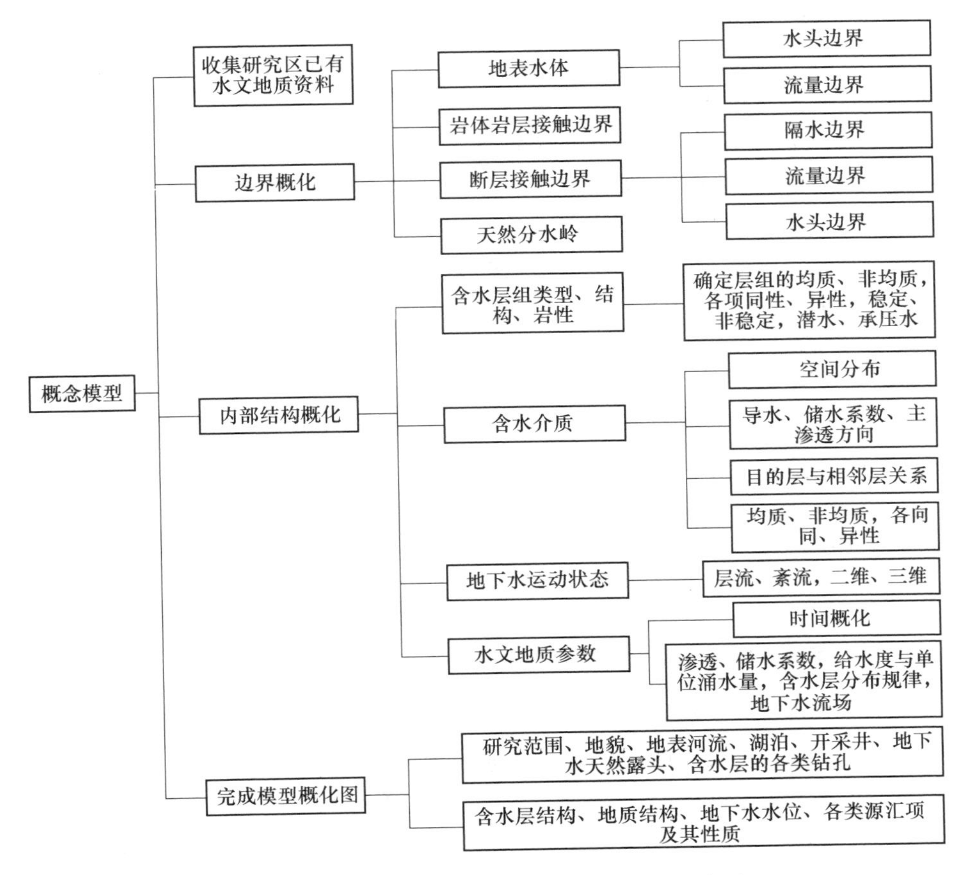

图 4-10 构建水文地质概念模型一般步骤与方法

部分进行模型，有效地降低计算量；但当模拟的地下水位斜切地层时，计算单元网格可能会仍然处在原地层的区域，为保证计算的继续进行，需对计算单元的属性进行体积加权平均，从而导致计算单元属性与最初输入的数据产生差异。

（2）潜水模式。潜水模式条件下地层高程是确定的，计算单元可能部分饱和或者变干，潜水模式的补给来自模型顶界面，地下水位的补给部分通过部分饱和或者干涸计算单元才能到达地下水位。对于部分饱和计算单元，部分饱和度是采用饱和度除以计算单元的总厚度进行计算，计算单元的水力传导系数根据部分饱和度线性降低；完全干涸的计算单元采用残余水深对部分饱和度及水力传导系数进行计算。

（3）自由表面设定。此种计算模式可以结合上述两种方法，对模型中的每个层面进行设置。

FEFLOW 软件具有了良好的交互式数据输入功能，提供了两种赋值方法：

（1）赋值常数。赋值常数是最基本的计算单元参数赋值方法，就是在选中的节点或单元中输入不随时间变化的常数值。（2）时间序列数据赋值。时间序列中可以包括任意数量的时间—数值数据对，时间间隔可以任意选取，在模型中定义时间序列时，需要采用自动时间步长程序，短间隔的时间序列可能需要模型耗费更多的时间计算至收敛。在模型中定义的部分模拟时间段的序列可以反复使用，直到模型运算结束，或者采用线性差值模式，该模式中的时间序列数据对仅包含部分模拟时间，数据对的第一个数值从模型开始运行至时间序列定义的起始时间为止，而数据对的最后一个数值应用至模拟计算结束。

水文地质参数是反映浅表含水层及透水层渗透性的指标，影响数值模型计算的准确性，最终影响整个模型是否能较为客观地反映实际情况，发挥实际指导作用。从第 3 章煤炭开采上覆岩层变形损伤特征分析可知，煤炭开采会引发采场覆岩层孔隙裂隙结构发生改变，进而引发工作面覆岩渗透能力的改变。随着时间的推移，采场覆岩逐渐下沉压实采空区，导致工作面覆岩的渗透性能变化是一个复杂的时空演化过程，因此需要对采场覆岩水力学参数的数值化处理方法开展进一步研究。

4.2.2　考虑时间因素的数值化处理方法

地表的移动变形是覆岩破断变形的外在表现，覆岩岩土层变形损伤是地表产生变形的内在原因。实际地表点下沉-时间曲线往往呈“S”形，且当时间从 0→∞ 时，下沉速度变化过程为 0→+max→0，下沉加速度变化过程为 0→+max→0→−min→0。开采扰动后采场覆岩不同时刻的渗透性存在差异，在覆岩损伤变形过程中的渗透性也会发生变化，因此将第 3 章修正的 Knothe 时间函数描述的等效渗透系数引入数值计算模型，具体赋参流程如图 4-11 所示。

为了量化表征采场覆岩煤岩体不同时刻渗透特性的变化，构建等效渗透系数（K_e）与和时间（t）的函数，结合 FEFLOW 软件数据交互与时间序列赋参方法，将其赋值给指定范围内的计算单元。具体步骤如下：（1）获取采用修正的 Knothe 时间函数描述的等效渗透系数；（2）K_e-t 的关系数据转化为 pow 格式文件，导入 FEFLOW 软件，采用数据关联功能搭建 K_e 与渗透系数对应关系；（3）采用面域原则功能选定赋参区域，将赋参区域依据开采时间先后顺序依次命名（例如第一步、第二步等）；（4）采用时间序列数据赋值方法，将 K_e-t 赋值给开采区域；（5）重复上述步骤，就可对不同推进度下不同开采区域进行依次赋参。

4.2.3　等效渗透性时空演化数值化处理方法

3.4 节采场覆岩等效渗透率动态模型研究中表明，工作面推过后随着时间的

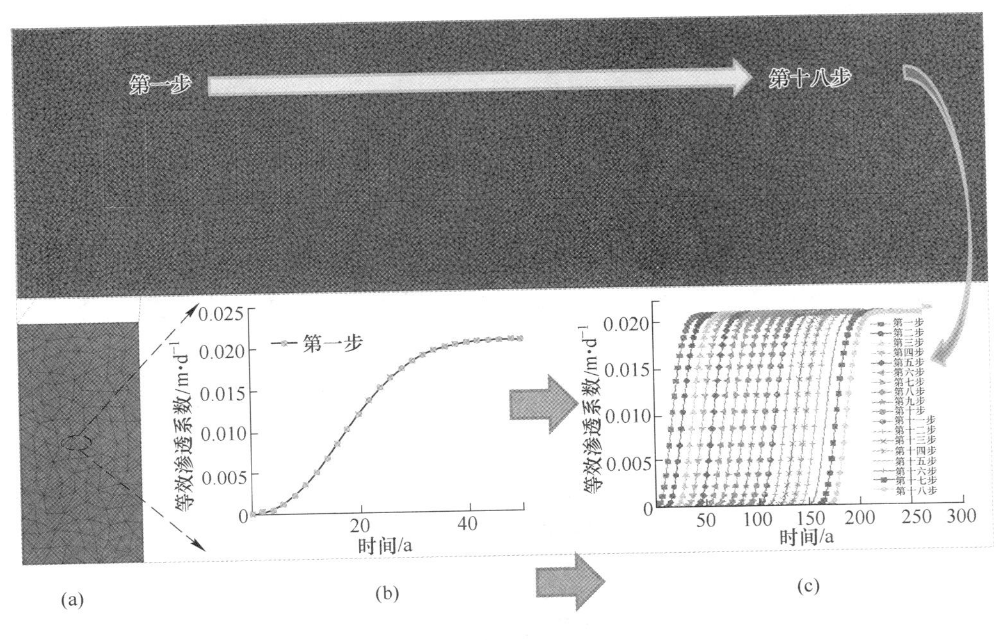

图 4-11 不同时间渗透系数分布特征

(a) 第一步；(b) K_e-t；(c) K_e-（x，t）

推移，受上部载荷的作用，开采扰动后采场覆岩不同时刻及不同位置的渗透性存在差异。根据第Ⅲ类地层条件得到该地层结构的等效渗透率为 $6.02595\times10^{-15}\ m^2$，前文中的等效渗透系数是采用最大损伤值计算得到，也代表了最大等效渗透系数，实现了三维模型中的最大等效渗透系数与理论计算结果一致，进而结合孔隙率计算公式及 Kozeny-Carman 计算得到不同时刻采场覆岩等效渗透率演化特征。渗透系数以“双驼峰”形式变化，外围区域呈“凸峰”，空隙率大，内部区域呈“凹陷”，空隙率小，沿走向方向依次划分为孔隙渗流特性极好区、孔隙渗流特性较好区和孔隙渗流特性中等区。

为了量化表征采场覆岩等效渗透特性的变化特征，结合 FEFLOW 软件对于开采空间进行模拟，通过改变煤水之间计算单元的渗透系数模拟煤层开采。赋参的方法与冒落带模拟计算单元的赋值方式相似，但需要构建等效渗透系数（K_e）与空间坐标（x，y，z）和时间（t）的函数关系，并将其赋值给煤水之间范围内的计算单元。具体步骤如下：(1) 根据第 4 章确定的冒落带、破断岩体高度、损伤土体厚度、损伤岩体厚度，结合建立的覆岩破断岩体孔隙率及渗透系数力学模型，推导得到不同时间下煤水之间内岩体的渗透系数，图 4-12（a）（b）是 $t=0.025$ 时的采场覆岩等效渗透系数分布三维立体图与二维平面图；(2) 将获取的渗透系数率 $K_e(x, y, z)$ 转化为栅格数据；(3) 获取采用修正的 Knothe 时间函数描述的等效渗透系数；（4）K_e-t 的关系数据转化为 pow 格式文件，导入 FEFLOW 软件，采用数据关联功能搭建渗透率 K（x，y，z）与时间（t）的关系，获取渗透系数的时空演化数据 K（x，y，z，t）；（5）采用面域原则功能选定赋参区域，将赋参区保存为 SHP 格式的面域文件；（6）采用时间序列数据赋值方法，将 K_e-t 赋值给开采区域；（7）重复上述步骤，就可对不同位置下不同时刻进行依次赋参。

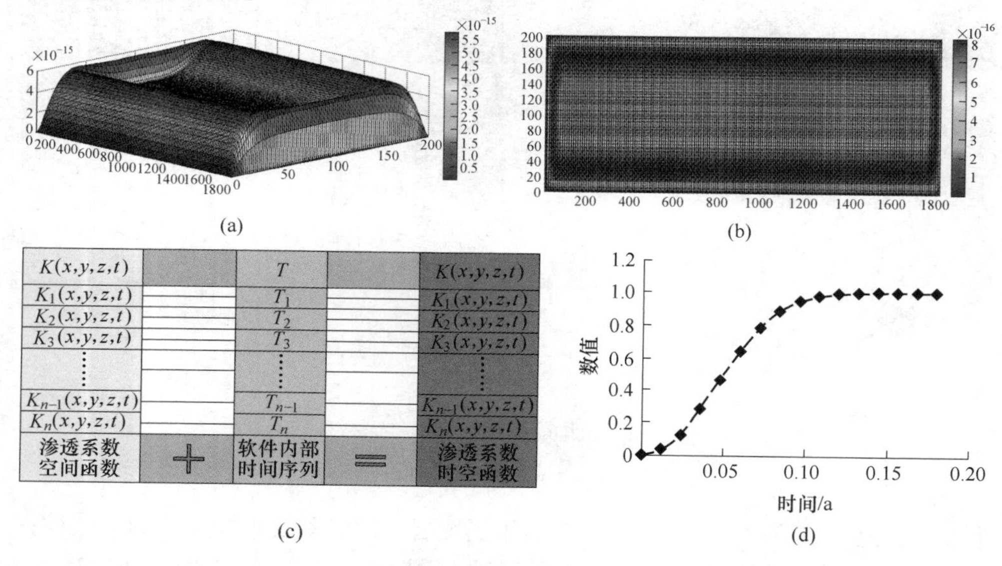

图 4-12 等效渗透系数演化特征

（a）等效渗透系数三维立体图；（b）等效渗透系数二维平面图；

（c）等效渗透系数时空演化关系；（d）修正的 Knothe 时间函数曲线

模型初始状态下含水层渗透系数采用了同一数值，浅表含水层给水度和单位储水系数分区与渗透系数一致，其值参考前人研究的经验值。在模拟开采扰动时，根据煤层开采覆岩等效渗透率动态公式的计算结果，t = 0.001 a、0.030 a、0.100 a、0.200 a、0.250 a、0.300 a 时刻采场覆岩等效渗透性演化特征，在垂向上各分区的渗透系数实际为该区域的等效渗透系数，实质上是采场覆岩中任意位置处的渗透系数不再是个常数，而是随着时间在不断变化量，本节采用修正的 Knothe 时间函数描述渗透随时间的演化规律，如图 4-13 所示，采用上述研究思路，结合计算得到第Ⅲ类地层条件地层结构的等效渗透率为 6.02595×10^{-15} m^2，结合孔隙率计算公式、Kozeny-Carman、修正的 Knothe 时间函数计算得到不同时刻采场覆岩等效渗透率演化特征，采用渗透性时空演化数值化处理方法，实现数值计算模型等效渗透系数参数赋值，赋参结果如图 4-13 所示。

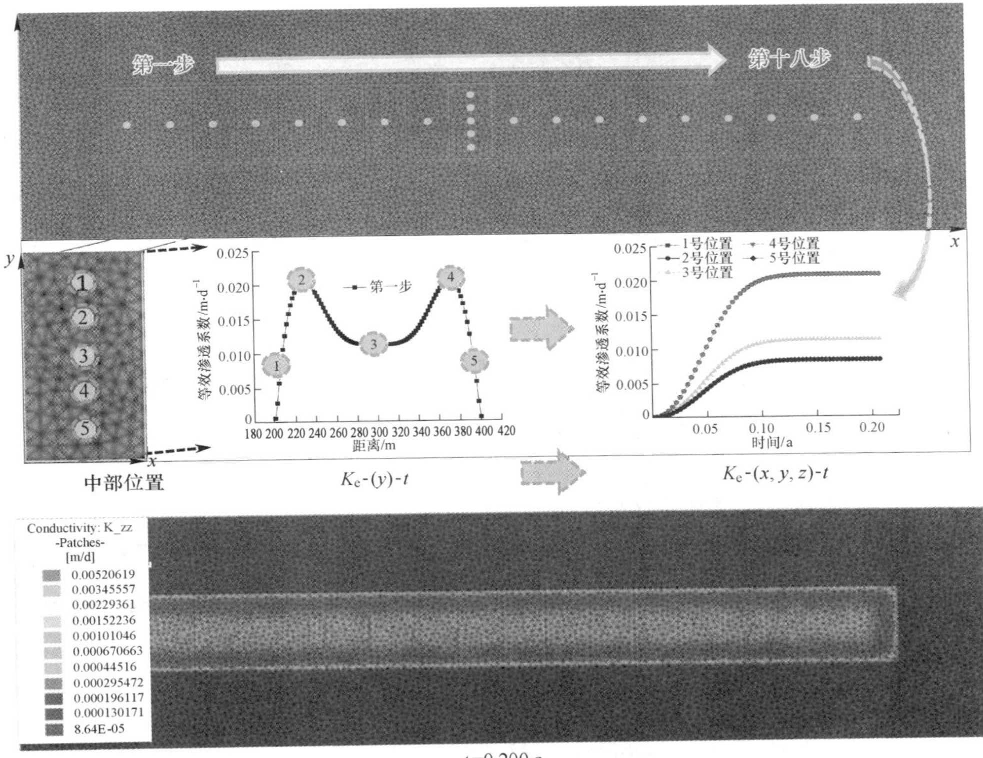

t=0.200 a

t=0.000 a

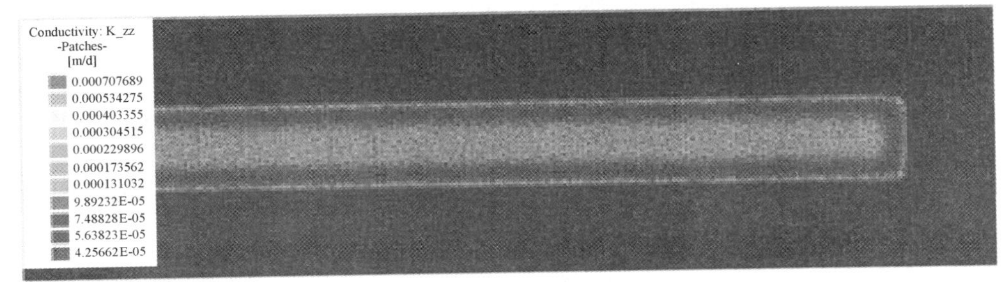

t=0.025 a

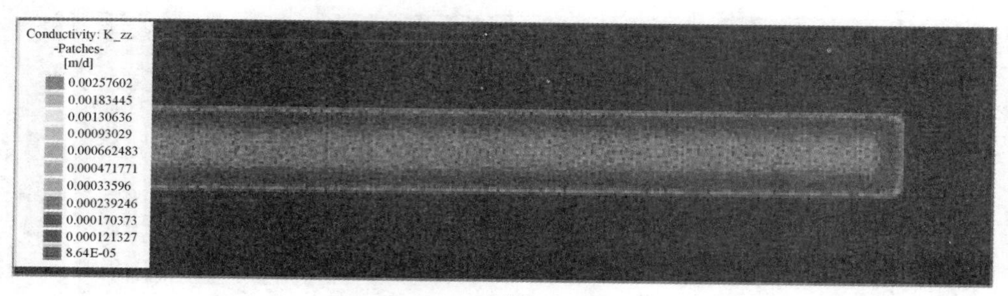

$t=0.050$ a

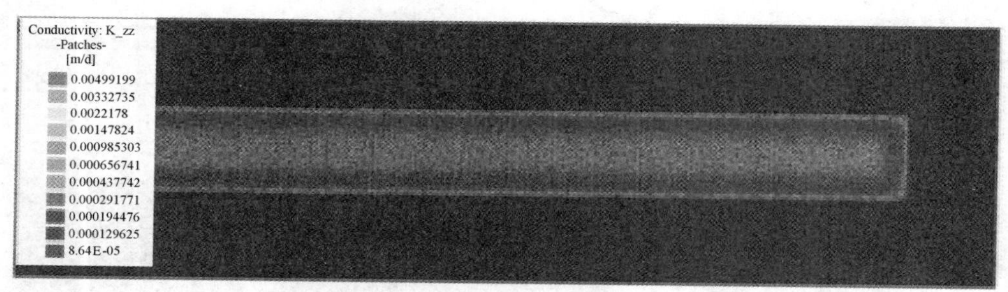

$t=0.100$ a

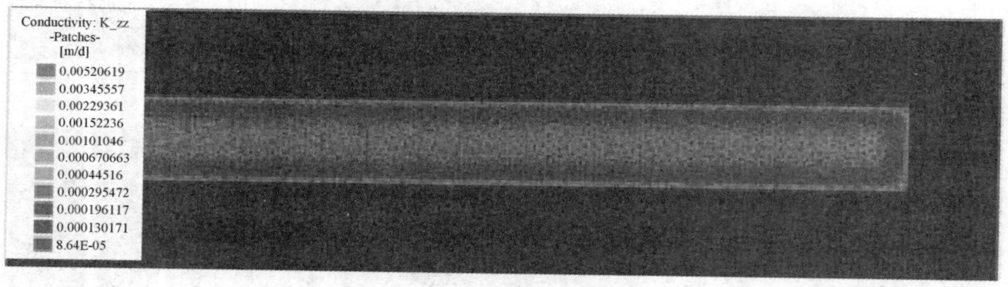

$t=0.200$ a

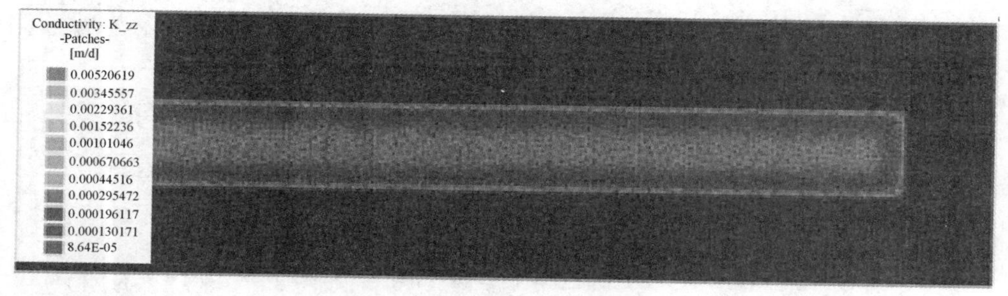

$t=0.300$ a

图 4-13　等效渗透系数赋参流程及结果

4.3 采动浅表水系统稳定性影响因素

本节以浅表水渗漏模型为基础，以采动浅表水定量评价模型为手段，以采动覆岩等效渗透系数为切入点，分析榆神矿区典型地质条件下，开采高度、煤水间距、恢复时间、开采范围对浅表水演化规律与再分布特征的影响。

4.3.1 采动浅表水影响半径分析

一般按自然境界和人为境界进行井田划分，为了合理确定井田尺寸，需按照《煤炭工业矿区总体设计规范》（2015 版）[182]的规定进行。选定煤矿的产能为 10 Mt/a，矿井的服务年限为 70 a，则要求圈定区域的煤炭工业储量为 700 Mt，煤炭的容重为 1.4，确定区域的煤炭开采高度为 6 m，煤炭资源的回收率按 90% 计算，则要求方形矿井的边长为 9622 m。参考榆神府矿区内现有规划布局，矿井整体划分齐整，因此设定矿井的边长为 10000 m，矿区的边长为 50000 m× 50000 m，模型边界的采用定水头边界条件，如图 4-14 所示。根据沿着复合介质方向等效渗透率理论[183]，不考虑流体流动时质量损失并认为岩层间的接触是紧密的，认为流体不会存储于介质界面间而是继续流动，采动浅表水的渗流量取决于渗透系数较小的岩层，因此采用损伤岩体与损伤土体的等效渗透系数对渗漏量进行评估。依据等效渗透系数时空演化模型研究成果，采动覆岩的等效渗透系数是与时间相关函数，采用考虑开采扰动的等效渗透系数数值化处理方法，将采用修正的 Knothe 时间函数描述的等效渗透系数引入数值计算模型，如图 4-14 所示。

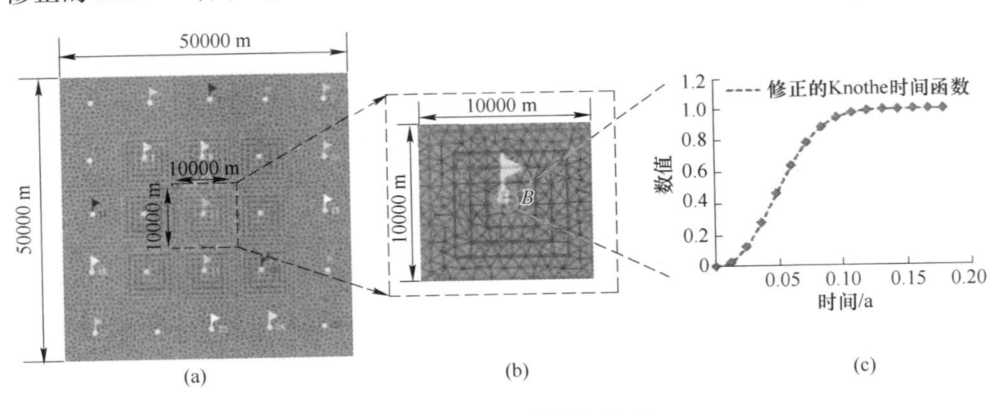

图 4-14 矿区数值计算模型

为分析模型边界条件对模拟效果的影响，设定模型边界长度分别为 5000 m、10000 m、15000 m、20000 m，进而模拟这四类边界条件下水位变化特征。第Ⅲ类煤水间距 200 m，开采高度为 4 m，模拟开采时间为 70 a，在含水层中部布置测点，将三年作为数值模拟周期，将模拟结果作为下一步的初始值，依次进行整个周期内的模拟，数值模拟如图 4-15 所示。

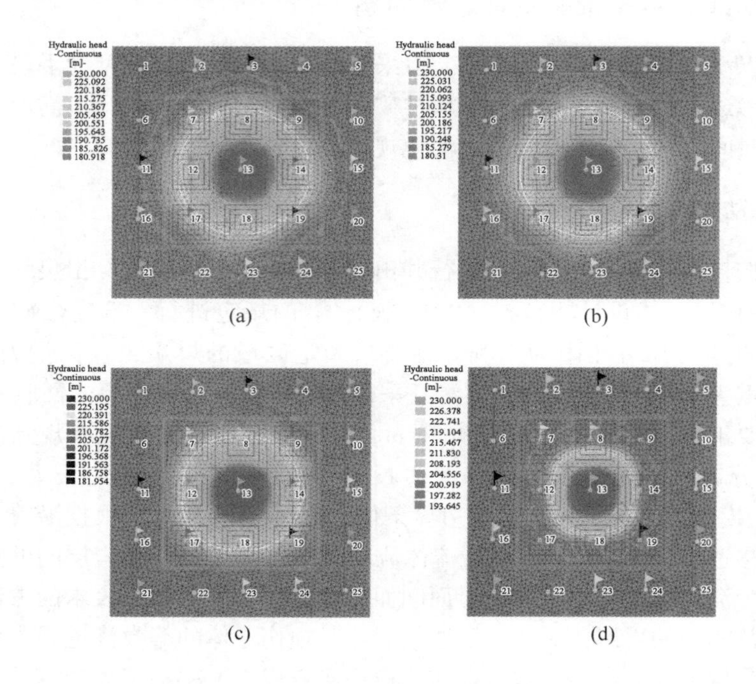

图 4-15　不同边界下浅表水位等值线

（a）最外层-内 0；（b）最外层-内 1；（c）最外层-内 2；（d）最外层-内 3

数值计算结果表明，矿区内矿井开采后周边的浅表水水头值分布云图呈现同心圆分布特征，水头值沿着模型边界向生产井逐渐降低，在开采矿井中部位置处的水头值最小。随着边界距离长度的增加，浅表水水头值同心圆的半径逐渐增大，并在边界距离长度最小时（5000 m），水头值呈现出椭圆的分布形态。

开采边界距离长度为 10000 m、15000 m、20000 m 条件下，在整个模拟周期内，随着开采的进行，浅表水水位降深量逐渐累加，如图 4-16（a）所示，当开采 70 a 后，水位降深达到最大值。开采边界距离长度为 5000 m 条件下，在整个模拟周期内，浅表水水位降深大致划分为两个阶段：在开采 33 a 前，随着开采的进行，浅表水水位降深量急剧增加，之后浅表水水位降深量趋于平缓。提取开采 70 a 后的水位降深值，如图 4-16（b）所示，随着边界距离长度的增加，开采后浅表水最大降深量逐渐增大，最大水位降深的差别在逐渐减小。为了降低边界效应对计算结果的影响，选定模型边界长度为 10000 m。

在对比煤水间距对浅表水的影响时，引入“短板”定义煤水间距较小的条件，引入“长板”定义煤水间距较大的条件，短板是一个相对概念，本节仅限于设定方案之间的比较，不对涉及短板效应的外延。

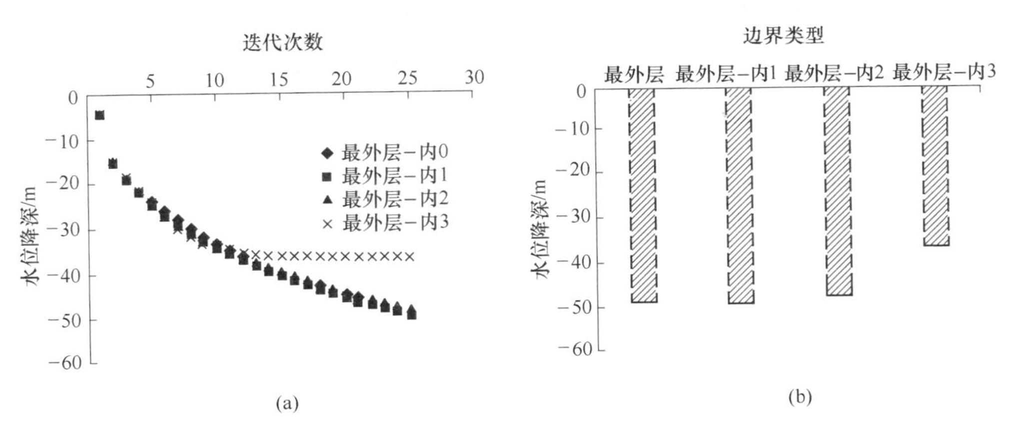

图 4-16 不同边界条件下浅表水位降深

（a）不同开采年限水位降深；（b）不同边界条件下水位降深

在构建的数值模型基础上，为了分析开采条件下浅表水影响，设定如图 4-17 所示的数值模拟方案：（1）地层条件为第Ⅲ类、第Ⅳ类、第Ⅳ与第Ⅴ类之间、第Ⅴ类；（2）开采高度为 2 m、4 m、6 m、8 m、10 m；（3）短板情况分为无短板、$\frac{3}{4}H$、$\frac{1}{2}H$、$\frac{1}{4}H$ 四种情况，短板在三个位置间变化；（4）恢复时间设定为 t、$\frac{3}{4}t$、$\frac{1}{2}t$、$\frac{1}{4}t$（t 为矿井服务年限）；（5）开采范围为 1×10^8 m²、7.5×10^7 m²、5×10^7 m²、2.5×10^7 m²。分析开采扰动下浅表水位变化特征，对第 3 章中的浅表水渗漏模型进行修正，获得矿区范围内不同开采参数下浅表水渗漏计算公式。

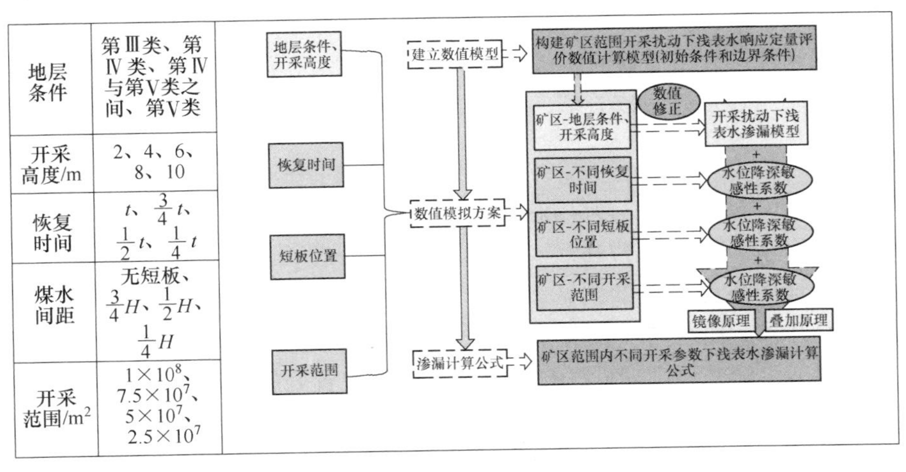

图 4-17 数值模拟方案及研究思路

4.3.2　开采高度对浅表水系统稳定性的影响

为分析煤水间距及开采高度对浅表水位的影响，对比分析地层第Ⅲ类、第Ⅳ类、第Ⅴ类条件下，开采高度为 2 m、4 m、6 m、8 m、10 m，模拟开采时间为 70 a，在含水层中部布置测点，将三年作为数值模拟周期，将模拟结果作为下一步的初始值，依次进行整个周期内的模拟，数值模拟参数如表 4-2 所示。

表 4-2　第Ⅲ类地质条件模拟参数

采高/m	等效渗透系数/m·s^{-1}	开采面积/m^2	水头差/m	节点数量
2	3.40409×10^{-8}	1.00×10^{8}	30	17466
4	6.02595×10^{-8}	1.00×10^{8}	30	17466
6	9.03097×10^{-8}	1.00×10^{8}	30	17466
8	1.18207×10^{-7}	1.00×10^{8}	30	17466
10	3.70123×10^{-7}	1.00×10^{8}	30	17466

第Ⅲ类地层条件下浅表水位降深模拟结果如图 4-18 所示，矿区内矿井开采后周边的浅表水水头值分布云图呈现同心圆分布特征，水头值沿着模型边界向生产井逐渐降低，在开采矿井中部位置处的水头值最小。随着开采高度的增加，相同数值的浅表水水头值同心圆的半径逐渐增大，如图 4-18（a）所示。矿井开采高度为 2 m、4 m、6 m 条件下，在整个模拟周期内，随着开采的进行，浅表水水位降深量逐渐累加，随着开采高度的增加，相同开采时间内浅表水位下降幅度逐渐增加，在 70 a 水文年时水位降深达到最大值。提取不同开采高度下的最大水位降深值进行分析，如图 4-18（b）所示，开采 2 m 时的浅表水位降深为−13.838 m，开采 4 m 时的浅表水位降深为−49.237 m，开采 6 m 时的浅表水位降深为−125.195 m。随着矿井开采高度的增加，开采后浅表水最大降深量逐渐增大，浅表水最大水位降深值与开采范围呈现出幂指数函数关系，如式（4-19）所示，相关性达到了 0.9917。

$$y = a\mathrm{e}^{bx} \tag{4-19}$$

式中，y 为水位降深，m；x 为开采高度，m；a、b 为相关的参数。$a=-1.9$，$b=0.701986249$，$R^2=0.991677465$。

第Ⅳ类地层条件模拟参数见表 4-3，浅表水位降深模拟结果如图 4-19 所示。矿区内矿井开采后周边的浅表水水头值分布云图呈现同心圆分布特征，水头值沿着模型边界向生产井逐渐降低，在开采矿井中部位置处的水头值最小。随着开采高度的增加，相同数值的浅表水水头值同心圆的半径逐渐增大，如图 4-19（a）所示。矿井开采高度为 2 m、6 m、10 m 条件下，在整个模拟周期内，随着开采

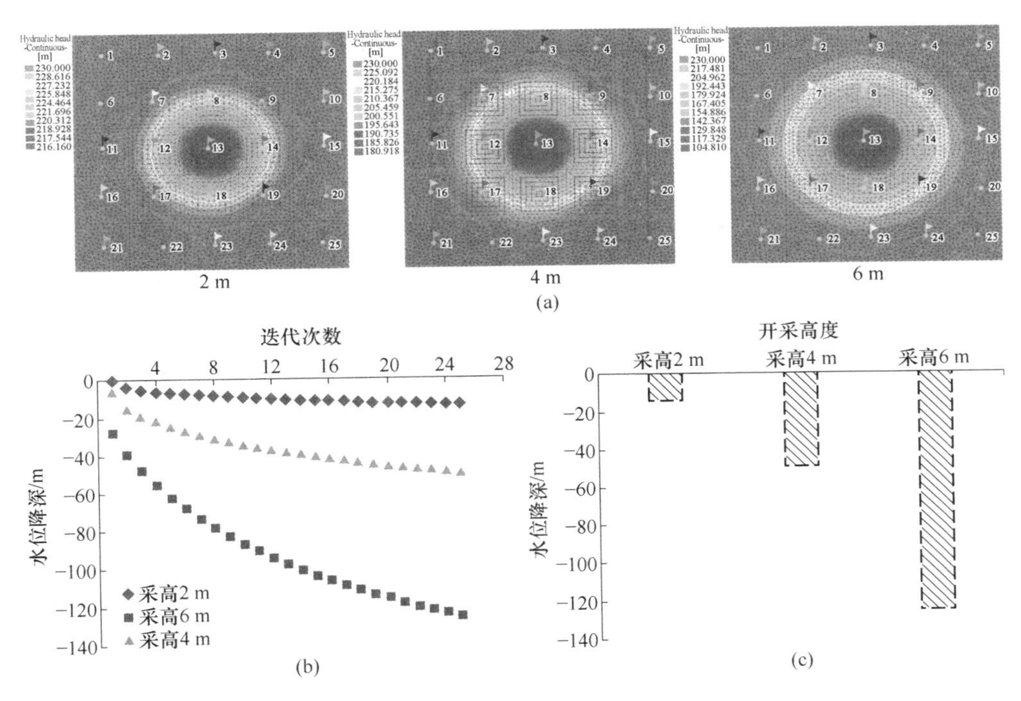

图 4-18 第Ⅲ类地质条件浅表水位降深模拟结果

(a) 水位降深等值线；(b) 不同开采年限水位降深；(c) 不同采高下水位降深

表 4-3 第Ⅳ类地质条件模拟参数

采高/m	等效渗透系数/m·s^{-1}	开采面积/m^2	水头差/m	节点数量
2	4.70077×10^{-9}	1.00×10^{8}	40	17466
4	1.21118×10^{-8}	1.00×10^{8}	40	17466
6	3.05438×10^{-8}	1.00×10^{8}	40	17466
8	6.21797×10^{-8}	1.00×10^{8}	40	17466
10	1.04236×10^{-7}	1.00×10^{8}	40	17466

的进行，浅表水水位降深量逐渐累加，随着开采高度的增加，相同开采时间内浅表水位下降幅度逐渐增加，在 70 a 水文年时水位降深达到最大值。提取不同开采高度下的最大水位降深值进行分析，如图 4-19（b）所示，开采 2 m 时的浅表水位降深为−1.071 m，开采 6 m 时的浅表水位降深为−7.313 m，开采 10 m 时的浅表水位降深为−58.005 m。随着矿井开采高度的增加，开采后浅表水最大降深量逐渐增大，浅表水最大水位降深值与开采范围呈现出幂指数函数关系，如式（4-19）所示，$a=-0.323334293$，$b=0.520664993$，$R^2=0.999987380402154$，相关性达到了 0.99999。

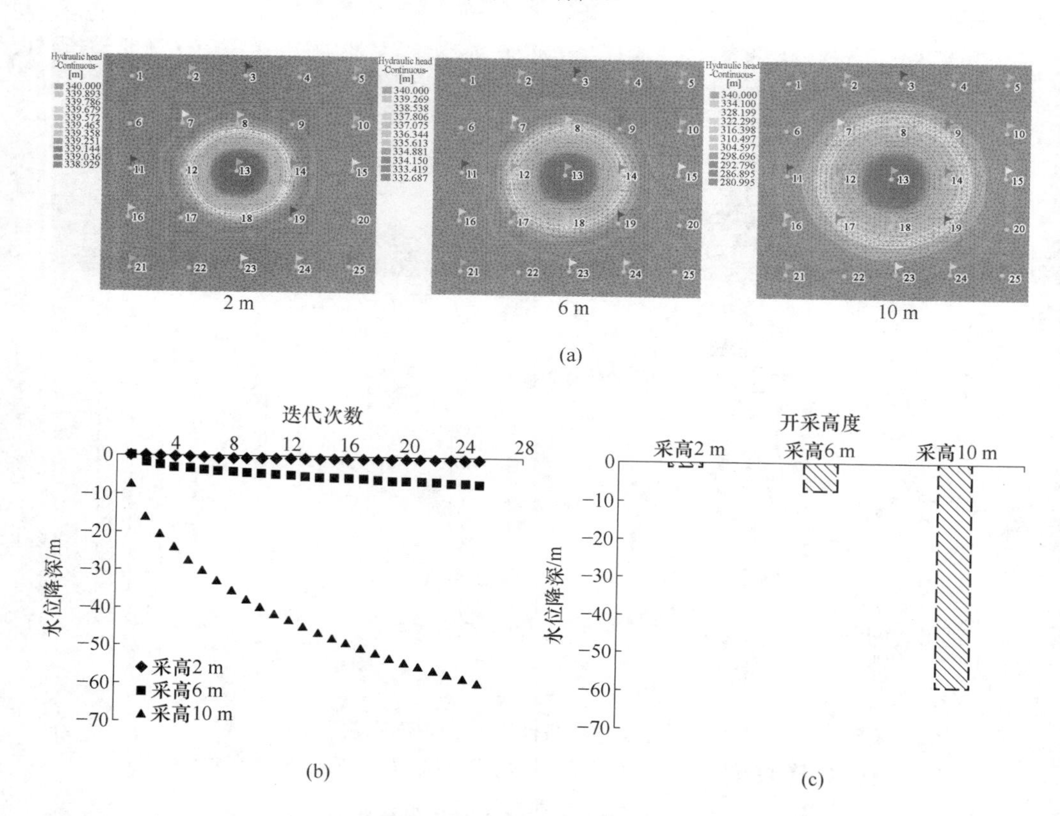

图 4-19　第Ⅳ类地质条件浅表水位降深模拟结果

(a) 水位降深等值线；(b) 不同开采年限水位降深；(c) 不同采高下水位降深

第Ⅴ类地质条件模拟参数见表 4-4，浅表水位降深模拟结果如图 4-20 所示。矿区内矿井开采后周边的浅表水水头值分布云图呈现同心圆分布特征，水头值沿着模型边界向生产井逐渐降低，在开采矿井中部位置处的水头值最小。随着开采高度的增加，相同数值的浅表水水头值同心圆的半径逐渐增大，如图 4-20 (a) 所示。矿井开采高度为 2 m、6 m、10 m 条件下，在整个模拟周期内，随着开采的进行，浅表水水位降深量逐渐累加，随着开采高度的增加，相同开采时间内浅表水位下降幅度逐渐增加，在 70 a 水文年时水位降深达到最大值。提取不同开采高度下的最大水位降深值进行分析，如图 4-20 (b) 所示，开采 2 m 时的浅表水位降深为-0. 547 m，开采 6 m 时的浅表水位降深为-0. 734 m，开采 10 m 时的浅表水位降深为-2. 563 m。随着矿井开采高度的增加，开采后浅表水最大降深量逐渐增大，浅表水最大水位降深值与开采范围呈现出幂指数函数关系，如式 (4-19) 所示，$a=-0.188678157$，$b=0.259760529$，$R^2=0.971160850696769$，相关性达到了 0. 9712。

表 4-4 第Ⅴ类地质条件模拟参数

采高/m	等效渗透系数/m·s^{-1}	开采面积/m^2	水头差/m	节点数量
2	4.25265×10^{-9}	1.00×10^8	40	17466
4	4.5853×10^{-9}	1.00×10^8	40	17466
6	5.93429×10^{-9}	1.00×10^8	40	17466
8	1.13166×10^{-8}	1.00×10^8	40	17466
10	2.92672×10^{-8}	1.00×10^8	40	17466

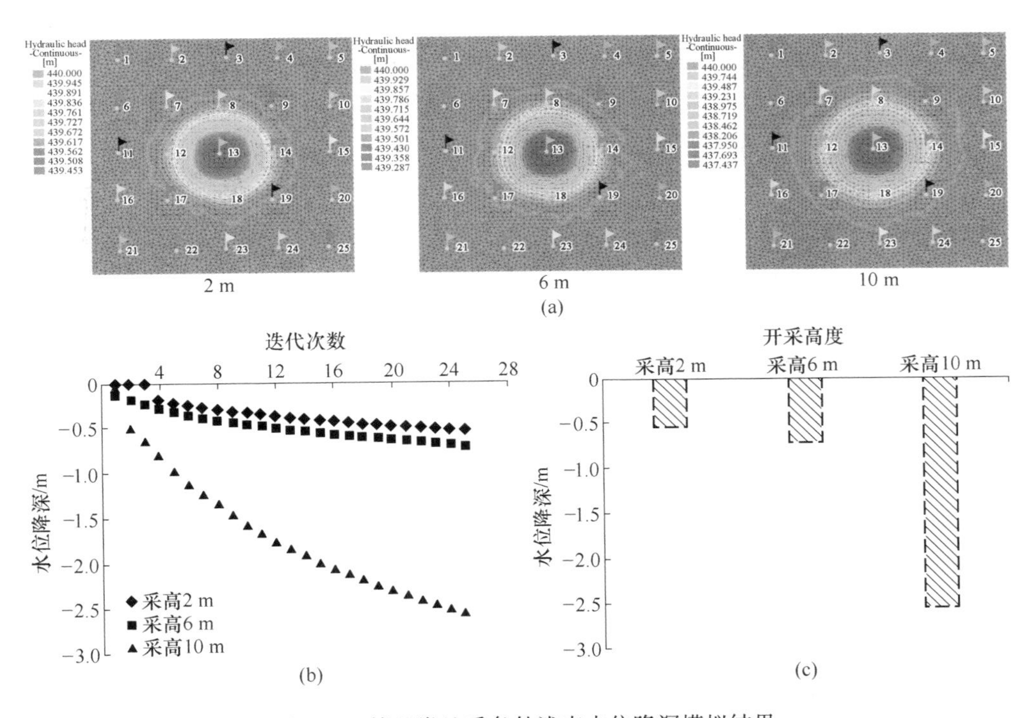

图 4-20 第Ⅴ类地质条件浅表水位降深模拟结果

(a) 水位降深等值线；(b) 不同开采年限水位降深；(c) 不同采高下水位降深

煤水间距一定情况下，随着开采高度的增加，浅表水水位降深值在增大，发现浅表水位降深与开采高度呈现出较好的幂指数函数关系。在此基础上进一步分析幂指数函数的参数演化规律，参数 a 与参数 b 是煤水间距相关的参数，对参数与煤水间距的关系进行分析，如图 4-21 所示，参数 a 与煤水间距存在幂函数关系，如式（4-20）所示，相关性为 1，参数 b 与煤水间距存在二次多项式的关系，如式（4-21）所示，相关性为 1。将构建的参数 a 及参数 b 与煤水间距的函数关系代入浅表水位最大水位降深与开采高度的幂指数函数关系式中，进而得到不同煤水间距及不同采高下的浅表水最大水位降深预计公式，如式（4-22）所示。

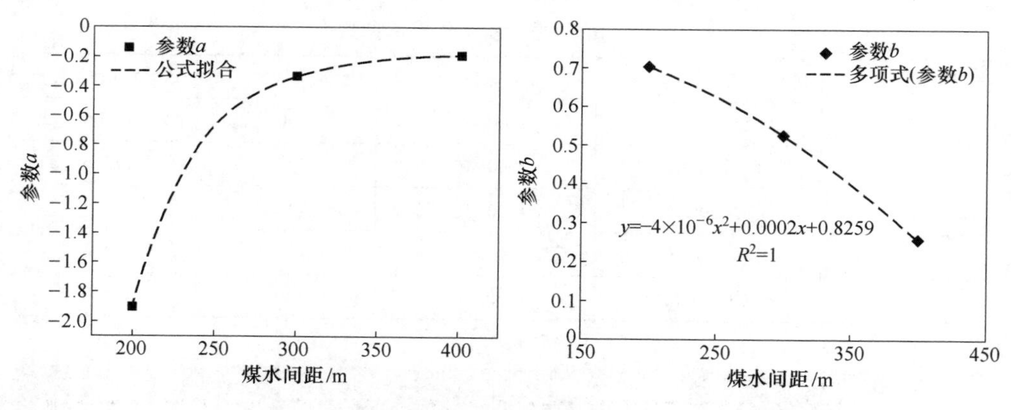

图 4-21　参数拟合结果

$$a = -0.176112634 - 236.3885948 \times 0.975695748^{x} \tag{4-20}$$

$$b = -3.98 \times 10^{6}x^2 + 0.000176368x + 0.825879137 \tag{4-21}$$

水位降深拟合公式：

$$y = -0.176112634 - 236.3885948 \times 0.975695748^{x_1} \times e^{(-3.98\times10^{-6}x_1^2+0.000176368x_1+0.825879137)x_2} \tag{4-22}$$

式中，x_1 为煤水间距，m；x_2 为开采高度，m。

4.3.3　煤水间距对浅表水系统稳定性的影响

在相同开采参数下，以煤水间距作为评价指标，与煤水间距较大位置处相比较，煤水间距较小位置处为相对短板，矿区矿井布局中同样面临这样的问题：开采扰动影响下，水文地质最弱一环的水位降深值最大，水文地质最强处的水位降深值最小。因此，研究区域内基于浅表水系统稳定约束下的开采上限取决于水文地质最弱的区域。

为分析矿区内水文地质最弱区域开采对浅表水位的影响，对比分析研究区域内相对短板长度为长板长度3/4、1/2、1/4三种情况，如图4-22所示，长板的第Ⅴ类地层条件，则短板的情况的地层条件分别为第Ⅳ类、第Ⅲ类、第Ⅱ类，开采高度为4 m，模拟开采时间分别为70 a，在含水层中部布置测点，将三年作为数值模拟周期，将模拟结果作为下一步的初始值，依次进行整个周期内的模拟。在矿区内长板处为第Ⅴ类地层条件，短板位置处为第Ⅳ类地层条件，短板所处的位置分为三种情况，如图4-23所示。

短板位置处的煤水间距300 m，开采高度为4 m条件下，浅表水位降深模拟结果如图4-24所示，位置一处矿区内矿井开采后周边的浅表水水头值分布云图呈现同心圆分布特征，位置二及位置三浅表水水头值分布云图呈现椭圆形的分布特征，主要是相比较位置一而言，此时位置二及位置三距离模型的左侧和上部边

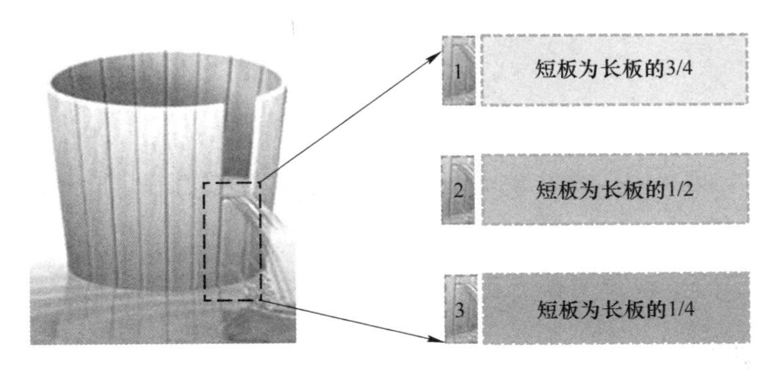

图 4-22 矿区开采相对长板短板示意图

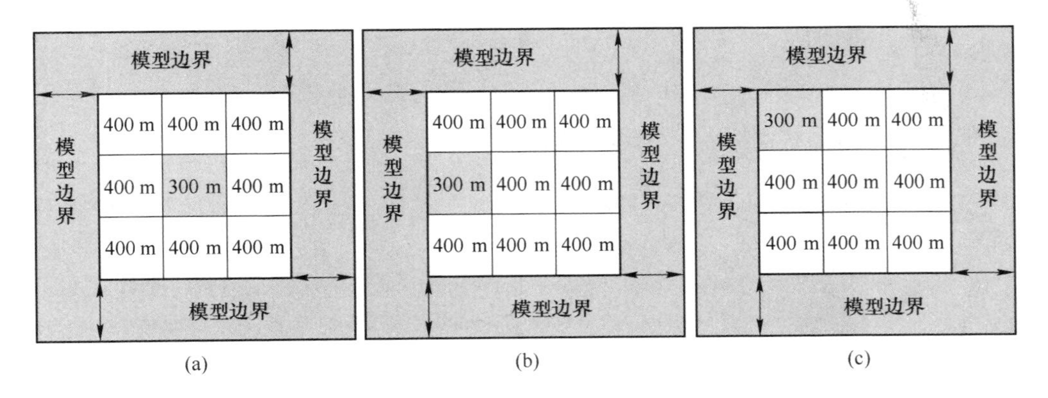

图 4-23 矿井短板位置示意图

(a) 位置一；(b) 位置二；(c) 位置三

界的距离减小，矿井的开采受到边界影响程度增加。矿井不同开采位置条件下，在整个模拟周期内，随着开采的进行，浅表水水位降深量逐渐累加，水头值沿着模型边界向生产井逐渐降低，在开采矿井中部位置处的水头值最小，在 70 a 水文年时水位降深达到最大值。在开采矿井中部位置处位置一的水位降深值最大，位置二次之、位置三最小，随着距矿井中部位置距离的增加，浅表水位降深逐渐减小，随着距离模型边界距离的减小，位置三浅表水水位降深值最小、位置二次之、位置一最小。提取开采矿井中部位置处的最大水位降深值进行分析，如图 4-24（b）所示，位置一处的浅表水位降深为-2.503 m，位置二处的浅表水位降深为-2.348 m，位置三处的浅表水位降深为-2.298 m，随着开采范围距模型边界距离的增加，开采后浅表水最大降深量逐渐增大，位置三的代码取为 1，位置二的代码取为 2，位置三的代码取为 3，浅表水最大水位降深值与开采位置呈现出幂指数函数关系，如式（4-23）所示，相关性为 1。

$$y = a - bc^x \tag{4-23}$$

式中，$a=-2.27419047598605$；$b=0.00768049162299911$；$c=3.09999999122629$。$R^2=1$。

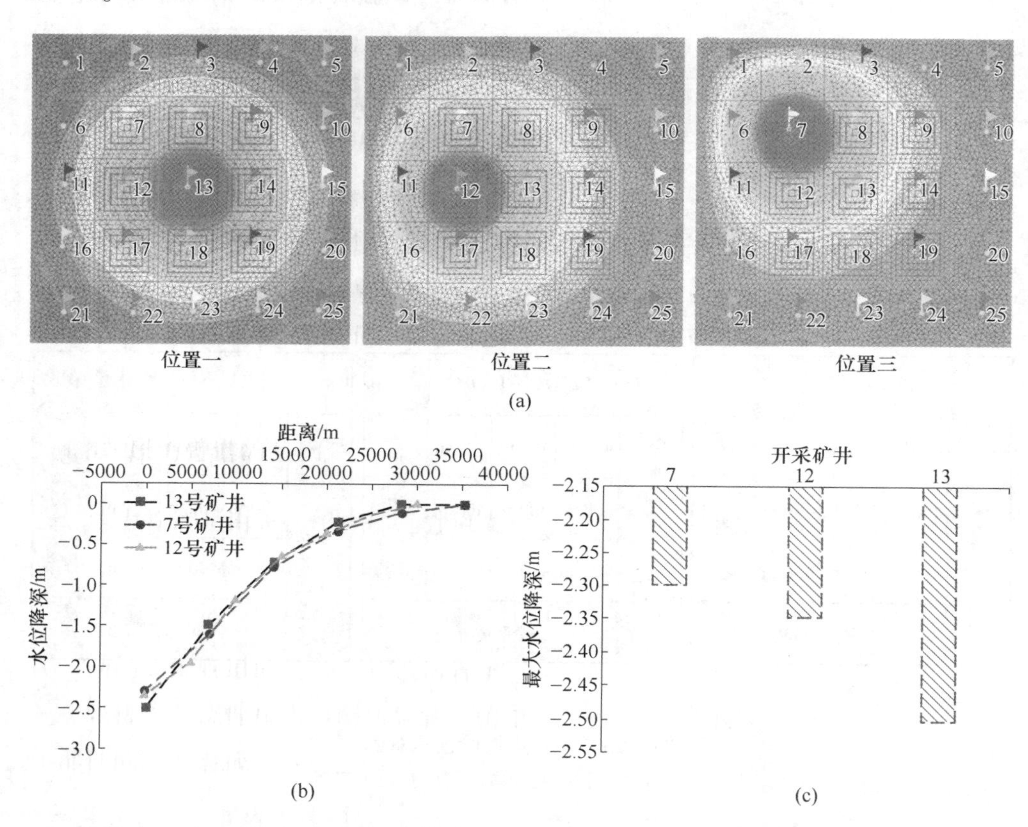

图 4-24　煤水间距 300 m，开采高度 4 m 条件下，不同位置处浅表水位降深
（a）水位降深等值线；（b）不同位置处水位降深；（c）不同位置处最大水位降深

短板位置处的煤水间距 200 m，开采高度 4 m 条件下，浅表水位降深模拟结果如图 4-25 所示，位置一处矿区内矿井开采后周边的浅表水水头值分布云图呈现同心圆分布特征，位置二以及位置三呈现出浅表水水头值分布云图呈现椭圆形的分布特征，主要是相比较位置一而言，此时位置二以及位置三距离模型的左侧边界以及上部边界的距离减小，矿井的开采受到边界影响程度增加。矿井不同开采位置条件下，在整个模拟周期内，随着开采的进行，浅表水水位降深量逐渐累加，水头值沿着模型边界向生产井逐渐降低，在开采矿井中部位置处的水头值最小，在 70 a 水文年时水位降深达到最大值，在开采矿井中部位置处位置一的水位降深值最大，位置二次之、位置三最小，随着距矿井中部位置距离的增加，浅表水位降深逐渐减小，随着距离模型边界距离的减小，位置三浅表水水位降深值最小、位置二次之、位置一最小。提取开采矿井中部位置处的最大水位降深值进

行分析，如图 4-25（b）所示，位置一处的浅表水位降深为-49.237 m，位置二处的浅表水位降深为-45.6956，位置三处的浅表水位降深为-44.71，随着开采范围距模型边界距离的增加，开采后浅表水最大降深量逐渐增大，位置三的代码取为 1，位置二的代码取为 2，位置三的代码取为 3，浅表水最大水位降深值与开采位置呈现出幂指数函数关系，如式（4-23）所示，$a=-44.3338301837377$，$b=0.10503941752017$，$c=3.60059999620218$，$R^2=1$，即相关性为 1。

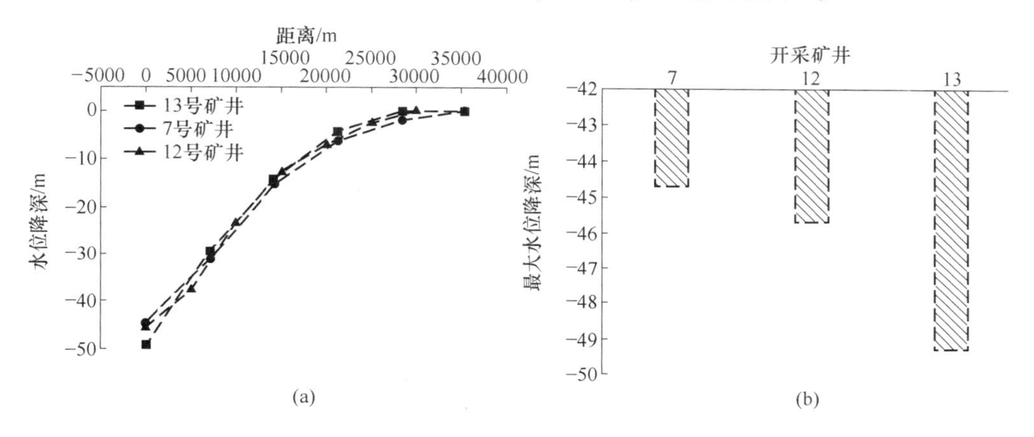

图 4-25　煤水间距 200 m，开采高度 4 m 条件下，不同位置处浅表水位降深

（a）不同位置处水位降深；（b）不同位置处最大水位降深

短板位置处的煤水间距 100 m 开采高度为 4 m 条件下，浅表水位降深模拟结果如图 4-26 所示。位置一处矿区内矿井开采后周边的浅表水水头值分布云图呈现同心圆分布特征，位置二及位置三呈现出浅表水水头值分布云图呈现椭圆形的分布特征，主要是相比较位置一而言，此时位置二及位置三距离模型的左侧和上部边界的距离减小，矿井的开采受到边界影响程度增加。矿井不同开采位置条件下，在整个模拟周期内，随着开采的进行，浅表水水位降深量逐渐累加，水头值沿着模型边界向生产井逐渐降低，在开采矿井中部位置处的水头值最小，在 70 a 水文年时水位降深达到最大值。在开采矿井中部位置处位置一的水位降深值最大，位置二次之、位置三最小，随着距矿井中部位置距离的增加，浅表水位降深逐渐减小，随着距离模型边界距离的减小，位置三浅表水水位降深值最小、位置二次之、位置一最小。提取开采矿井中部位置处的最大水位降深值进行分析，如图 4-26（b）所示，位置一处的浅表水位降深为-454.976 m，位置二处的浅表水位降深为-465.5112 m，位置三处的浅表水位降深为-507.0518 m，随着开采范围距模型边界距离的增加，开采后浅表水最大降深量逐渐增大，位置三的代码取为 1，位置二的代码取为 2，位置三的代码取为 3，浅表水最大水位降深值与开采位置呈现出幂指数函数关系，如式（4-23）所示，$a=-452.116200562472$，$b=$

0. 796380702874783，$c=4.10119999833861$，$R^2=1$，即相关性为 1。

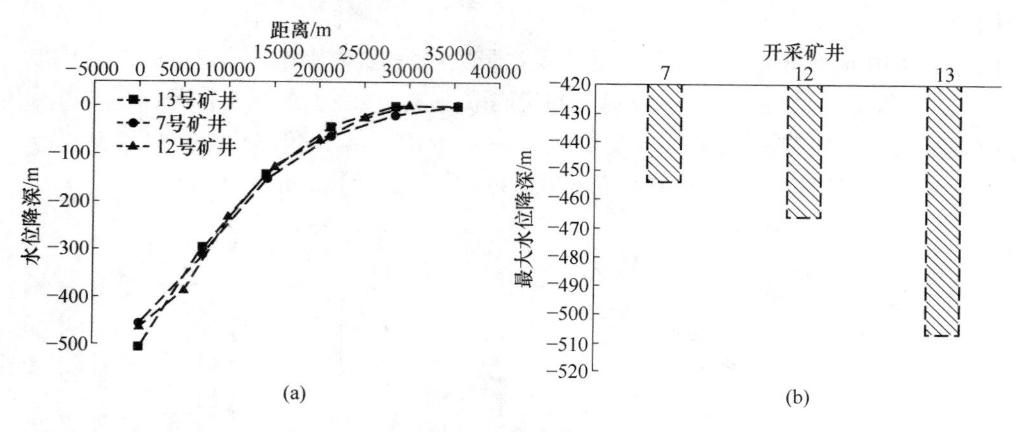

图 4-26　煤水间距 100 m，开采高度 4 m 条件下，不同位置处浅表水位降深
（a）不同位置处水位降深；（b）不同位置处最大水位降深

基于以上研究发现，在不同短板情况下，煤水间距为 100 m 时的浅表水位降深最大，煤水间距为 200 m 次之、煤水间距为 300 m 最小。在开采矿井中部位置一的水位降深值最大，位置二次之、位置三最小。为分析不同短板情况下不同位置的水位降深规律，同时为增加数据的对比性，本节提出了水位降深敏感性系数，即以位置一处的最大水位降深为基准值，计算不同位置处的最大浅表水位降深与基准值的比值，计算公式为：

$$\alpha_d = \frac{H_i}{H_{max}}$$

不同短板条件敏感性系数如图 4-27 所示，短板情况的煤水间距为 300 m、200 m、100 m 位置三处的比例系数分别为 0. 918098282，0. 9081，0. 8979，位置二处的比例系数分别为 0. 9381，0. 9281，0. 9179。先计算得到 13 号矿井在开采条件下的最大水位降深，7 号矿井数字代码为 1，12 号矿井的数字代码为 2，13 号矿井的数字代码为 3。继而评估得到不同矿井处的最大水位降深为：

$$y = \alpha_d \cdot H(H_1,\ H_2,\ W,\ l,\ K,\ K_e,\ L_e) \cdot (a - bc^x)$$

式中，x 为开采矿井位置。

采用短板情况的煤水间距为 300 m 情况下不同位置比例系数数值，对煤水间距为 200 m 和 100 m 两种情况下不同位置的浅表水位最大降深进行评估，煤水间距为 200 m 条件下 7 号矿井和 12 号矿井的计算误差为 1. 1%和 1. 07%，煤水间距为 100 m 条件下 7 号矿井和 12 号矿井的计算误差为 2. 18%和 2. 13%。可见计算的误差值均小于 5%，因此可用上述公式对不同开采条件下不同位置处的最大浅表水位降深进行计算。

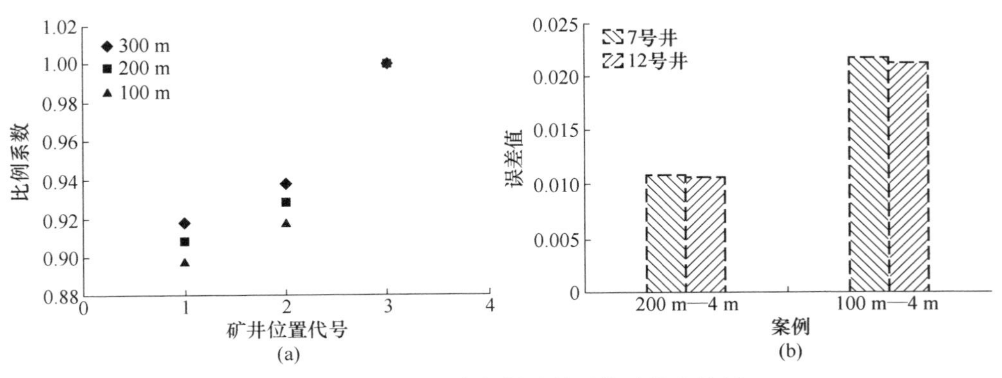

图 4-27 不同短板条件敏感性系数及误差分析

（a）水位降深敏感性系数；（b）误差分析

4.3.4 恢复时间对浅表水系统稳定性的影响

为了在数值计算过程中，可以反映由开采扰动导致的浅表水水位下降后恢复的动态过程，同时提高运算效率及尽可能地反映真实情况，本节确定了四种情况：（1）开采空间开采后浅表水一直漏失；（2）开采空间开采后$\frac{3}{4}t$时间内浅表水一直漏失，$\frac{3}{4}t$时间后漏失停止；（3）开采空间开采后$\frac{1}{2}t$时间内浅表水一直漏失，$\frac{1}{2}t$时间后漏失停止；（4）开采空间开采后$\frac{1}{4}t$时间内浅表水一直漏失、$\frac{1}{4}t$时间后漏失停止。

基于等效基本原则，将指定时间 t 内开采空间导致的浅表水渗漏量，均匀分布于整个开采空间及时间 t 内。结合达西定律，渗透面积一定时，浅表水渗透量与渗透系数成正比，因此借鉴考虑开采扰动的水位地质参数数值化处理方法，将采用修正的 Knothe 时间函数描述的浅表水渗漏量模拟抽采量（见图 4-14），对矿区范围内矿井的抽采进行模拟。

第一种情况：每年的开采面积为 S（第一年的开采范围为 S，第二年的开采范围为 $2S$，…，第 N 年的开采范围为 NS），开采 1 在开采后直至生产年限 N 始终流失，后面依次类推（如图 4-28（a）所示），此处设开采范围 S 后浅表水的漏失量 Q_{ij} 为一常数值 Q，最终将开采年限 N 内的浅表水漏失量进行等效（见图 4-28（b）），计算公式为：

$$Q_{等} = \frac{\sum_{i=1}^{N}\sum_{j=1}^{m} Q_{ij}}{N \cdot m} = \frac{\frac{1+70}{2} Q \times 70}{70 \times 70} = 0.507143Q$$

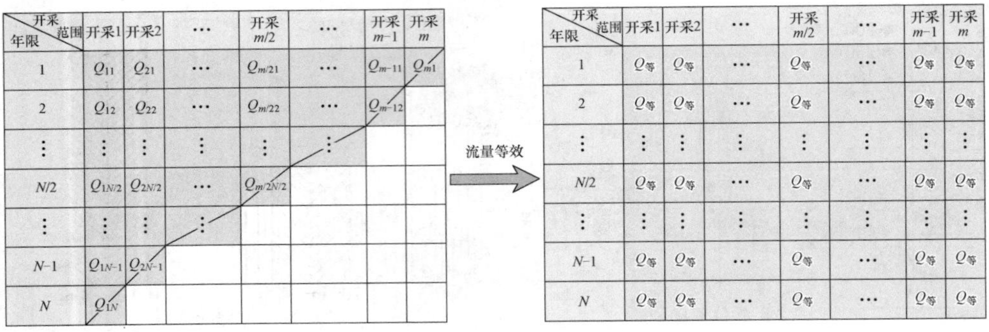

年限＼开采范围	开采1	开采2	…	开采 $m/2$	…	开采 $m-1$	开采 m
1	Q_{11}	Q_{21}	…	$Q_{m/21}$	…	Q_{m-11}	Q_{m1}
2	Q_{12}	Q_{22}	…	$Q_{m/22}$	…	Q_{m-12}	
⋮	⋮	⋮	⋮	⋮	⋮		
$N/2$	$Q_{1N/2}$	$Q_{2N/2}$	…	$Q_{m/2N/2}$			
⋮	⋮	⋮	⋮				
$N-1$	Q_{1N-1}	Q_{2N-1}					
N	Q_{1N}						

(a)

流量等效

年限＼开采范围	开采1	开采2	…	开采 $m/2$	…	开采 $m-1$	开采 m
1	$Q_等$	$Q_等$	…	$Q_等$	…	$Q_等$	$Q_等$
2	$Q_等$	$Q_等$	…	$Q_等$	…	$Q_等$	$Q_等$
⋮	⋮	⋮	⋮	⋮	⋮	⋮	⋮
$N/2$	$Q_等$	$Q_等$	…	$Q_等$	…	$Q_等$	$Q_等$
⋮	⋮	⋮	⋮	⋮	⋮	⋮	⋮
$N-1$	$Q_等$	$Q_等$	…	$Q_等$	…	$Q_等$	$Q_等$
N	$Q_等$	$Q_等$	…	$Q_等$	…	$Q_等$	$Q_等$

(b)

图 4-28　情况一渗漏漏失量等效

（a）浅表水漏失量；（b）等效漏失量

第二种情况：每年的开采面积为 S（第一年的开采范围为 S、第二年的开采范围为 $2S$，…，第 N 年的开采范围为 NS），开采 1 在开采后至$\frac{3}{4}N$年漏失，$\frac{3}{4}N$年后停止漏失，后面依次类推（见图 4-29（a）），此处设开采范围 S 后浅表水的漏失量 Q_{ij} 为一常数值 Q，最终将开采年限 N 内的浅表水漏失量进行等效（见图 4-29（b）），计算公式为：

$$Q_{等} = \frac{\sum_{i=1}^{3N/4}\sum_{j=1}^{3m/4} Q_{ij} + \sum_{i=1}^{3N/4}\sum_{j=3m/4+1}^{m} Q_{ij}}{N \cdot m} = \frac{54 \times 18Q + \frac{1+52}{2}Q \times 52}{70 \times 70} = 0.479592Q$$

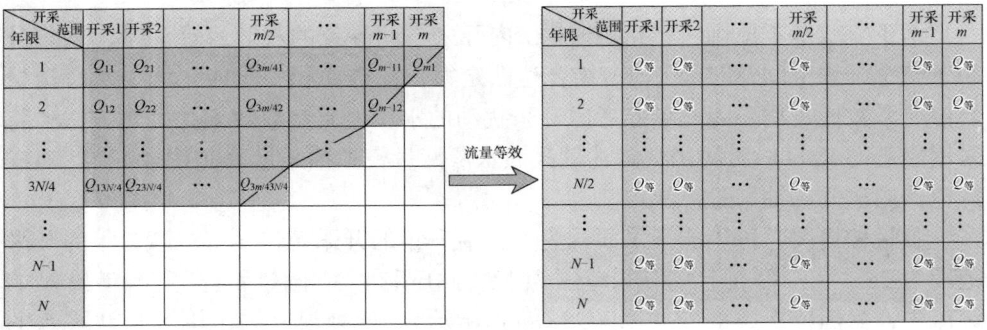

年限＼开采范围	开采1	开采2	…	开采 $m/2$	…	开采 $m-1$	开采 m
1	Q_{11}	Q_{21}	…	$Q_{3m/41}$	…	Q_{m-11}	Q_{m1}
2	Q_{12}	Q_{22}	…	$Q_{3m/42}$	…	Q_{m-12}	
⋮	⋮	⋮	⋮	⋮	⋮		
$3N/4$	$Q_{13N/4}$	$Q_{23N/4}$	…	$Q_{3m/43N/4}$			
⋮							
$N-1$							
N							

(a)

流量等效

年限＼开采范围	开采1	开采2	…	开采 $m/2$	…	开采 $m-1$	开采 m
1	$Q_等$	$Q_等$	…	$Q_等$	…	$Q_等$	$Q_等$
2	$Q_等$	$Q_等$	…	$Q_等$	…	$Q_等$	$Q_等$
⋮	⋮	⋮	⋮	⋮	⋮	⋮	⋮
$N/2$	$Q_等$	$Q_等$	…	$Q_等$	…	$Q_等$	$Q_等$
⋮	⋮	⋮	⋮	⋮	⋮	⋮	⋮
$N-1$	$Q_等$	$Q_等$	…	$Q_等$	…	$Q_等$	$Q_等$
N	$Q_等$	$Q_等$	…	$Q_等$	…	$Q_等$	$Q_等$

(b)

图 4-29　情况二渗漏漏失量等效

（a）浅表水漏失量；（b）等效漏失量

第三种情况：每年的开采面积为 S（第一年的开采范围为 S、第二年的开采

范围为 $2S$，…，第 N 年的开采范围为 NS），开采 1 在开采后至$\frac{1}{2}N$年漏失，$\frac{1}{2}N$年后停止漏失，后面依次类推（见图 4-30（a）），此处设开采范围 S 后浅表水的漏失量 Q_{ij} 为一常数值 Q，最终将开采年限 N 内的浅表水漏失量进行等效（见图 4-30（b）），计算公式为：

$$Q_{等} = \frac{\sum_{i=1}^{N/2}\sum_{j=1}^{m/2} Q_{ij} + \sum_{i=1}^{N/2}\sum_{j=m/2+1}^{m} Q_{ij}}{N \cdot m} = \frac{35 \times 35Q + \frac{1+35}{2}Q \times 35}{70 \times 70} = 0.37857Q$$

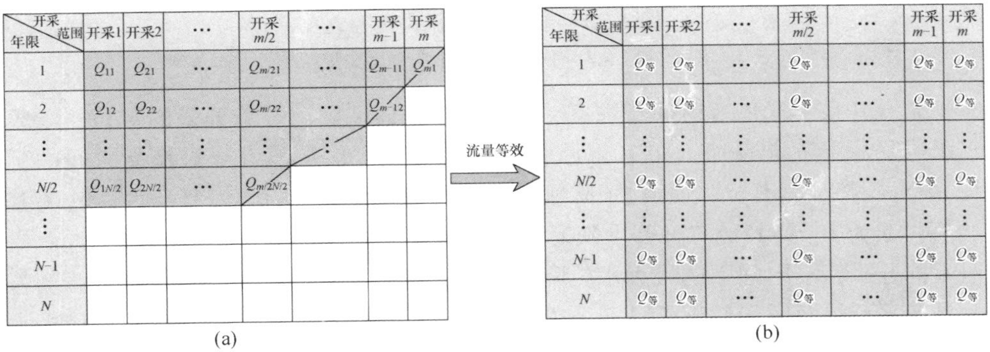

年限＼开采范围	开采1	开采2	…	开采 m/2	…	开采 m−1	开采 m
1	Q_{11}	Q_{21}	…	$Q_{m/21}$	…	Q_{m-11}	Q_{m1}
2	Q_{12}	Q_{22}	…	$Q_{m/22}$	…	Q_{m-12}	
⋮	⋮	⋮	⋮	⋮	⋮		
N/2	$Q_{1N/2}$	$Q_{2N/2}$	…	$Q_{m/2N/2}$			
⋮							
N−1							
N							

(a)

流量等效

年限＼开采范围	开采1	开采2	…	开采 m/2	…	开采 m−1	开采 m
1	$Q_{等}$	$Q_{等}$	…	$Q_{等}$	…	$Q_{等}$	$Q_{等}$
2	$Q_{等}$	$Q_{等}$	…	$Q_{等}$	…	$Q_{等}$	$Q_{等}$
⋮	⋮	⋮	⋮	⋮	⋮	⋮	⋮
N/2	$Q_{等}$	$Q_{等}$	…	$Q_{等}$	…	$Q_{等}$	$Q_{等}$
⋮	⋮	⋮	⋮	⋮	⋮	⋮	⋮
N−1	$Q_{等}$	$Q_{等}$	…	$Q_{等}$	…	$Q_{等}$	$Q_{等}$
N	$Q_{等}$	$Q_{等}$	…	$Q_{等}$	…	$Q_{等}$	$Q_{等}$

(b)

图 4-30 情况三渗漏漏失量等效

（a）浅表水漏失量；（b）等效漏失量

第四种情况：每年的开采面积为 S（第一年的开采范围为 S、第二年的开采范围为 $2S$，…，第 N 年的开采范围为 NS），开采 1 在开采后至$\frac{1}{4}N$年漏失，$\frac{1}{4}N$年后停止漏失，后面依次类推（见图 4-31（a）），此处设开采范围 S 后浅表水的漏失量 Q_{ij} 为一常数值 Q，最终将开采年限 N 内的浅表水漏失量进行等效（见图 4-31（b）），计算公式为：

$$Q_{等} = \frac{\sum_{i=1}^{N/4}\sum_{j=1}^{3m/4} Q_{ij} + \sum_{i=1}^{N/4}\sum_{j=3m/4+1}^{m} Q_{ij}}{N \cdot m} = \frac{18 \times 52Q + \frac{1+18}{2}Q \times 18}{70 \times 70} = 0.22592Q$$

依据本节确定了四种情况，分析矿区内矿井的开采恢复时间对浅表水位的影响。第Ⅳ类地层条件，开采高度为 6 m，模拟开采时间为 70 a，在含水层中部布置测点，将三年作为数值模拟周期，将模拟结果作为下一步的初始值，依次进行整个周期内的模拟，数值模拟如图 4-32 所示。

年限 \ 开采范围	开采1	开采2	…	开采 3m/4	…	开采 m−1	开采 m
1	Q_{11}	Q_{21}	…	$Q_{3m/41}$	…	Q_{m-11}	Q_{m1}
2	Q_{12}	Q_{22}	…	$Q_{3m/42}$	…	Q_{m-12}	
⋮	⋮	⋮	⋮	…	⋮		
N/4	$Q_{1N/4}$	$Q_{2N/4}$	…	$Q_{3m/4N/4}$			
⋮							
N−1							
N							

(a)

流量等效

年限 \ 开采范围	开采1	开采2	…	开采 m/2	…	开采 m−1	开采 m
1	$Q_等$	$Q_等$	…	$Q_等$	…	$Q_等$	$Q_等$
2	$Q_等$	$Q_等$	…	$Q_等$	…	$Q_等$	$Q_等$
⋮	⋮	⋮	⋮	⋮	⋮	⋮	⋮
N/2	$Q_等$	$Q_等$	…	$Q_等$	…	$Q_等$	$Q_等$
⋮	⋮	⋮	⋮	⋮	⋮	⋮	⋮
N−1	$Q_等$	$Q_等$	…	$Q_等$	…	$Q_等$	$Q_等$
N	$Q_等$	$Q_等$	…	$Q_等$	…	$Q_等$	$Q_等$

(b)

图 4-31　情况四渗漏漏失量等效

（a）浅表水漏失量；（b）等效漏失量

矿井开采不同恢复时间条件下，在整个模拟周期内，随着开采的进行，浅表水水位降深量逐渐累加，在 70 a 水位降深达到最大值。随着开采恢复时间的延长，相同开采时间内浅表水位下降幅度逐渐增加。将开采后不恢复条件 N 作为基准值，记为 1，将其他三种开采恢复时间与基准值的比值作为基础参数，进而提取不同开采恢复时间下的最大水位降深值进行分析，如图 4-32（b）所示，随着矿井开采后恢复时间的延长，开采后浅表水最大降深量逐渐增大，浅表水最大水位降深值与开采范围呈现出幂指数函数关系，如式（4-24）所示，相关性达到了 0.9993。

$$y = a(1 - e^{bx}) \tag{4-24}$$

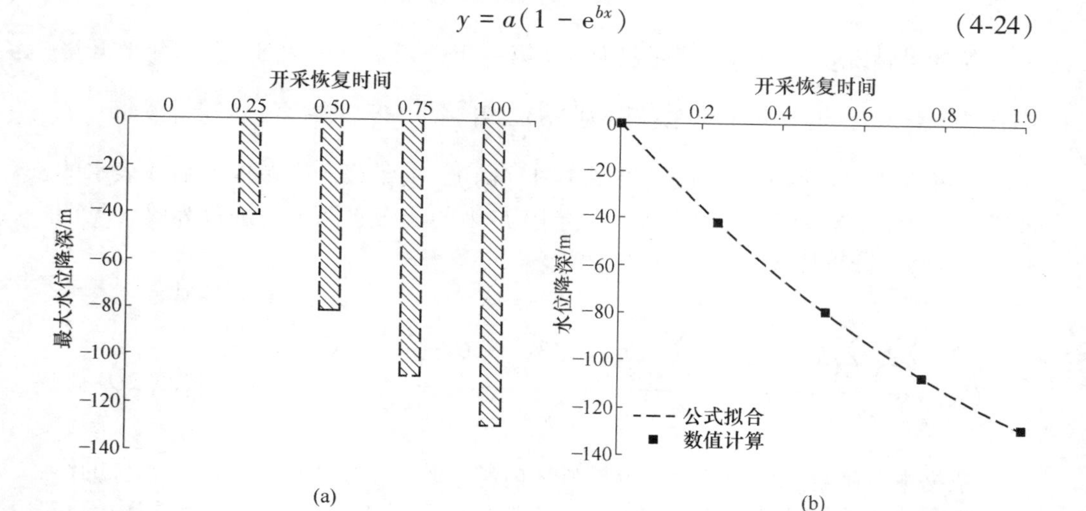

图 4-32　煤水间距 200 m，开采高度 6 m 条件下，不同开采恢复时间浅表水位降深

（a）不同恢复时间下水位降深；（b）水位降深与恢复时间拟合

式中，y 为水位降深，m；x 为矿井开采恢复时间，S/N，a；a、b 为相关的参数。$a=-1.21827296193662$，$b=1.36532344418077$，$R^2=0.9993$。

矿井开采不同恢复时间条件下模拟基础参数见表 4-5，在整个模拟周期内，随着开采的进行，浅表水水位降深量逐渐累加，在 70 a 水位降深达到最大值。随着开采恢复时间的延长，相同开采时间内浅表水位下降幅度逐渐增加。将开采后不恢复条件 N 作为基准值，记为 1，将其他三种开采恢复时间与基准值的比值作为基础参数，进而提取不同开采恢复时间下的最大水位降深值进行分析，如图 4-33（b）所示，随着矿井开采后恢复时间的延长，开采后浅表水最大降深量逐渐增大，浅表水最大水位降深值与矿井开采恢复时间呈现出幂指数函数关系，如式（4-24）所示，$a=-221.43088261442$，$b=0.87521018246205$，$R^2=0.99925365986301$，相关性达到了 0.99925365986301。

表 4-5 第Ⅳ类地质条件采高为 6 m 时不同开采恢复时间模拟参数

等效渗透系数/m·s^{-1}	开采面积/m^2	水头差/m	节点数量
3.05438×10^{-8}	1.00×10^{8}	40	17466

矿井开采不同恢复时间条件下，在整个模拟周期内，随着开采的进行，浅表水水位降深量逐渐累加，在 70 a 水位降深达到最大值。随着开采恢复时间的延长，相同开采时间内浅表水位下降幅度逐渐增加。将开采后不恢复条件 N 作为基准值，记为 1，将其他三种开采恢复时间与基准值的比值作为基础参数，进而提取不同开采恢复时间下的最大水位降深值进行分析，如图 4-34（b）所示，随着矿井开采后恢复时间的延长，开采后浅表水最大降深量逐渐增大，浅表水最大水位降深值与矿井开采恢复时间呈现出幂指数函数关系，如式（4-24）所示，$a=-1.21827296193662$，$b=1.36532344418077$，$R^2=0.9995$，相关性达到了 0.9995。

基于以上研究发现，在不同恢复时间情况下，煤水间距分别为 200 m 时的浅表水位降深最大，煤水间距 300 m 次之、煤水间距 400 m 最小。在相同煤水间距情况下，情况一的浅表水位降最大，情况二次之，情况三再次之，情况四的浅表水位降深值最小。为分析不同恢复情况下不同位置的水位降深规律，同时为增加数据的对比性，本节提出了水位降深敏感性系数，即以情况一时的最大水位降深为基准值，计算不同恢复时间情况下的最大浅表水位降深与基准值的比值，计算公式为：

$$\alpha_{\mathrm{H}}=\frac{H_i}{H_{\max}}$$

不同恢复时间条件敏感性系数如图 4-35 所示，不同恢复时间情况的煤水间

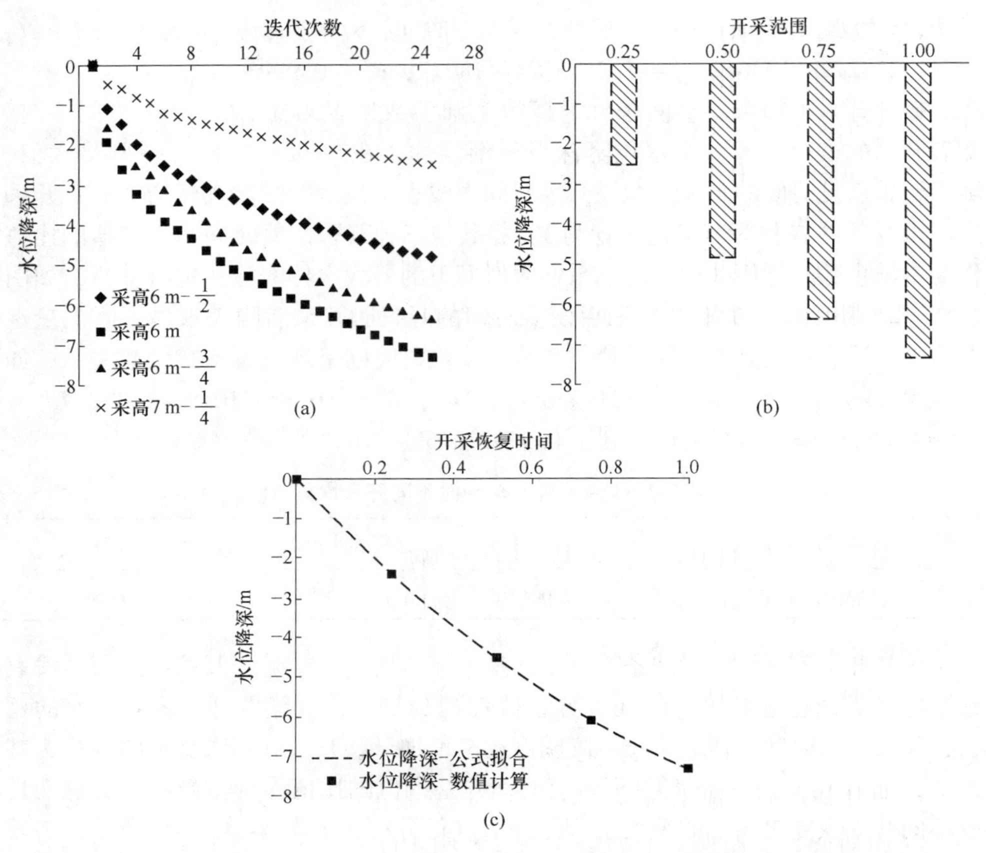

图 4-33　煤水间距 300 m，开采高度 6 m 条件下，不同开采恢复时间浅表水位降深

（a）不同开采年限水位降深；（b）不同恢复时间下水位降深；（c）水位降深与恢复时间拟合

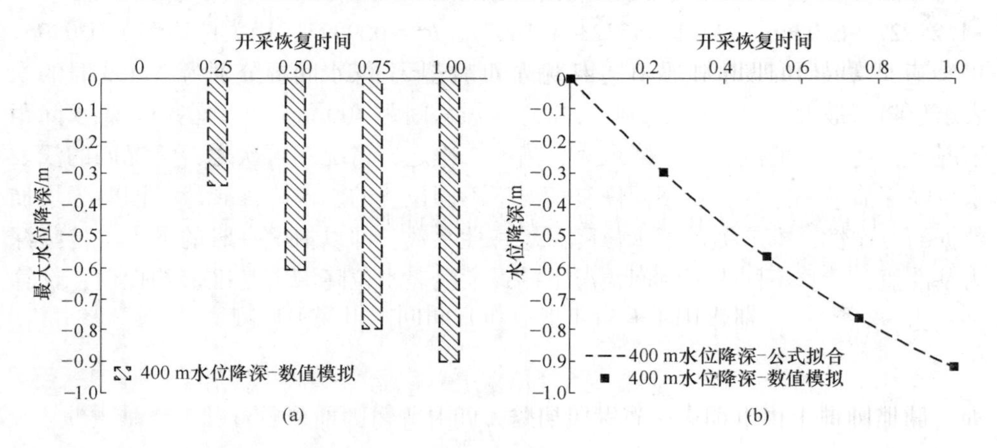

图 4-34　煤水间距 400 m，开采高度 6 m 条件下，不同开采恢复时间浅表水位降深

（a）不同恢复时间下水位降深；（b）水位降深与恢复时间拟合

距为 200 m、300 m、400 m 条件下的比例系数，随着恢复时间的延长，比例系数逐渐增加。根据 4.1 节构建的浅表水水位最大降深值与煤水间距、开采高度的量化关系，将开采恢复时间为 1 时的水位降深最为基准值，进而对最大水位降深与开采恢复时间的幂指数函数关系进行转化，构建浅表水最大水位降深拟合公式为：

$$y = \alpha_H \cdot H(H_1, H_2, W, l, K, K_e, L_e)$$
$$= a(1 - e^{-bgx})H(H_1, H_2, W, l, K, K_e, L_e)$$

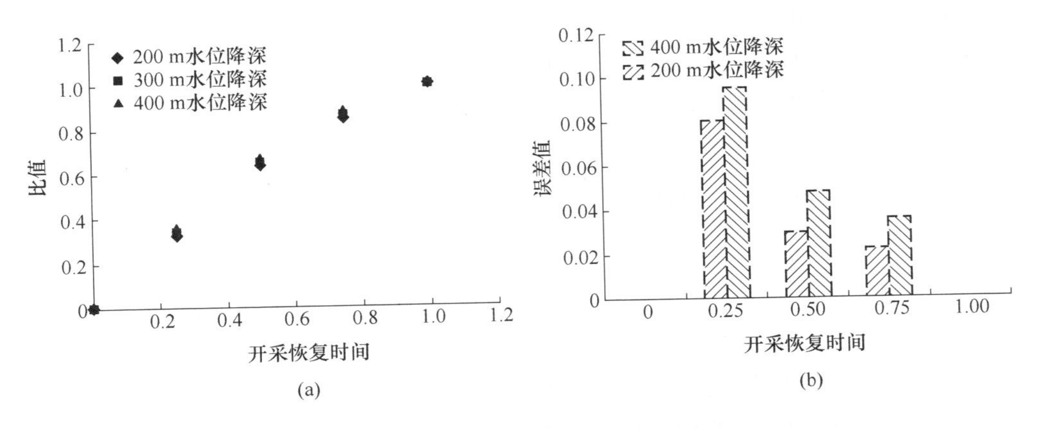

图 4-35 不同恢复时间下敏感性系数及误差分析

（a）水位降深敏感性系数；（b）误差分析

式中，x 为矿井开采恢复时间（0.25、0.5、0.75、1）。

采用不同恢复时间煤水间距为 300 m 情况下不同开采恢复时间比例系数数值，对煤水间距为 200 m 和 400 m 时不同位置的浅表水位最大降深进行评估，煤水间距为 200 m 条件下四种情况的计算误差分别为 9.5362%、4.7625%、3.5850%、0；煤水间距为 400 m 条件下四种情况的计算误差分别为 8.0087%、2.9415%、2.2553%、0。可见计算的误差值均小于 10%，因此可用上述公式对不同开采条件下不同恢复时间的最大浅表水位降深进行计算。

4.3.5 开采范围对浅表水系统稳定性的影响

为分析矿区内矿井的开采范围对浅表水位的影响，对比分析开采面积 1.00×10^8 m²、7.50×10^7 m² 及 5.00×10^7 m² 条件下，选取第Ⅳ类地质条件，开采高度为 6 m，模拟开采时间分别为 70 a、54 a 及 35 a，在含水层中部布置测点，将三年作为数值模拟周期，将模拟结果作为下一步的初始值，依次进行整个周期内的模拟，数值模型参数见表 4-6。

表 4-6　不同开采范围模拟参数

地层条件	采高/m	等效渗透系数/m · s^{-1}	开采面积/m^2	水头差/m	节点数量
第Ⅳ类	6	3. 05438×10^{-8}	1. 00×10^8	40	17466
			7. 50×10^7		
			5. 00×10^7		

矿井开采范围为 1. 00×10^8 m^2、7. 50×10^7 m^2 及 5. 00×10^7 m^2 条件下，在整个模拟周期内，随着开采的进行，浅表水水位降深量逐渐累加，分别在 70 a、54 a 及 35 a 水位降深达到最大值，随着开采范围的增加，相同开采时间内浅表水位下降幅度逐渐增加。将开采范围为 1. 00×10^8 m^2 作为基准值，记为 1，将其他两种开采范围与基准值的比值作为基础参数，进而提取不同开采范围的最大水位降深值进行分析，如图 4-36（b）所示。随着矿井开采范围的增加，开采后浅表水最大降深量逐渐增大，浅表水最大水位降深值与开采范围呈现出幂指数函数关系，如式所示。

$$y = a(1 - e^{-bx}) \tag{4-25}$$

式中，y 为水位降深，m；x 为矿井开采范围，$S/1\times10^8$；a、b 为相关的参数。a=1. 34597187097131 ，b=−1. 86021703430486，R^2=0. 99994。

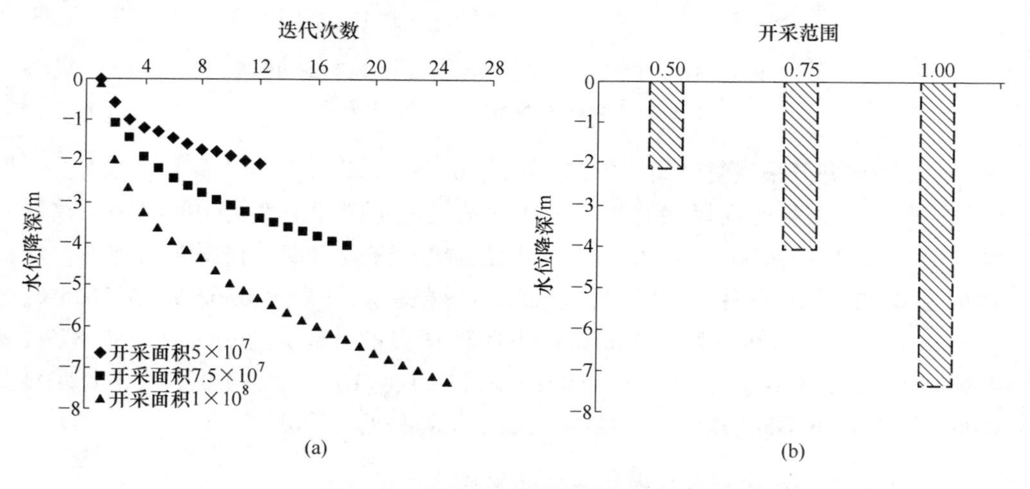

图 4-36　不同开采范围浅表水位降深

（a）不同开采年限水位降深；（b）不同边界条件下水位降深

基于以上研究发现，在不同开采范围情况下，矿井开采面积 1. 00×10^8 m^2 时的水位降深值最大，矿井开采面积 7. 5×10^7 m^2 次之、矿井开采面积 5×10^7 m^2 最小，为分析不同开采范围情况下的水位降深规律，同时为增加数据的对比性，本节提出了水位降深敏感性系数，即以开采面积 1. 00×10^8 m^2 时的最大水位降深最为基准值，计算不同开采面积情况下的最大浅表水位降深与基准值的比值，计算公式为：

$$\alpha_m = \frac{H_i}{H_{max}}$$

根据4.1节构建的浅表水水位最大降深值与煤水间距、开采高度的量化关系，将开采范围为1时的水位降深最为基准值，进而对最大水位降深与开采范围的幂指数关系进行转化，构建浅表水最大水位降深拟合公式为：

$$\begin{aligned} y &= \alpha_m \cdot H(H_1,\ H_2,\ W,\ l,\ K,\ K_e,\ L_e) \\ &= a(1 - e^{-bx})H(H_1,\ H_2,\ W,\ l,\ K,\ K_e,\ L_e) \end{aligned}$$

式中，x为开采范围（0.5、0.75、1）。

4.3.6 开采布局对浅表水系统稳定性的影响

矿井开采后具体表现为在多个矿井同时开采情况下，每个矿井上部浅表水水位降深会增加，也就是说受干扰的矿井的浅表水水位降深大于同流量不受干扰时的水位降深。由于需要对开采扰动影响下的浅表水系统进行评估，结合本章构建的开采扰动浅表水渗漏模型及数值计算结果，数值计算结果表明在距离开采矿井30000 m位置处的浅表水几乎不受影响，因此将定水头边界的距离设定为60000 m，发现采用本章构建的开采扰动浅表水渗漏模型的计算结果整体大于数值计算结果，如图4-37所示。

此处以数值计算结果为准，对开采扰动下浅表水渗流模型进一步修正，获得可以反映矿井开采扰动的浅表含水层渗流模型。拟合过程主要分为两步：第一步为基于最大水位降深的修正，第二步为距离开采矿井不同位置处的水位降深的修正。第一步修正的思路为：鉴于在4.1节开采扰动浅表水渗漏模型的理论推导过程中，为了获取水头变化的解析解，采用了裘布依假定并对水头变化采取了相加取平均的办法，再结合达西定律，浅表水的渗漏量与水头值、等效渗透系数、岩土层厚度、开采范围相关，在矿井开采后浅表水中会形成降落漏斗，漏斗的中心位于开采范围的中间位置，该处的水位降深值最大，因此，主要考虑对前三个影响因素进行修正。

首先对水头值进行修正，采用的修正公式形式为$a\exp[(H_1-b)/c+d]$，式中变量为水头值。将开采扰动下浅表水渗漏模型中的漏失项除以修正公式，采用麦考特法+通用全局优化算法，拟合的数据结果如图4-38（a）所示，拟合的相关系数（R）为0.976，在煤水间距350 m和400 m情况下拟合效果较好，但在煤水间距为200 m和300 m时误差较大。然后对水头值及等效渗透系数进行修正，

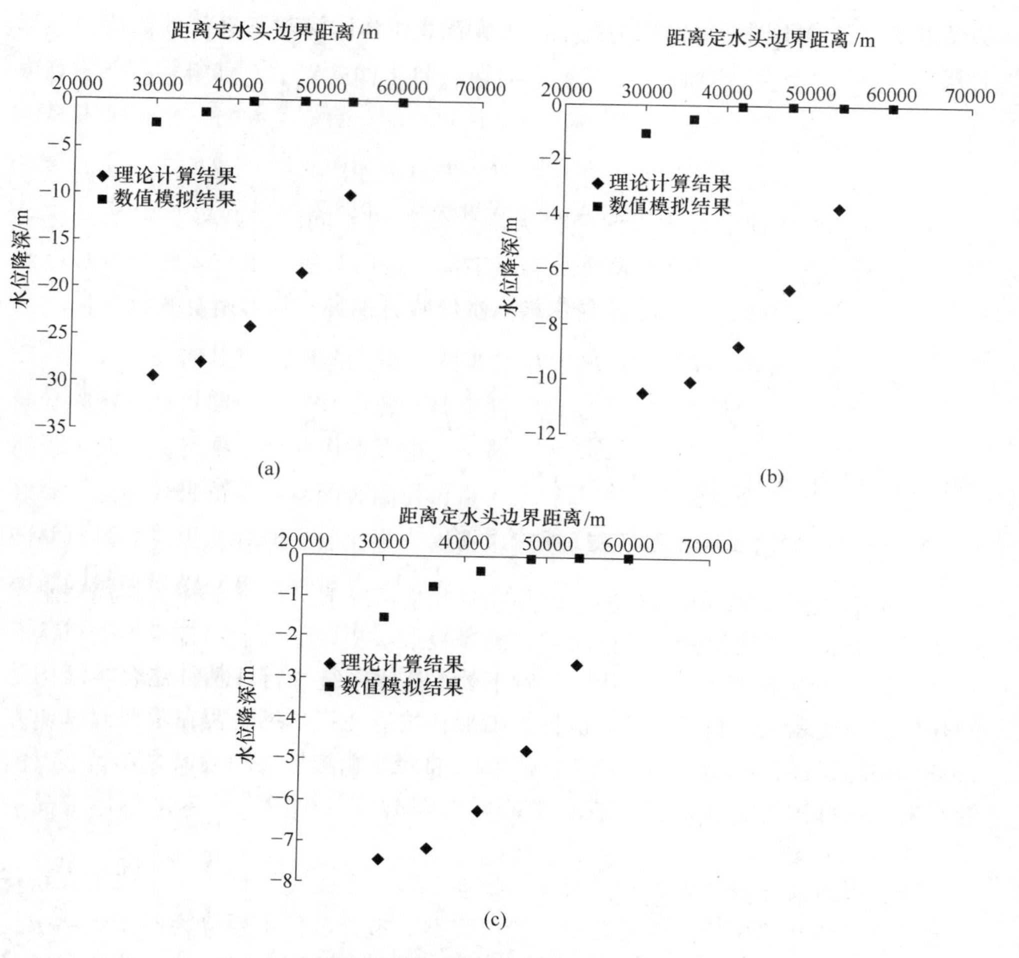

图 4-37　理论计算与数值模拟结果对比

(a) 煤水间距 200 m；(b) 煤水间距 300 m；(c) 煤水间距 400 m

采用的修正公式形式为$f(H_1, K_e) = \{a\exp[(H_1 - b)/c + d]\} \cdot \{e\exp[(K_e - f)/g + h]\}$，式中变量依次为水头值和等效渗透系数。将开采扰动下浅表水渗漏模型中的漏失项除以修正公式，拟合的数据结果如图 4-38（b）所示，拟合的相关系数（R）为 0.976，在煤水间距 350 m 和 400 m 情况下拟合效果较好，但在煤水间距为 200 m 和 300 m 时误差较大。接下来对水头值、等效渗透系数、岩土层厚度进行修正，采用的修正公式形式为$f(H_1, K_e, L_e) = \{a\exp[(H_1 - b)/c + d]\} \cdot \{e\exp[(K_e - f)/g + h]\} \cdot \{i\exp[(L_e - j)/k + l]\}$，式中变量依次为水头值、等效渗透系数和等效阻水厚度，将开采扰动下浅表水渗漏模型中的漏失项除以修正公式，拟合的数据结果如图 4-38（c）所示，拟合的相关系数（R）为 0.9986，数据整体拟合效果较好，修正后公式为：

$$H=\sqrt{H_1^2-\frac{H_1^2-H_2^2}{l}x+\frac{Wl}{K}x-\frac{K_e}{2K}\frac{H_1+H_2}{L_e\cdot f\left(\frac{H_1+H_2}{2},\ K_e,\ L_e\right)}lx-\frac{W}{K}x^2+\frac{K_e}{2K}\frac{H_1+H_2}{L_e\cdot f\left(\frac{H_1+H_2}{2},\ K_e,\ L_e\right)}x^2}-H$$

$a=0.457294330561178$，$b=25.9532271913645$，$c=-70.8004969865701$，

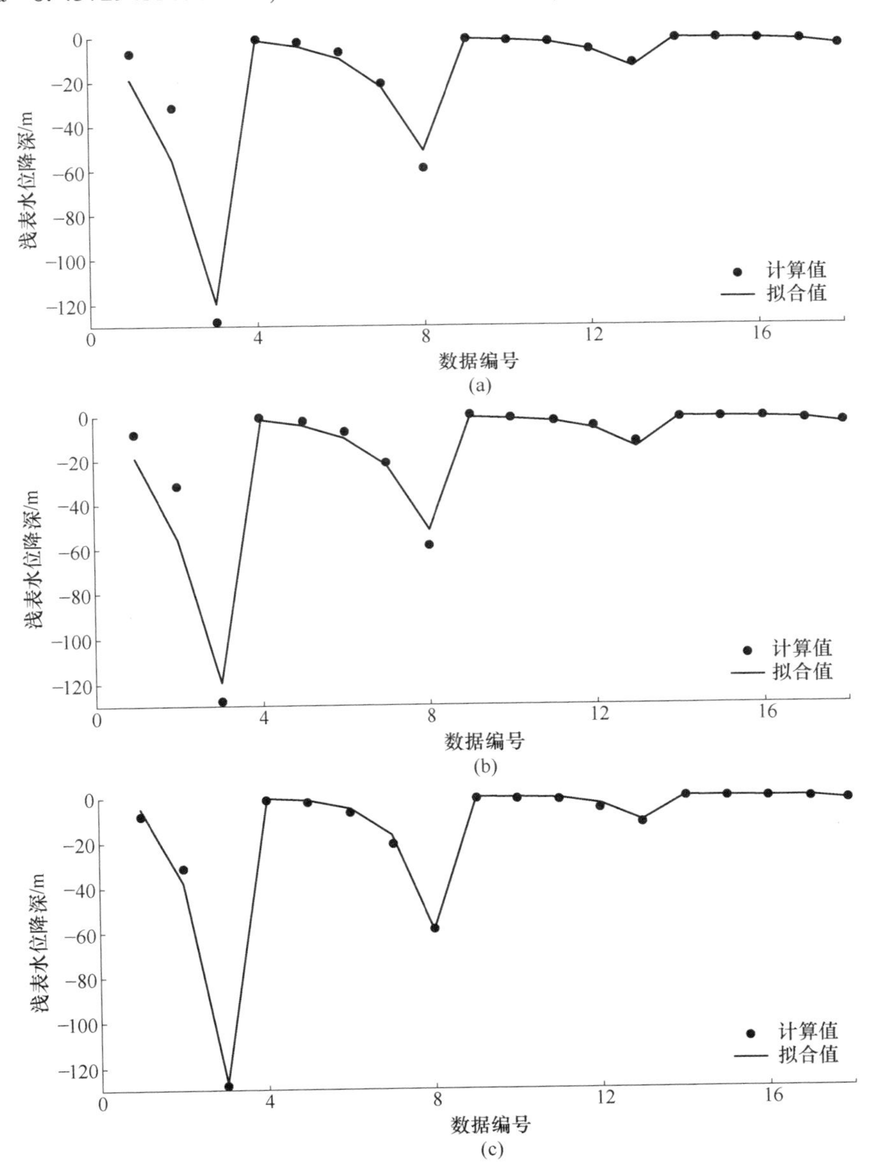

图 4-38 基于最大水位降深的修正

(a) 矿区采动浅表水位降深—修正水头值；(b) 矿区采动浅表水位降深—修正水头值、等效渗透系数；(c) 矿区采动浅表水位降深—修正水头值、等效渗透系数、等效阻水厚度

$d=35.1937426460841$，$e=58.7851023452796$，$f=2.43358318433559\times10^{-7}$，
$g=5.02473148732882\times10^{-9}$，$h=0.562696013357747$，$i=124.239738437762$，
$j=-245.488329148918$，$k=36.057711309322$，$l=0.212017930891133$

上式是基于开采范围为 $1.00\times10^{8}\ m^{2}$ 浅表水位降深数据拟合结果，再联立上一节矿区范围内不同开采范围、不同恢复时间、不同矿井位置下的水位降深敏感性系数公式，可得矿区范围内不同开采参数下浅表水渗漏计算公式：

$$H = \alpha_{H} \cdot \alpha_{d} \cdot \alpha_{m} \cdot \left(\sqrt{H_1^2 - \frac{H_1^2 - H_2^2}{l}x + \frac{Wl}{K}x - \frac{K_e}{2K}\frac{H_1 + H_2}{L_e \cdot f\left(\frac{H_1 + H_2}{2},\ K_e,\ L_e\right)}lx - \frac{W}{K}x^2 + \frac{K_e}{2K}\frac{H_1 + H_2}{L_e \cdot f\left(\frac{H_1 + H_2}{2},\ K_e,\ L_e\right)}x^2} - H\right)$$

第二步为距离开采矿井不同位置处的水位降深的修正，结合具体地质条件及拟合得到的水文地质参数，分析了随着矿井开采，距离定水头边界不同位置处浅表含水层的水位响应特征，如图 4-39～图 4-41 所示，随着距定水头边界位置距离

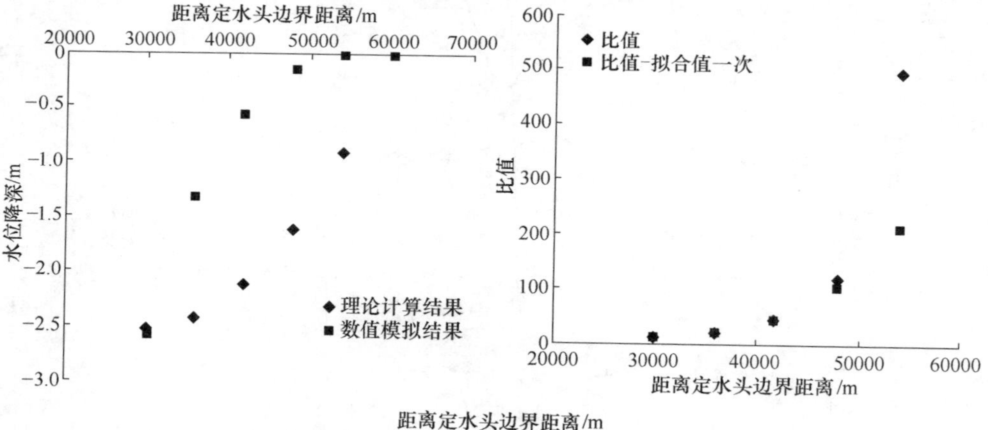

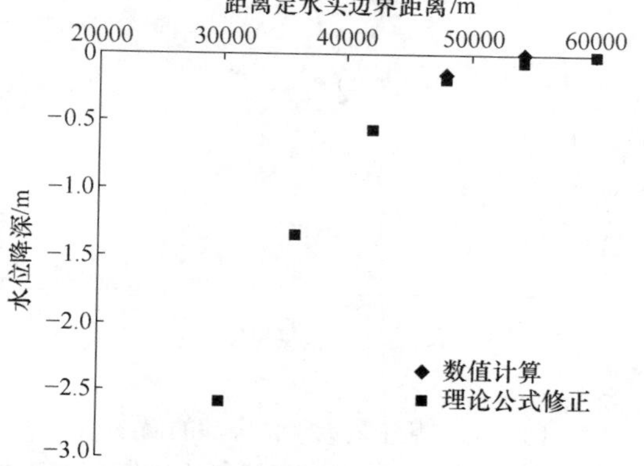

图 4-39　300 m 浅表水水位变化理论结果与数值计算结果

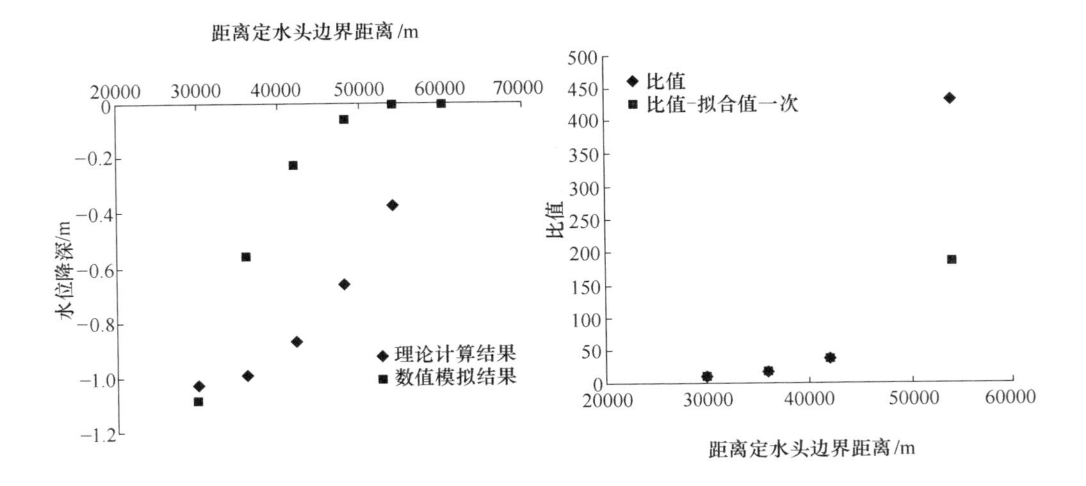

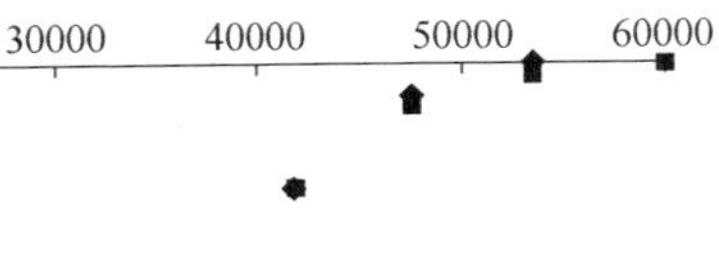

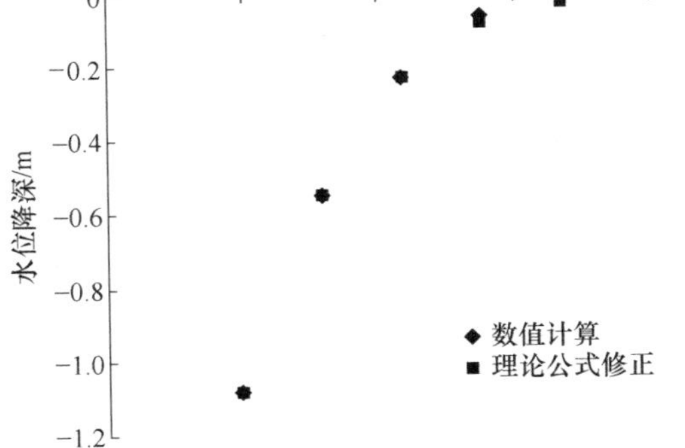

图 4-40 350 m 浅表水水位变化理论结果与数值计算结果

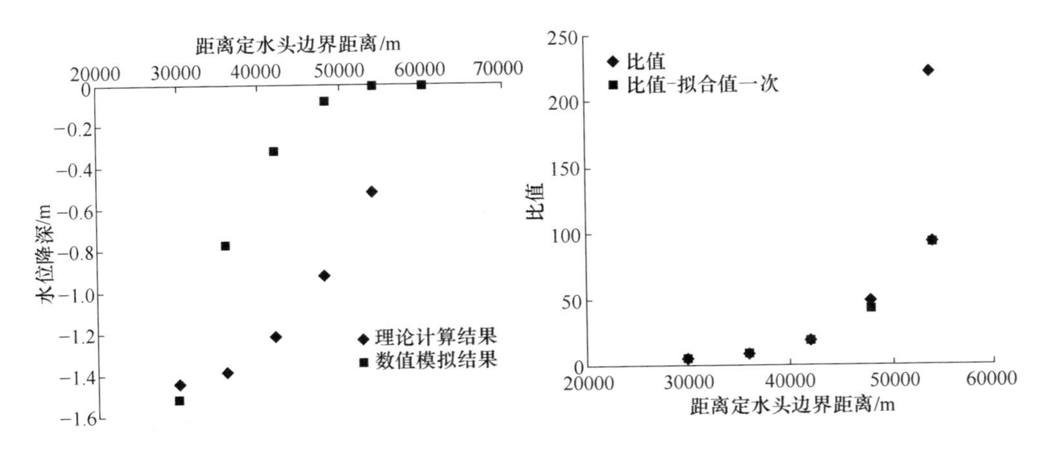

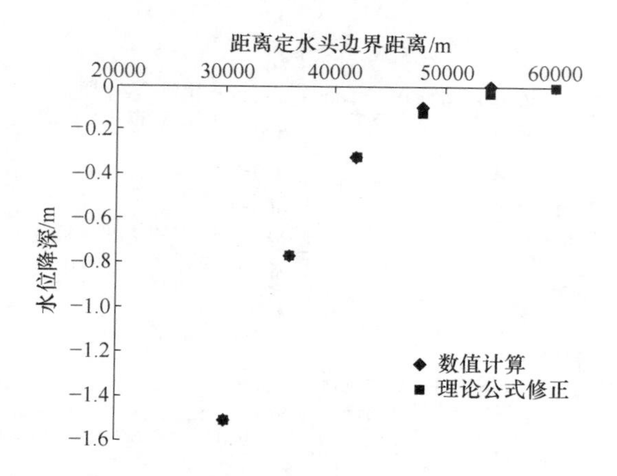

图 4-41　400 m 浅表水水位变化理论结果与数值计算结果

的增加，浅表含水层水位下降量逐渐增加，开采矿井中部位置处的最大水位降深为−2.5949 m。将拟合参数导入第 3 章获得的采动影响下浅表水渗流模型计算公式，随着距定水头边界位置距离的增加，浅表水位下降量逐渐加大，开采矿井中部位置处浅表含水层的水位下降量为−29.1853 m，整体呈现出理论值大于数值计算结果。分析原因是在三维条件下，开采单元相当于无数个二维切面，在开采单元倾向上同时接受侧向补给，而相比较二维模型，三维模型又同时受到两个走向侧面的补给；同时开采对浅表水位的影响是采用数值解继承的方式进行模拟，分析不同开采时间下的水位响应特征，采用的是与时间相关的瞬态模拟方法，而理论计算公式并未考虑时间因素。为了尽可能反映开采单元实际特征，本节采用的是修正的 VM 模型，饱和系数不再是一个常数，而是随着水压力的变化而变化。此处以数值模型计算结果为准，对理论公式进行进一步修正，得到可以反映矿区范围内矿井开采的浅表含水层渗流模型。首先得到理论计算结果与数值结果的比值，结合曲线形态选用对数函数对比值结果进行参数拟合，相关系数为 0.9989，进而对浅表水渗流模型进行修正，获得矿区范围内不同开采参数下浅表水渗漏计算公式如下：

$$H=\frac{\alpha_H\cdot\alpha_d\cdot\alpha_m\cdot\left(\sqrt{H_1^2-\frac{H_1^2-H_2^2}{l}x+\frac{Wl}{K}x-\frac{K_e}{2K}\frac{H_1+H_2}{L_e\cdot f\left(\frac{H_1+H_2}{2},K_e,L_e\right)}lx-\frac{W}{K}x^2+\frac{K_e}{2K}\frac{H_1+H_2}{L_e\cdot f\left(\frac{H_1+H_2}{2},K_e,L_e\right)}x^2}-H\right)}{a\exp(bl)+c}$$

随着距定水头边界位置距离的增加，浅表水水位降深值在增大。通过对理论公式进行修正，发现理论计算结果与数值结果的比值符合幂指数函数关系，以对数函数作为桥梁实现数值模拟与理论公式的一致。在此进一步分析幂指数函数的参数演化规律，参数 a、参数 b 和参数 c 是煤水间距相关的参数，对参数与煤水空间距离的关系进行分析，如图 4-42 所示，参数 a 与煤水间距存在多项式函数关系，相关性为 1，参数 b 与煤水间距存在多项式函数关系，相关性为 1，参数 c 与煤水间距存在多项式函数关系，相关性为 1，进而得到矿区范围内不同开采参数下浅表水渗漏计算公式，相关参数具体形式如图 4-42 中拟合计算公式所示，为分析不同煤水间距下不同位置的水位降深规律，同时为简化理论计算公式与增加数据的对比性，选用煤水间距为 350 m 时的拟合参数，将表 4-7 中参数代入公式，得到如下公式：

$$H=\frac{\alpha_H\cdot\alpha_d\cdot\alpha_m\cdot\left(\sqrt{H_1^2-\frac{H_1^2-H_2^2}{l}x+\frac{Wl}{K}x-\frac{K_e}{2K}\frac{H_1+H_2}{L_e\cdot f\left(\frac{H_1+H_2}{2},K_e,L_e\right)}lx-\frac{W}{K}x^2+\frac{K_e}{2K}\frac{H_1+H_2}{L_e\cdot f\left(\frac{H_1+H_2}{2},K_e,L_e\right)}x^2}-H\right)}{0.009940319\exp(0.000138929l)+0.310218965}$$

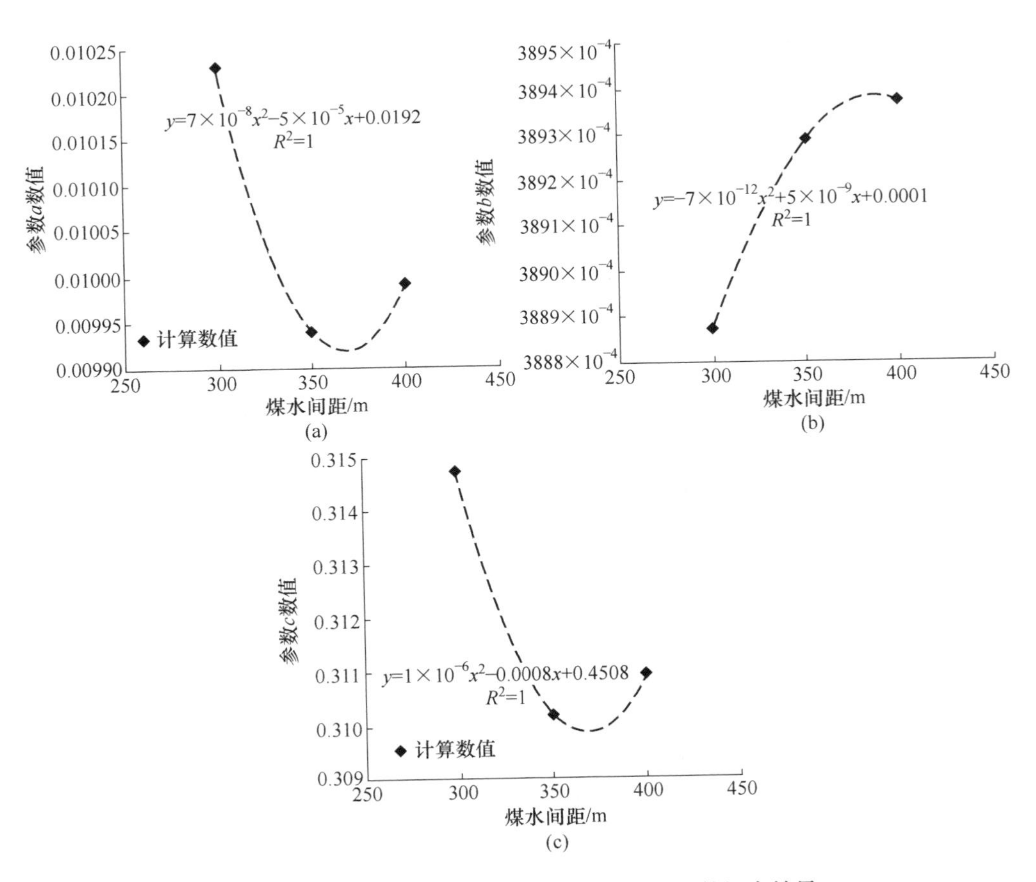

图 4-42 矿区内距定水不同位置浅表水位参数拟合结果

(a) 参数 a；(b) 参数 b；(c) 参数 c

表 4-7 拟合参数

煤水间距/m	参数 a	参数 b	参数 c
300	0. 010231211	0. 000138887	0. 314712243
350	0. 009940319	0. 000138929	0. 310218965
400	0. 009991924	0. 000138937	0. 31092258

采用上面公式对煤水间距为 300 m 和 400 m 条件下不同位置处的浅表水位降深进行评估，距离开采矿井不同位置处的水位降深的修正结果如图 4-43 所示。不同位置处的浅表水位降深数值整体拟合较好，随着开采矿井中部位置距离的增加，浅表水位降深拟合误差值在增大，在靠近边界位置处的误差值最大，最大误差值小于 18%，在距离开采矿井中部位置距离小于 12000 m 区域内的误差值小于 3%，浅表水位降深漏斗中心区域的水位降深数值最大，该区域对整个浅表水系统的影响也最剧烈，该范围内的拟合误差值最小，因此选用该评估方法是可行的。

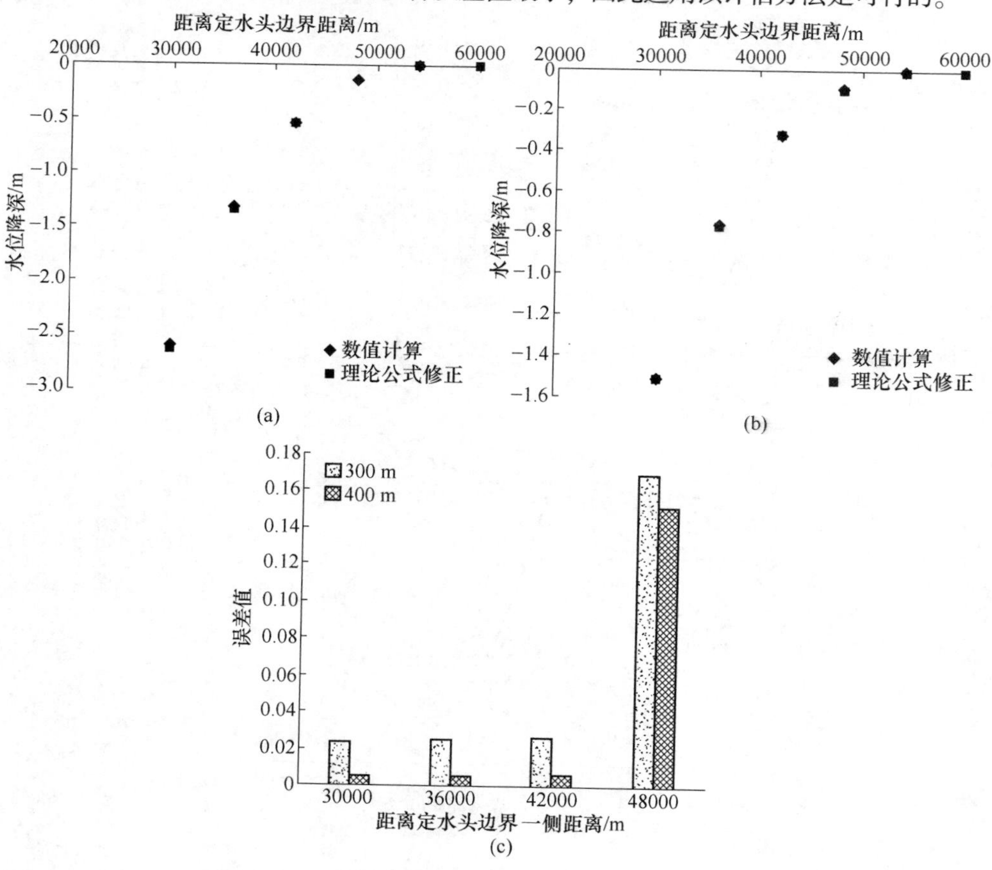

图 4-43 不同煤水间距下拟合结果及误差分析

（a）煤水间距 300 m；（b）煤水间距 400 m；（c）误差分析

各个矿井之间的干扰程度，除了受到浅表含水层性质、补给及排泄等自然条件的影响外，主要受到矿井的数量、布置情况等因素的影响，对于此种条件下矿区内多矿井开采扰动效应的浅表水流动问题，可以采用叠加原理进行求解。

对于由线性偏微分方程和线性定解条件组成的定解问题，可以采用叠加原理，叠加原理具体表述为：若 H_1、H_2、…、H_n 是有关水头值 H 的线性偏微分方程的特解，d_1、d_2、…、d_n 是任意常数，则这些特解的线性组合为：

$$H = \sum_{i=1}^{n} d_i H_i$$

根据镜像法原理，在开采矿井的另外一侧反映出一个流量也为 Q 的生产矿井，对于浅表水含水层，该情况下的水位降深为两个生产矿井引起的水位降深的叠加。

$$H_0^2 - h^2 = \Delta h_1^2 + \Delta h_2^2 = \frac{Q}{\pi K}\ln\frac{R}{r_1} + \frac{Q}{\pi K}\ln\frac{R}{r_2} = \frac{Q}{\pi K}\ln\frac{R^2}{r_1 r_2}$$

采用本节构建的三维水位地质计算模型，相邻矿井采动后的水位降深等值线与镜像法原理理论计算的流网结果基本一致（见图 4-44 和图 4-45），因此根据叠加原理，m 个矿井对 i 处引起的总的水位降深为：

$$s_i = \sum_{i=1}^{m} s_{ij}$$

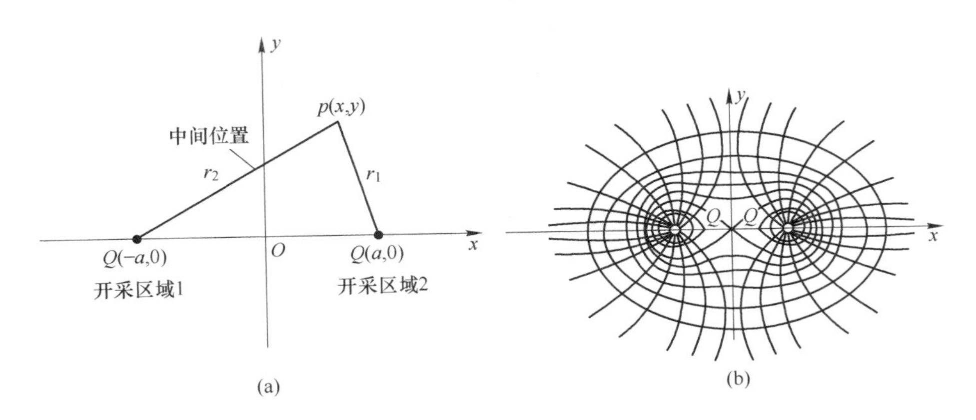

图 4-44 镜像法原理图

(a) 两个矿井开采；(b) 流网

对于隔水底板水平的浅表含水层中的多个矿井，为了满足其次边界条件，对降深项进行叠加，故有：

$$s=\sum_{j=1}^{n}\sum_{i=1}^{9}\left\{\frac{\dfrac{\alpha_{\mathrm{H}}\cdot\alpha_{\mathrm{d}}\cdot\alpha_{\mathrm{m}}\cdot\left[\sqrt{H_1^2-\dfrac{H_1^2-H_2^2}{l}x+\dfrac{Wl}{K}x-\dfrac{K_{\mathrm{e}}}{2K}\dfrac{H_1+H_2}{L_{\mathrm{e}}\cdot f\left(\dfrac{H_1+H_2}{2},\ K_{\mathrm{e}},\ L_{\mathrm{e}}\right)}lx-\dfrac{W}{K}x^2+\dfrac{K_{\mathrm{e}}}{2K}\dfrac{H_1+H_2}{L_{\mathrm{e}}\cdot f\left(\dfrac{H_1+H_2}{2},\ K_{\mathrm{e}},\ L_{\mathrm{e}}\right)}x^2}-H\right]}{a\exp(bl)+c}}{9}\right\}$$

式中，s 为潜水含水层的降低深度，m；i 为矿井位置（1~9）；n 为开采矿井的数量，个。

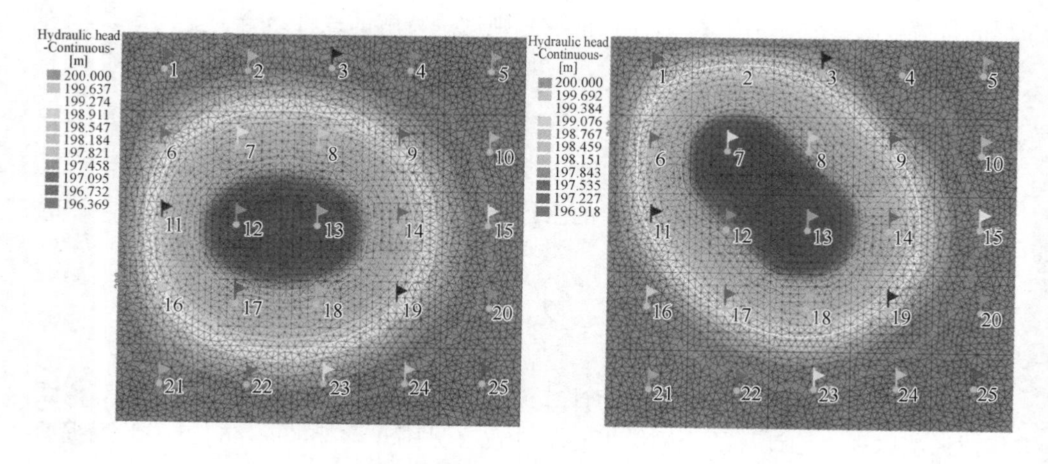

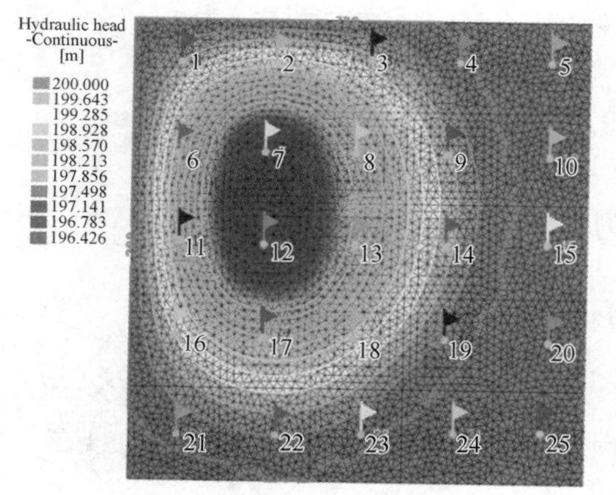

图 4-45　多个矿井开采水位降深等值线

矿井所处在位置的不同，距定水头边界的距离也存在差异，导致对浅表水系统的影响程度也存在差异，矿区范围内不同短板位置处的研究成果已经证实上述观点，并给出了不同位置处矿井开采下的浅表水位降深预计公式。结合模型的特点，在数值计算模型范围内，矿井 1、矿井 3、矿井 7、矿井 9 呈现对称分布特征，见图 4-46。以 1 号矿井开采为例，中间 9 个矿井距离 1 号矿井的距离分别为 0（矿井 1），1（矿井 2），21（矿井 3），1（矿井 4），1.4141（矿井 5），2.23611（矿井 6），21（矿井 7），2.23611（矿井 8），2.82841（矿井 9），将上

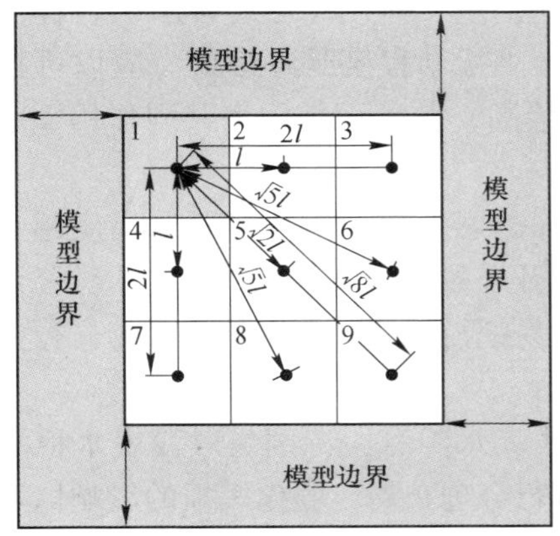

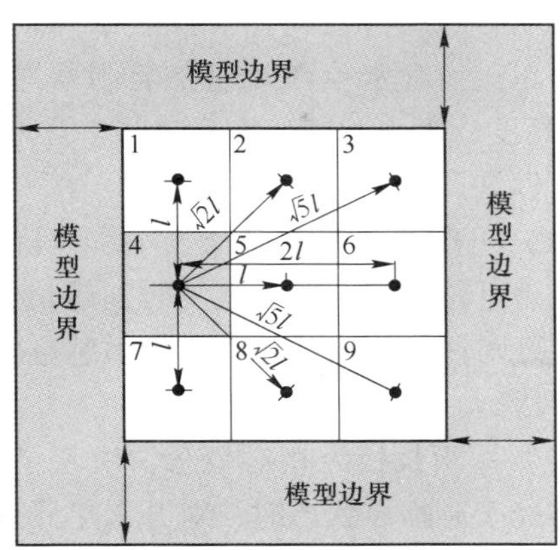

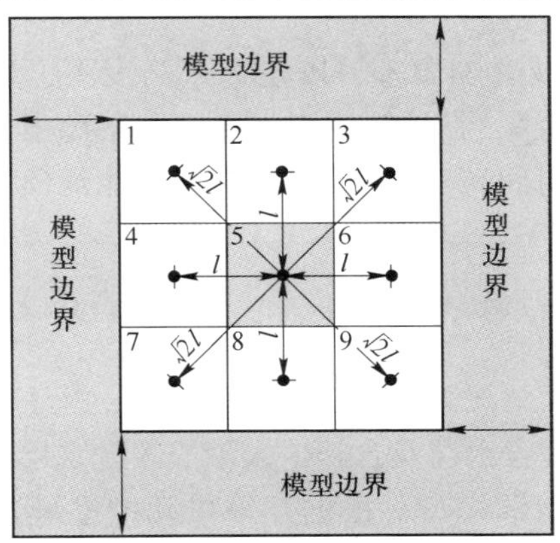

图 4-46 不同位置矿井开采计算示意图

述参数代入公式中，继而得到矿井 1 开采对矿区内浅表水系统的影响程度。矿井 2、矿井 4、矿井 6、矿井 8 呈现对称分布特征，以 2 号矿井开采为例，中间 9 个矿井距离 2 号矿井的距离分别为 1（矿井 1），1.4141（矿井 2），2.23611（矿井 3），0（矿井 4），1（矿井 5），21（矿井 6），1（矿井 7），1.4141（矿井 8），2.23611（矿井 9），将上述参数代入公式中，继而得到矿井 2 开采对矿区内浅表水系统的影响程度。5 号矿井开采时，中间 9 个矿井距离 5 号矿井的距离分别为 1.4141（矿井 1），1（矿井 2），1.4141（矿井 3），1（矿井 4），1（矿井 5），1（矿井 6），1.4141（矿井 7），1（矿井 8），1.4141（矿井 9），将上述参数代入公式中，继而得到矿井 5 开采对矿区内浅表水系统的影响程度。结合叠加原理计算不同位置矿井及不同开采参数的多矿井开采下浅表水位响应特征，进而实现多矿井开采对浅表水系统影响的定量评价。

采动影响下等效渗透系数时空演化是浅表水扰动最根本因素，浅表水水位降深敏感性因素顺序为水平渗透系数、开采高度、给水度、垂直渗透系数、储水系数，表明含水层特性同样对浅表水扰动起到重要作用。尽管含水层特性无法调控，简单假设含水层渗流量估算阻水厚度、扰动程度是片面的。应以可控因素（开采高度、煤水间距、恢复时间、开采范围）与不可控因素共同作用下对浅表水稳定性展开控制：

（1）可控单一因素对浅表水水位降深的影响较为明确。开采高度越大、短板越显著且位置越居中、恢复时间越长、开采数量越大对应较大的水位降深。而开采高度对浅表水水位降深最为敏感且较易把控，明确以调整采高为先行基础的控稳手段。

（2）短板长板为相对概念，决定了浅表水降深，特别是对浅表水稳定扰动较大且处于亚临界状态时，对开采单元进行合理布局，弱化短板的影响以实现浅表水稳定性控制。

（3）基于等效渗漏及叠加原理，确定开采高度下，统筹恢复时间、开采范围（开采单元数量、位置），在控制浅表水稳定性基础上，拓扑优化开采单元数量、位置、特性（恢复时间），更大程度地提升产能规模，实现浅表水稳定性控制、以水量产模式与决策。

4.4　本章小结

（1）分析了开采活动对浅表含水层的扰动形式，基于几何水均衡法及裘布依假定，并根据无入渗浅表含水层及含补给入渗浅表含水层两种边界条件，构建了开采扰动后浅表含水层渗漏模型，根据开采单元推进量及采动漏失量的变化情况，量化了开采扰动下浅表含水层水量及水头的变化。

（2）为了较真实地描述开采扰动对地下水的影响，在水文地质模型中通过数值化处理采用时间序列数据赋值方法搭建渗透率 $K(x, y, z)$ 与时间 t 的关系，获取渗透系数的时空演化数据 $K(x, y, z, t)$，将 $K(x, y, z, t)$ 赋值给选中单元描述采动扰动引发的覆岩水力学参数变化，进而构建采动对浅表含水层影响的定量评价模型。

（3）构建数值计算模型，依据等效渗透系数时空演化模型研究成果，获得采动覆岩的等效渗透系数与时间相关函数，采用考虑开采扰动的等效渗透系数数值化处理方法，将采用修正的 Knothe 时间函数描述的等效渗透系数引入数值计算模型。模拟水位年设定为 70 a，发现开采范围距离边界达到 10000 m 后，边界效应得到有效消除，这也证明了矿井开采对浅表水造成剧烈影响的范围小于 10000 m。

（4）地层条件为第Ⅲ类、第Ⅳ类、第Ⅳ与第Ⅴ类之间、第Ⅴ类，分析煤水间距及采高、恢复时间、短板情况及位置、开采范围下的矿区范围开采扰动下浅表水响应特征。随着煤水间距的减少、采高的增加、恢复时间的延长、开采范围的增加，对浅表水扰动程度加剧。对浅表水渗流模型进行修正，修正过程主要分为两步：第一步为基于最大水位降深的修正，第二步为距离开采矿井不同位置处的水位降深的修正，获得矿区范围内不同开采参数下浅表水渗漏计算公式（$H_{修正}$-K_e、H_e、W、K、l、α_H、α_d、α_m）。

(5) 各个矿井之间的干扰程度，除了受到含水层性质、补给及排泄等自然条件的影响，主要受到矿井的数量、布置情况等因素的影响，对于此种条件下矿区内多矿井开采扰动效应的浅表水流动问题，结合叠加原理计算不同位置矿井及不同开采参数的多矿井开采下浅表水位响应特征，进而实现多矿井开采对浅表水系统影响的定量评价。

5 榆神矿区浅表水系统稳定约束下的矿区规划原则

针对不同的水文地质条件，进行合理的矿井布局，辅之技术措施及调控方法才能实现目标含水层的有效保护，进而将开采扰动对浅表水系统稳定性的负面影响降到最低。针对不同地质结构条件提出不同的规划原则及调控方法，保障浅表水系统稳定是实现矿区合理、有序、科学规划的重要保证。本章在前文研究成果基础上，提出开采扰动下浅表水系统稳定性评价方法，结合榆神矿区实际水文地质情况，对开采扰动下地层等效渗透系数进行评估，对开采扰动下矿区范围内的浅表水系统稳定性进行评价，明确基于浅表水系统稳定的矿井布局方法。在榆神矿区三、四期内选定研究区域，确定浅表水系统稳定约束条件下最佳集中生产矿井数量、矿井位置、产量规模及布局方案，提出矿区规划原则。

5.1 榆神矿区开采浅表水系统稳定性评价

提出采动浅表水稳定性评价方法，对榆神矿区开采浅表水系统稳定性进行评价，研究矿井不同开采范围榆神矿区水资源承载力分布特征，分析水资源承载力在承载中度以上的地质条件下允许开采的矿井数，初步确定研究区域。

5.1.1 采动浅表水稳定性评价方法

在分析研究区域煤水空间关系、开采扰动下岩土体的损伤及渗流相互作用机理、浅表水系统扰动定量评价模型基础上进行采动浅表水稳定性评价研究，其技术思路如图 5-1 所示。

（1）分析研究区水文地质资料，整理得到煤层厚度、煤水间距、采场覆岩系统岩性组合形式数据，基于 GIS 软件的空间分析功能，继而得到研究区对应数据资料的分布特征图。

（2）对榆神矿区范围内水文地质资料进行再分类处理，在榆神矿区选定五类地质条件作为代表进行分析，第Ⅰ类、第Ⅱ类、第Ⅲ类、第Ⅳ类、第Ⅴ类。采用多元回归方法构建破断岩体高度（H_f）的多因素公式，基于现场实测资料及实验数据，建立不同损伤程度的损伤土体、损伤岩体渗透系数与损伤变量之间的量化关系（$K_{隔}$-d、$K_{阻}$-d）。

（3）构建损伤土体、损伤岩体损伤变量与损伤岩土体层位、不同采高量化

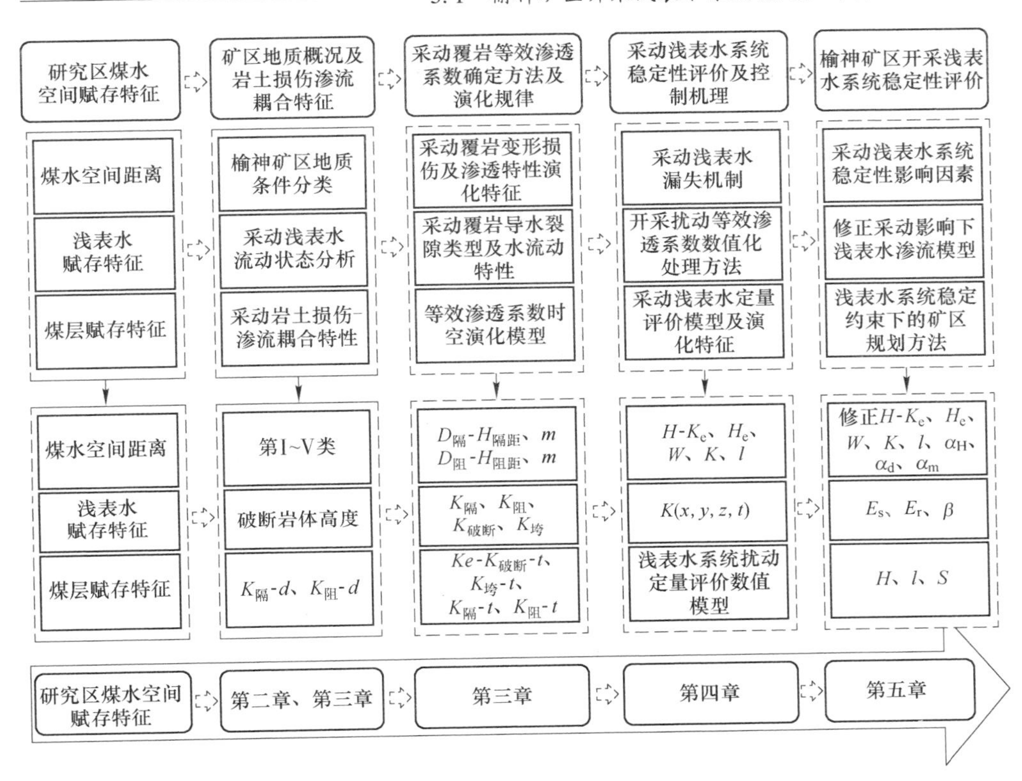

图 5-1 稳定性评价流程

关系（$D_{隔}$-$H_{隔距}$、m；$D_{阻}$-$H_{阻距}$、m），以此为桥梁建立损伤土体、损伤岩体渗透系数与岩层层位、不同采高量化关系（$K_{隔}$-$H_{隔距}$、m；$K_{阻}$-$H_{阻距}$、m）。结合导水裂隙类型及水流动特性，以管流形式推导得到破断岩体裂隙的渗透系数（$K_{破断}$），采用经验值估算垮落带的渗透系数（$K_{垮}$），结合等效渗透系数公式得到开采扰动下采场覆岩系统的等效渗透系数（K_e、H_e）。

（4）结合水均衡原理得到不同等效渗透系数下水头变化公式（H-K_e、H_e、W、K、l）。采用采动覆岩等效渗透系数时空演化模型（$K_{隔}$-t、$K_{阻}$-t、$K_{破裂}$、$K_{垮}$），采用开采扰动等效渗透系数数值化处理方法，构建采动浅表水影响量化模型。

（5）分析地层条件第Ⅲ类、第Ⅳ类、第Ⅳ与第Ⅴ类之间、第Ⅴ类条件不同采高、煤水间距、恢复时间、开采范围下浅表水位变化特征，对上一章中的浅表水渗漏模型进行修正，获得矿区范围内不同开采参数下浅表水渗漏计算公式（$H_{修正}$-K_e、H_e、W、K、l、α_H、α_d、α_m）。

（6）采用课题组提出的 3 层次 11 指标的水资源承载力（β）评价体系，各因子的影响权重取自参考文献[28]，对研究区域进行开采浅表水稳定性评价。

结合开采扰动下我国西北矿区内水资源变化条件下生态环境的承载状态，将矿区内水资源承载力的划分为五个等级，见表 5-1。

表 5-1　矿区等效水资源承载力分类

承载力级别	Ⅰ	Ⅱ	Ⅲ	Ⅳ	Ⅴ
类别名称	承载盈余	可承载	中度承载	轻度超载	严重超载
水资源承载力	0.9~1	0.8~0.89	0.7~0.79	0.6~0.69	0~0.6

5.1.2　榆神矿区覆岩等效渗透系数评价

对榆神矿区钻孔数据资料进行整理，可得该区域首采煤层厚度、基岩厚度、图层厚度及煤水空间距离数据资料，需要说明是在整理榆神矿区，钻孔的密度相对较小，需要对数据资料进行插值处理，进而满足计算需要并提高计算精度，再采用 GIS 数据空间分析功能生成对应的分布特征图。基于矿区范围内不同开采参数下浅表水渗漏计算公式对其进行分析，具体技术流程如图 5-1 所示，榆林风险评估主控因素分布特征如图 5-2 所示。

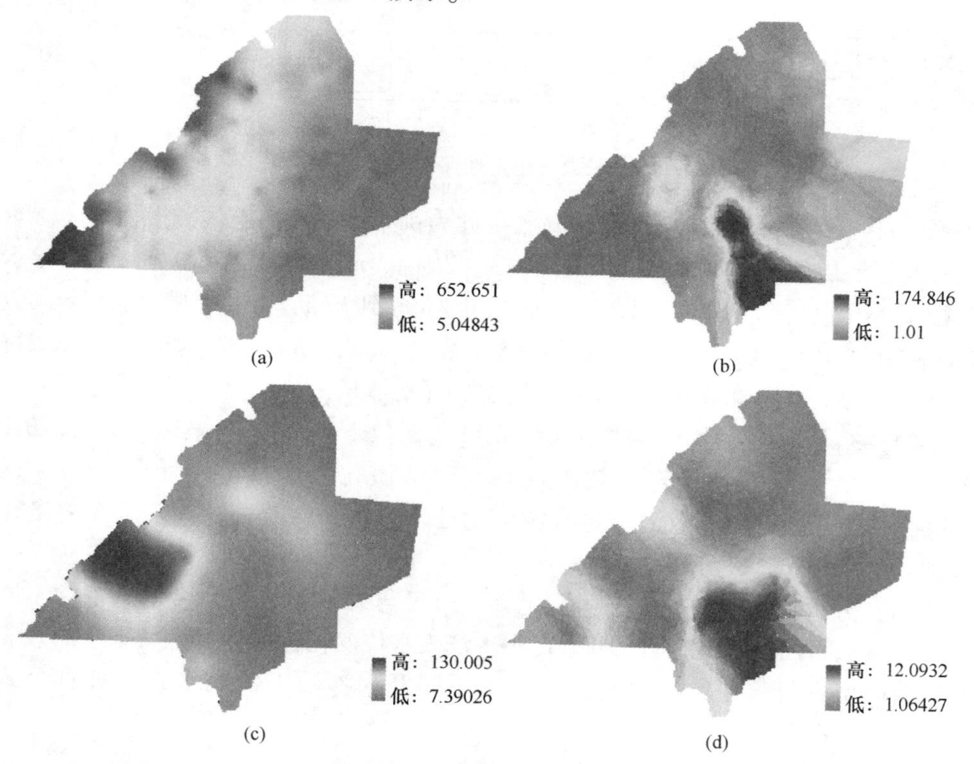

图 5-2　榆神风险评估主控因素分布特征图（单位：m）
（a）基岩厚度；（b）隔水土层厚度；（c）潜水含水层厚度；（d）煤层赋存厚度

由于风化剥蚀作用，矿区基岩厚度自西北向东南方向逐渐变薄，覆岩最大厚度为 652.7 m，最小厚度为 5 m；隔水土层厚度最大的地方在矿区的东南边界，约为 110 m，隔水土层厚度最小的地方在矿区的西北边界处，最小值为 1 m；榆神矿区内不同区域的首采煤层厚度差异较大，单层最大厚度可达 12 m，位于矿区的东南边界处，煤层最小厚度为 1 m，位于矿区的东部边界；煤水空间距离最大地方位于矿区的西部边界，约为 663.6 m，距离最小的地方位于矿区的东部边界处，为 32.6 m。

结合煤水空间距离、首采煤层赋存情况、基岩厚度等值线，以及第 4 章破断岩体高度多因素经验公式，基于 GIS 软件的空间分析功能，继而得到榆神矿区损伤岩土层厚度分布特征图及对应区域的岩性组合形式，如图 5-3 所示。煤层开采后，榆神矿区损伤岩土层厚度最大的地方在井田的西北部边界处，最大损伤岩土层厚度为 476.4 m，井田东南部区域为最薄的地方，局部位置的损伤岩土层厚度

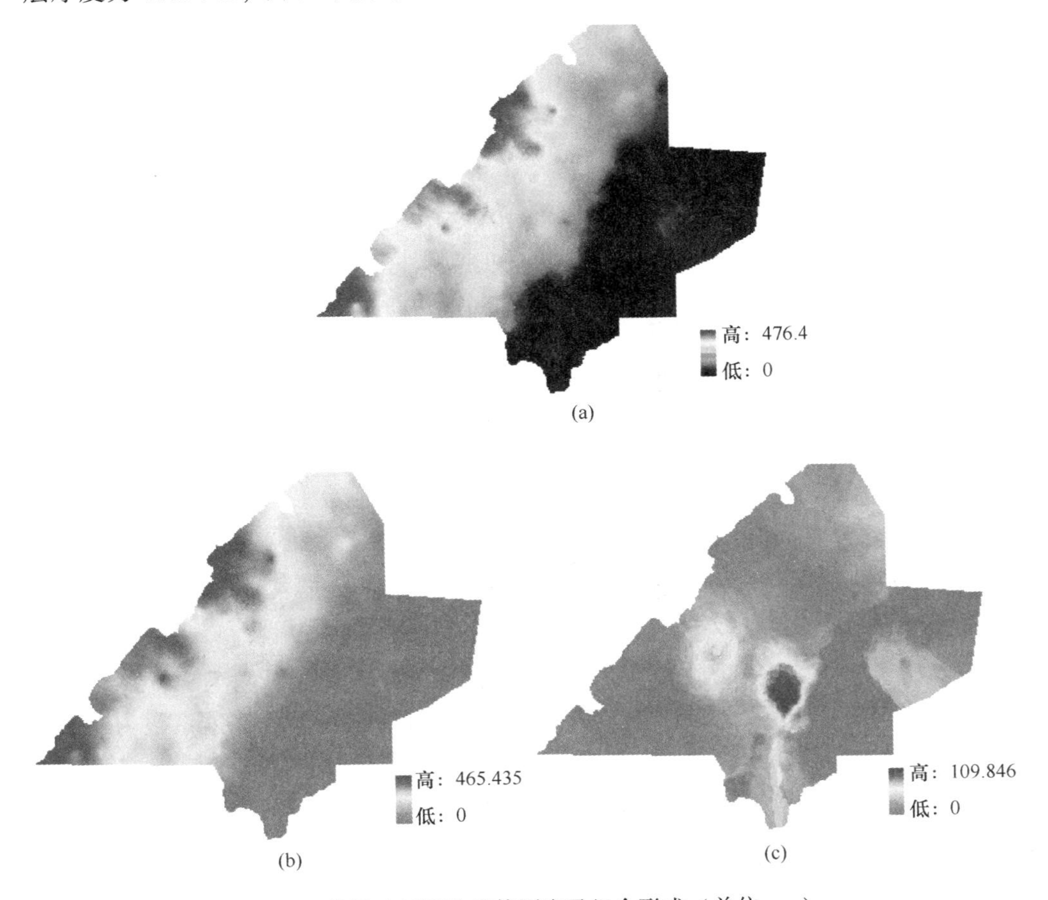

图 5-3 榆神矿区损伤岩体厚度及组合形式（单位：m）

（a）损伤岩土体厚度；（b）损伤岩体厚度；（c）损伤土体厚度

为0 m，总体上呈现出西北部向东南部变薄，如图5-3（a）所示。损伤岩体厚度的最大值为465.435 m，最小值为0 m，如图5-3（b）所示。损伤土体厚度的最大值为109.846 m，最小值为0 m，如图5-3（c）所示。

应用第3章开采扰动覆岩结构损伤变形定量分析结果，结合煤水空间距离、首采煤层赋存量及破断岩体高度多因素经验公式，采用GIS软件的空间分析功能生成损伤岩体及损伤土体损伤分布特征图（见图5-4、图5-5）。损伤岩体损伤值与损伤土体损伤值分布规律相似，以损伤土体损伤值分布规律进行分析，榆神矿区损伤土体损伤值最大的地方在矿区的东南部边界处，最大值接近1，损伤值最小值位于井田的西北部，损伤值为1.52×10^{-6}，损伤值总体上呈现出西北部向东南部变大，损伤岩体的最大损伤值为1，最小损伤值为0.06768。

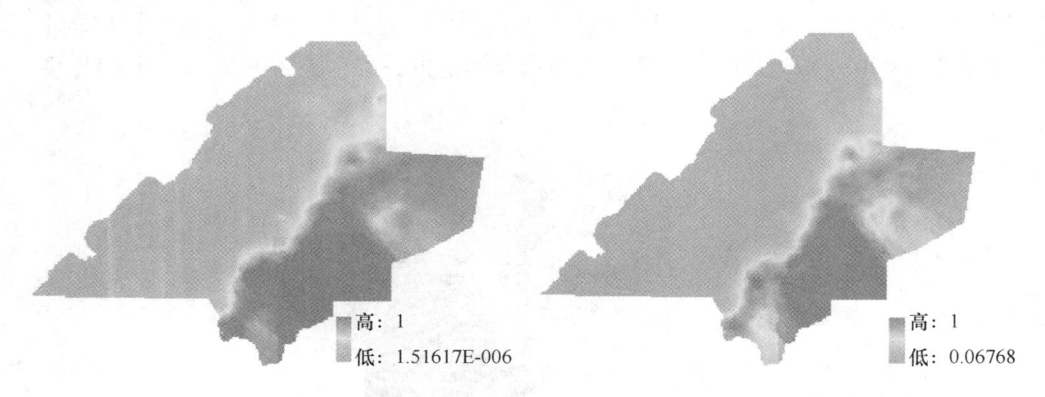

图5-4 损伤岩体损伤值　　图5-5 损伤土体损伤值

应用采动岩土损伤渗流应力关系及覆岩变形损伤演化特征分析结果，构建岩石及土层不同损伤情况下的渗透系数演化特征，结合损伤岩体损伤值及损伤土体损伤值，采用GIS软件的空间分析功能生成损伤岩体及损伤土体渗透系数分布特征图（见图5-6（a）（b）），再结合分区图（见图5-6（c））与等效渗透系数计算公式，得到损伤岩土层的等效渗透系数（见图5-6（d））。损伤岩体渗透系数与损伤土体渗透系数分布规律相接近，以损伤土体渗透系数分布规律进行分析，榆神矿区损伤岩体渗透系数最大的地方在近矿区东南边界区域，最大值接近2.883×10^{-7} m/s，渗透系数最小值位于井田的西北部，渗透系数为1×10^{-11} m/s，渗透系数总体上呈现出西北部向东南部变大，损伤土体的最大渗透系数为4.72×10^{-8} m/s，最小渗透系数为2.25×10^{-10} m/s。由于无法获得破断地层的详细钻孔数据资料，破断岩体地层的等效渗透系数取为2.70×10^{-3} m/s，再结合地层等效渗透系数计算公式，得到榆神矿区范围内地层的等效渗透系数，等效渗透系数的最大值为8.15×10^{-7} m/s，最小值为1.02×10^{-11} m/s。

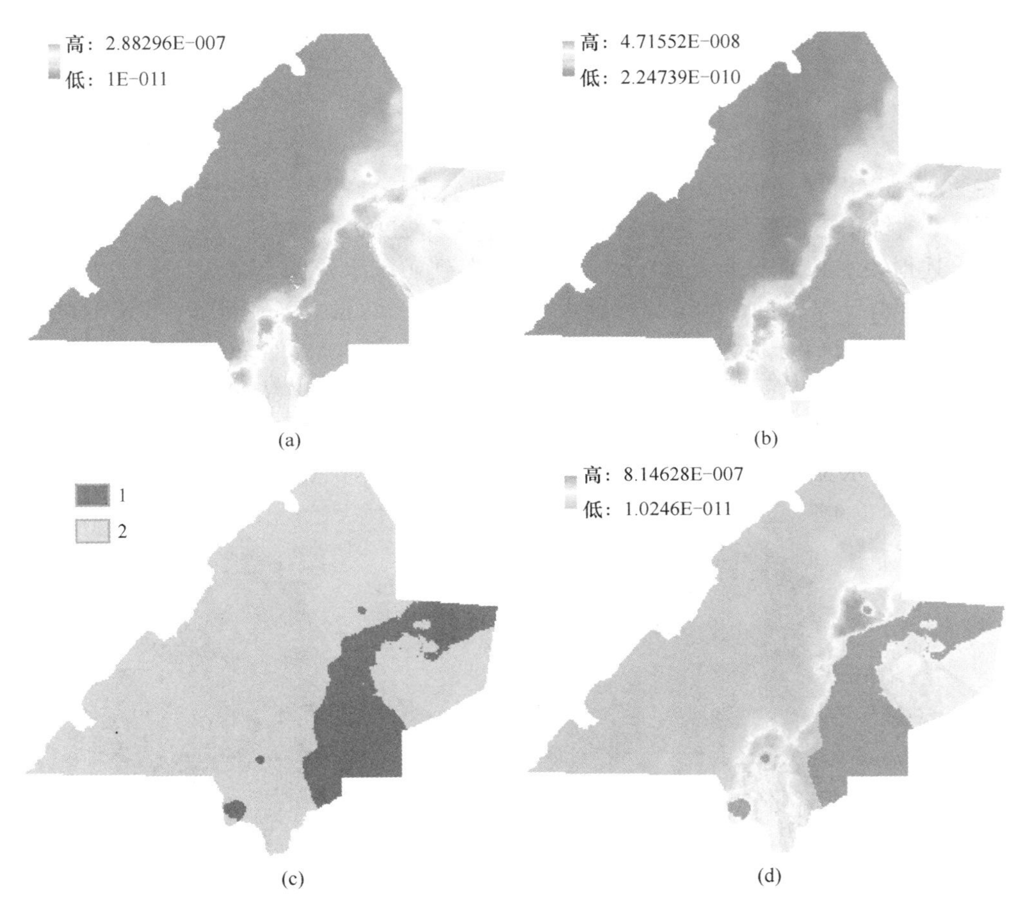

图 5-6 覆岩层等效渗透系数（单位：m/s）
（a）损伤岩体渗透系数；（b）损伤土体渗透系数；（c）分区图；（d）等效渗透系数

5.1.3 基于开采范围及恢复时间的浅表水系统影响分区

结合榆神矿区范围内覆岩层等效渗透系数以及覆岩土层厚度，采用 GIS 软件的空间分析功能生成浅表水水头变化分布特征图（见图 5-7（a）（b）），对开采扰动下浅表水位变化分布特征图进行再分类处理，划分为五类，分类结果如图 5-7（c）所示，需要说明的是将破断岩体高度超过煤水间距的划归为疏干类，不在规划面积之内。第一类为水位降 0~5 m，第二类为水位降 5~10 m，第三类为水位降 10~15 m，第四类为水位降 15~20 m，第五类为水位降大于 20 m。

水资源承载力评价：依据榆神矿区地质条件和生态环境特征，未受采动影响下大气降水量占地下水总补给量的 96%，蒸发占总排泄量的 62%；年平均降雨量 413.5 mm，平均蒸发量 2111.2 mm。矿区内主要河流为乌兰木伦河，年径流量

9291.03 万立方米，根据对研究区域河流和地表水的统计计算结果，榆神矿区地表水资源总量为 1.01 亿立方米；地下水总补给量 8372.63 m^3，排泄量 8229.44 m^3，储存量 143.19 m^3[184]。大柳塔矿、活鸡兔矿、补连塔矿等 7 个矿井采空区积水总量为 2007.5 万立方米，年平均矿井涌水量 3077.85 万立方米；矿区内煤层埋深在 200 m 以内（最小为 70 m），岩层赋存特点为基岩较薄、松散层较厚，煤层较厚[83,185]综采工作面宽度 200~400 m，推进距离 2000~6000 m，采厚 3~8 m。根据上述地表水和地下水资源统计结果，可得到矿区水资源总量为 1.149 万立方米。由于煤矿开采的影响，出现地表沉陷，采高为 2 m、3 m、4 m、5 m 时的地表下沉量最大值分别为 1529.17 mm、2296.95 mm、3068.89 mm、3866.34 mm；矿区内植被以沙生灌木为主，并伴有草本植物，文献[28，186]研究了 2009~2014 年矿区内植被覆盖情况；矿区内含水层累计厚度 45 m，埋深3.2~3.5 m，煤层开采后导致地下水位下降，矿区规模化开采引起的浅表水水位变化如图 5-7 所示。

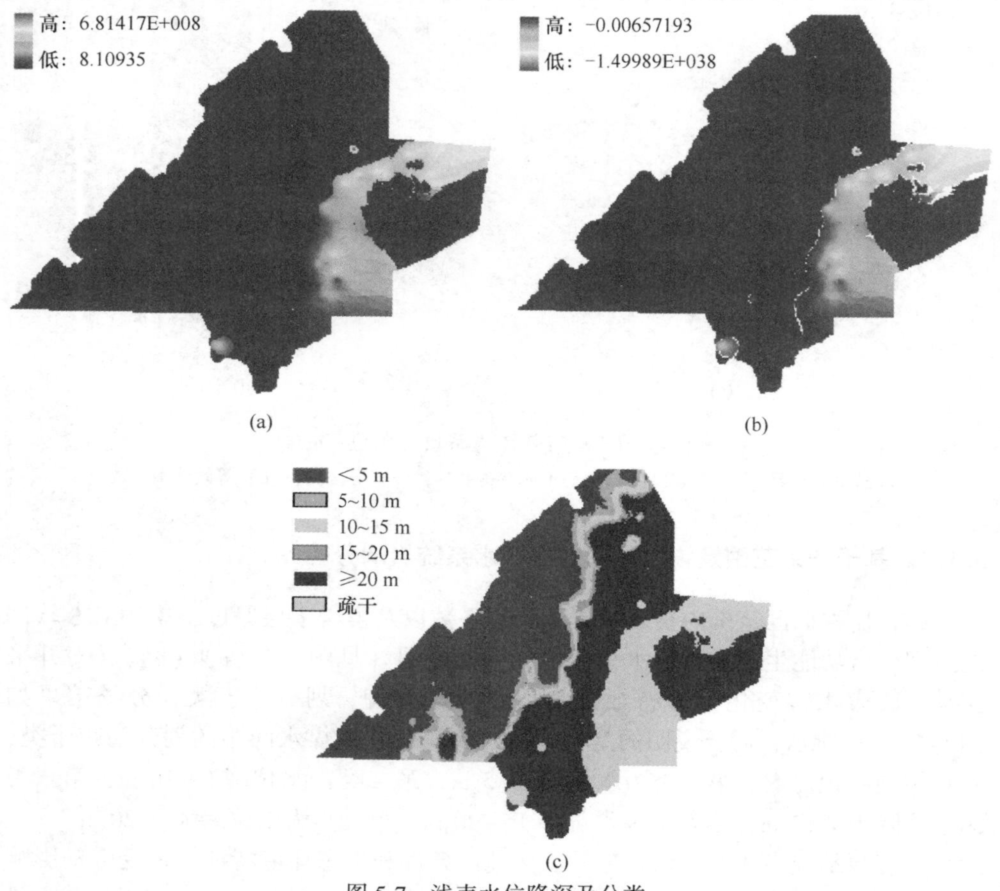

图 5-7　浅表水位降深及分类

（a）浅表水渗漏量；（b）浅表水位降深；（c）浅表水位降深分类

基于榆神矿区连续开采浅表水位分类结果，依据矿区水资源承载力评价体系，对榆神矿区不同区域水资源承载力状态进行评价计算。榆神矿区不同区域水资源承载力评价结果如图 5-8 所示，第一类、第二类、第三类区域的水资源承载力为 0.913、0.781、0.748，在矿区水资源承载力划分中分别属于承载盈余、中度承载、中度承载，因此中度承载以上区域的面积为 2.29×10^9 m^2，占据规划面积的 54%；第四类和第五类区域的水资源承载力分别为 0.636 和 0.373，在矿区水资源承载力划分中属于轻度超载和重度超载，矿区水资源承载力超载面积为 1.95×10^9 m^2，占据规划面积的 46%，如图 5-9 所示。

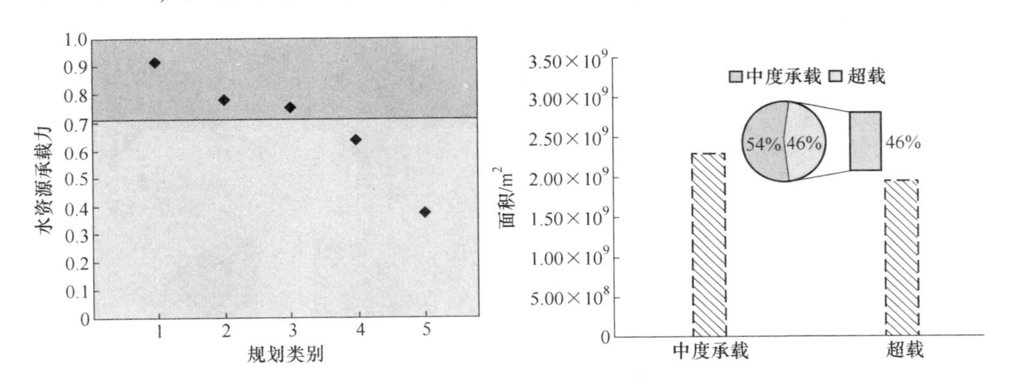

图 5-8 水资源承载力评价结果

图 5-9 水资源承载力分类面积及占比

分析不同水文地质条件下矿区内矿井不同开采范围浅表水水位变化特征，应用构建含补给入渗条件采动影响下浅表含水层渗流理论模型，含水层渗透系数为 5.78704×10^5 m/s，矿井开采面积分别为 1×10^8 m^2、7.5×10^7 m^2、5×10^7 m^2、2.5×10^7 m^2，结合损伤岩土体等效渗透系数以及相损伤岩土体厚度、破断岩体渗透系数、破碎岩体渗透系数，采用 GIS 软件的空间分析功能生成浅表水水位变化分布特征图（见图 5-10（a））。将开采扰动影响下水位变化分布特征图进行分类处理（见图 5-10（b）），分类阈值选定为 5 m、10 m、15 m、20 m，进而可以得到榆神矿区水文地质条件下允许开采范围。基于浅表水稳定榆神矿区允许开采范围最大的地方在井田的西北部，井田东南部区域为规模化开采范围最小的地方。矿井开采面积为 1×10^8 m^2 时，分类一~分类五的面积分别为 1.77×10^9 m^2、3.33×10^8 m^2、1.86×10^8 m^2、3.33×10^8 m^2、1.77×10^9 m^2，分类五的面积最大，约为设计开采面积的 43%，分类一次之，约为设计开采面积的 42%，分类三的开采面积最小，约为设计开采面积的 3%，如图 5-10（c）（d）所示。随着设计矿井开采面积的降低，第一分类的面积逐渐增大，依次为 1.77×10^9 m^2、2.05×10^9 m^2、2.35×10^9 m^2、2.68×10^9 m^2，则第一类地质条件下允许开采的矿井数分别为 18 个、27 个、47 个、107 个。

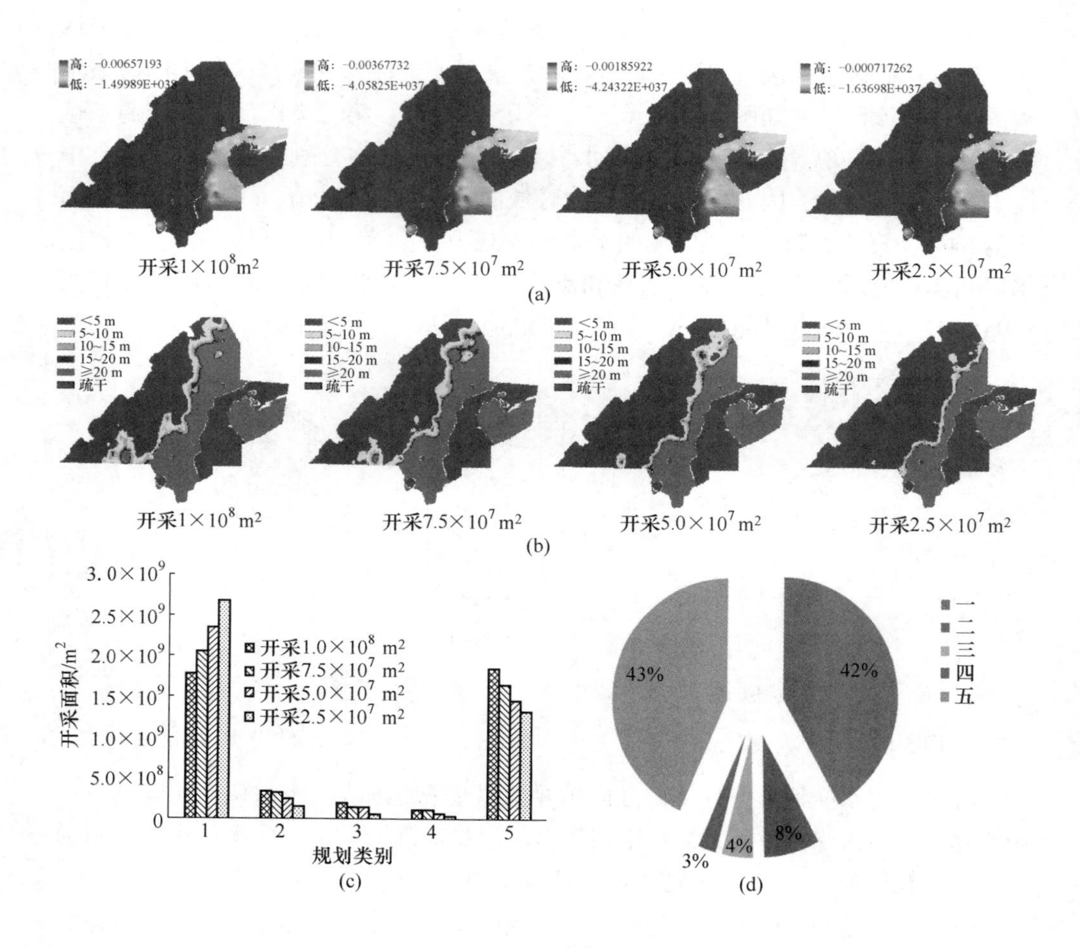

图 5-10 不同开采范围浅表水位降深及分类

（a）不同开采范围浅表水位降深；（b）不同开采范围浅表水位降深分类；（c）不同种类规划面积；（d）不同种类规划占比

依据采动影响下水资源承载力评价体系，分析不同水文地质条件下矿区内矿井不同开采范围水资源承载力分布特征。矿井开采面积分别为 1×10^8 m²、7.5×10^7 m²、5×10^7 m²、2.5×10^7 m²，结合地层等效渗透系数及岩土层厚度，采用 GIS 软件的空间分析功能生成浅表水水位变化分布特征图（见图 5-11（a）），结合水资源承载力评价体系生成水资源承载力分布特征图。将开采扰动影响下水资源承载力分布特征图进行分类处理（见图 5-11（b）），依据等效水资源承载力分类表设定分类阈值为 0.9、0.8、0.7、0.6，榆神矿区水资源承载力最大的地方在井田的西北部，井田东南部区域为规模化开采水资源承载力最小的地方。矿井开采面积为 1×10^8 m² 时，承载盈余、可承载、中度承载、轻度超载以及重度超载

面积分别为 $1.70\times10^9\ m^2$、$2.26\times10^8\ m^2$、$1.14\times10^8\ m^2$、$1.69\times10^9\ m^2$、$4.99\times10^8\ m^2$，分类一的面积最大，约为设计开采面积的 40.2%，分类四次之，约为设计开采面积的 39.98%，分类三的开采面积最小，约为设计开采面积的 1.7%，如图 5-11（c）（d）所示。随着设计矿井开采面积的降低，第一分类的面积逐渐增大，依次为 $1.70\times10^9\ m^2$、$1.98\times10^9\ m^2$、$2.28\times10^9\ m^2$、$2.58\times10^9\ m^2$，则水资源承载力在承载中度以上地质条件下允许开采的矿井数分别为 20 个、31 个、51 个、112 个。

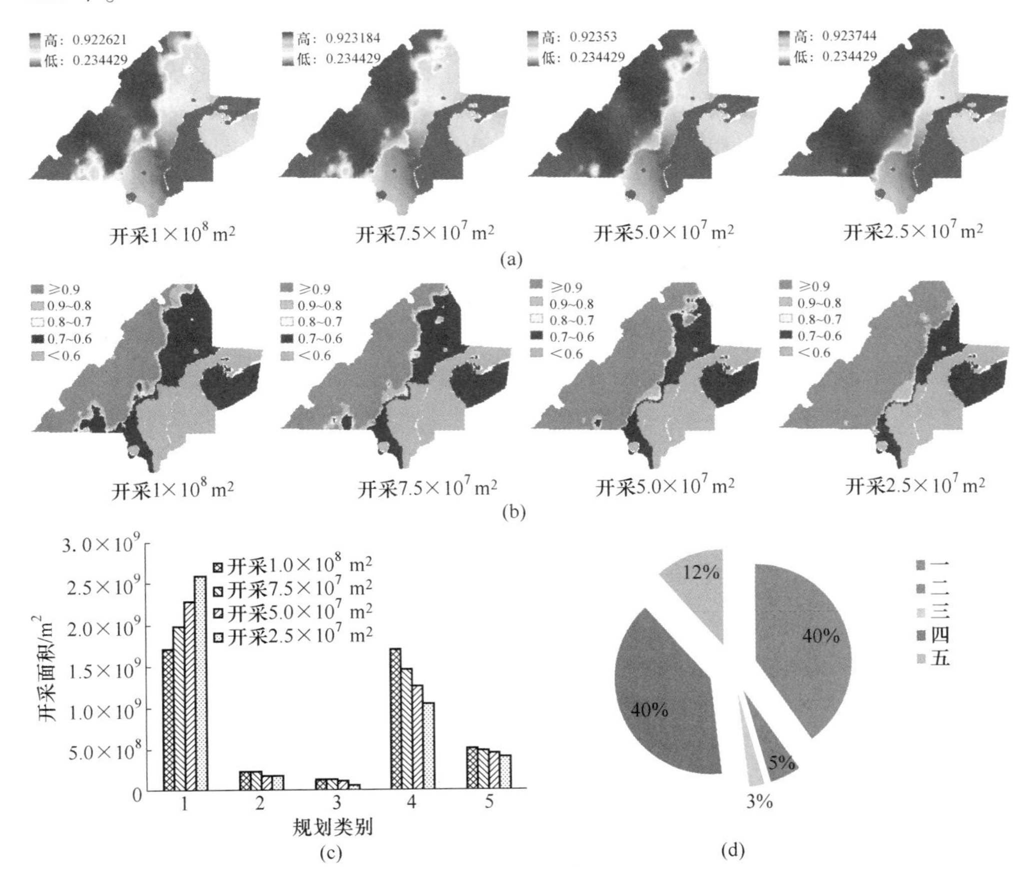

图 5-11 不同开采范围水资源承载力及分类

（a）不同开采范围水资源承载力；（b）不同开采范围水资源承载力分类；（c）不同种类规划面积；（d）不同种类规划占比

分析不同水文地质条件下矿区内矿井不同开采恢复时间下浅表水水位变化特征，应用第 4 章构建含补给入渗条件采动影响下浅表含水层渗流理论模型，含水层渗透系数为 5.78704×10^{-5} m/s，矿井开采面积分别为 $5\times10^7\ m^2$，矿井开采恢复时间依据第 4 章的四种情况（分别为 t、$\frac{3}{4}$t、$\frac{1}{2}$t、$\frac{1}{4}$t，本章简写为 1、0.75、0.5、0.25），结合地层等效渗透系数以及岩土层厚度，采用 GIS 软件的空间分析功能生成浅表水水位变化分布特征图（见图 5-12（a））。将开采扰动影响下水位变化分布特征图进行分类处理（见图 5-12（b）），分类阈值选定为 5 m、10 m、15 m、20 m，进而可以得到榆神矿区水文地质条件下允许开采范围，基于浅表水稳定榆神矿区允许开采范围最大的地方在井田的西北部，井田东南部区域为规模化开采范围最小的地方。矿井开采恢复时间为 1 时，分类一～分类五的面积分别为 2.35×10^9 m²、2.41×10^8 m²、1.32×10^8 m²、6.41×10^7 m²、1.45×10^9 m²，分类一的面积最大，约为设计开采面积的 56%，分类五次之，约为设计开采面积的 34%，分类四的开采面积最小，约为设计开采面积的 1%，如图 5-12（c）（d）

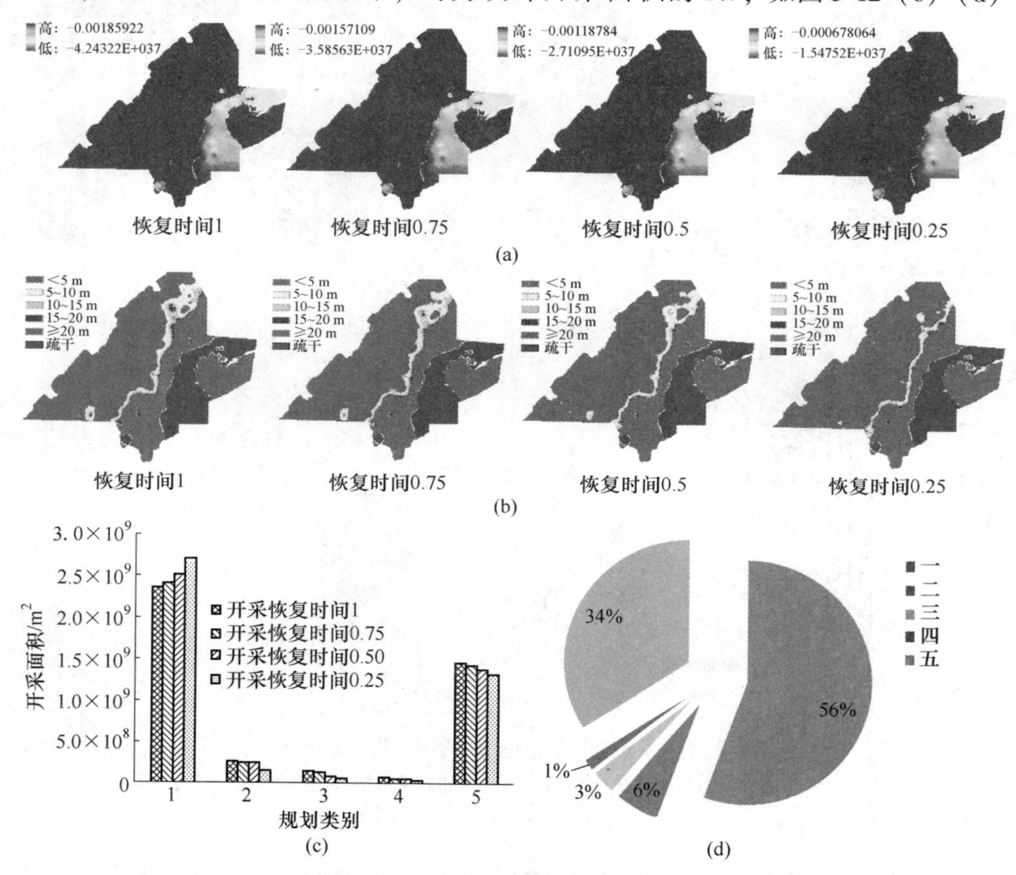

图 5-12　不同恢复时间浅表水位降深及分类（开采 5.0×10^7 m²）
（a）不同开采恢复时间浅表水位降深；（b）不同开采恢复时间浅表水位降深分类；
（c）不同种类规划面积；（d）不同种类规划占比

所示。随着设计矿井开采恢复时间的缩短，第一分类的面积逐渐增大，依次为 $2.35\times10^9\ m^2$、$2.41\times10^9\ m^2$、$2.51\times10^9\ m^2$、$2.70\times10^9\ m^2$，则第一类地质条件下允许开采的矿井数分别为 47 个、48 个、50 个、54 个。

依据采动影响下水资源承载力评价体系，分析不同水文地质条件下矿区内矿井不同开采恢复时间下水资源承载力分布特征，含水层渗透系数为 5.78704×10^{-5} m/s，矿井开采面积为 $5\times10^7\ m^2$，矿井开采恢复时间依据第 4 章的四种情况（分别为 1、0.75、0.5、0.25），结合地层等效渗透系数及岩土层厚度，采用 GIS 软件的空间分析功能生成浅表水水位变化分布特征图（见图 5-13（a）），结合水资源承载力评价体系生成水资源承载力分布特征图。将开采扰动影响下水资源承载力分布特征图进行分类处理（见图 5-13（b）），依据等效水资源承载力分类表设定分类阈值为 0.9、0.8、0.7、0.6，榆神矿区水资源承载力最大的地方在井田

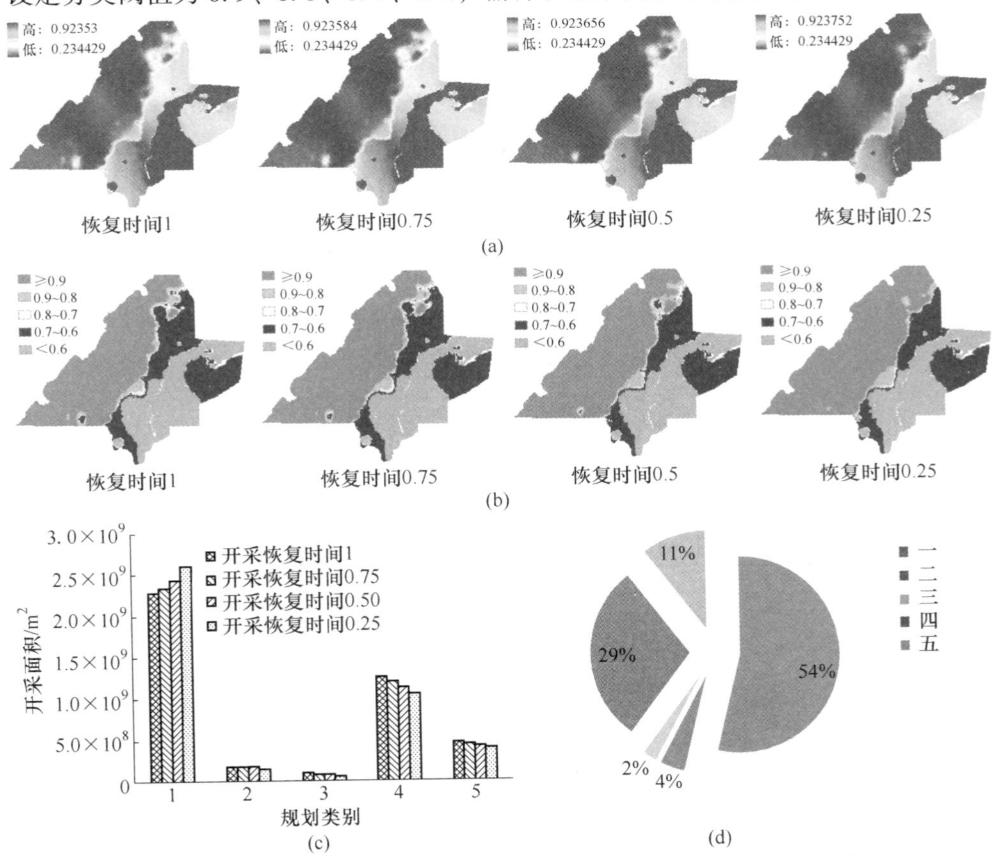

图 5-13　不同恢复时间水资源承载力及分类（开采 $5.0\times10^7\ m^2$）

（a）不同开采恢复时间浅表水位降深；（b）不同开采恢复时间浅表水位降深分类；
（c）不同种类规划面积；（d）不同种类规划占比

的西北部，井田东南部区域为规模化开采水资源承载力最小的地方。矿井开采恢复时间为 1 时，承载盈余、可承载、中度承载、轻度超载及重度超载面积分别为 $2.28\times10^9\ m^2$、$1.70\times10^8\ m^2$、$1.00\times10^8\ m^2$、$1.24\times10^9\ m^2$、$4.42\times10^8\ m^2$，分类一的面积最大，约为设计开采面积的 53.8%，分类四次之，约为设计开采面积的 29.37%，分类三的开采面积最小，约为设计开采面积的 2.36%，如图 5-13（c）（d）所示。随着设计矿井开采恢复时间的缩短，第一分类的面积逐渐增大，依次为 $2.28\times10^9\ m^2$、$2.34\times10^9\ m^2$、$2.43\times10^9\ m^2$、$2.60\times10^9\ m^2$，则水资源承载力在承载中度以上地质条件下允许开采的矿井数分别为 51 个、52 个、54 个、56 个。

5.2　基于浅表水系统稳定的矿井布局方法

矿区内最优布置要与矿区系统特征及优化布置内容相适应，在矿区开发过程中，本节主要对矿区内矿井开发具体位置、数量及规模进行分析，以期在矿区开采过程中对浅表水系统造成较小的负面影响。此部分内容核心是采用第 4 章构建的采动浅表水评价模型嵌入动态规划，进而以评价模型为基础，以动态规划为手段，以水资源承载力为依托对矿井布局方案下的浅表水稳定性进行评价。矿区矿井布局流程如图 5-14 所示。

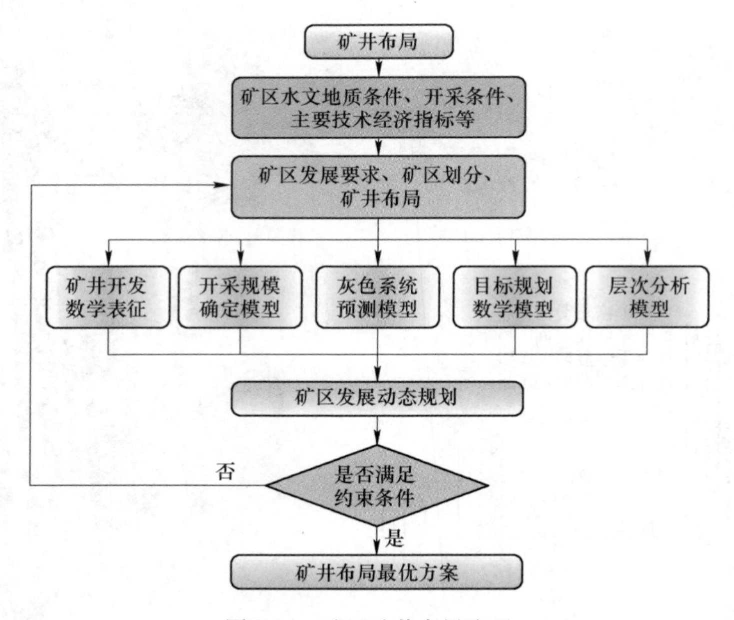

图 5-14　矿区矿井布局流程

（1）分析研究区水文地质资料，整理得到煤层厚度、煤水间距、采场覆岩系统岩性组合形式数据，基于 GIS 软件的空间分析功能，继而得到研究区对应数据资料的分布特征图。

(2) 按照《煤炭工业矿区总体设计规范》的规定，对井田尺寸参数及矿井类型进行分析，核算矿井与水平服务年限，确定新建矿井的数量与规模。

(3) 新建矿井设定为1，不进行新建矿井设定为0。

(4) 对于新建矿井，矿井规模是反映生产能力的基本指标，矿井的开采规模设定为1、2、…、M，将矿井开采方案与开采规模相结合构建元胞数组。

(5) 新建矿井规划期内的价格及开采成本等内容的变化情况，有些是已知的，但有一部分是未知的，因此采用灰色系统预测模型对原始数据进行处理，进而得到新建矿井建成后逐年的价格及开采成本。

(6) 矿区优化布置的主要内容是确定规划目标，为满足目标要求进行矿井的规划，以水资源承载力阈值为例，依据设定方案获得全部开采方案的水资源承载力评价结果，根据水资源承载力由大到小重新排序，构成新的数列组合，基于设定的水资源承载力阈值可以依据序列号进行方案的确定。

(7) 矿井规划的原问题为在满足产能、效益与水系统承载力约束的条件下的多目标决策问题，在多种可行性方案中，需要对几项目标重要程度进行优先等级排序，动态规划是一个有效途径，可以实现多目标决策的最优化。

(8) 矿区优化布置的评价指标中，除了一些可以定量表达的指标，还存在一些难以定量表述的定性指标。而层次分析的主要特点就是使复杂问题中的各种因素有层次和条理化，以相对重要性对评价指标进行定量表示，进而采用数学方法确定重要性权值，以实现对定性指标的定量分析。

5.2.1 动态规划及优化模型

动态规划的核心思想就是将问题定义为原问题与子问题[187-188]，矿井规划的原问题为在满足产能、效益与水系统承载力约束的条件下，将 N 个矿井选择性地进行开发，矿井的总产能为 W 时能获得的最大增产效益；子问题为在满足产能、效益与水系统承载力约束的条件下，将 $i(i \leqslant N)$ 个矿井进行开发，矿井的总产能为 $j(j \leqslant W)$ 时能获得的最大增产效益。

接下来则是要定义状态变量，将 $f(i, j)$ 记作 $i(i \leqslant N)$ 个矿井进行开发，矿井的总产能为 $j(j \leqslant W)$ 时多能获得的最大增产效益。这里的 i 与 j 数值之间的组合就是子问题的状态变量，所以在接下来的分析中就需要定义一个二维的动态规划（dynamic programming，DP）数组。

寻找状态转移方程，矿井的符号采用自然数表示，都是正整数，矿井的产能也采用正整数进行表示，当存在不是正整数的情况时，将所有数据进行一个单位换算，如由百万吨换算为吨。

当煤田内矿区范围或矿区内的一部分区域，在大范围上不受地质条件的限制，依据开采技术可行性可以划分为若干个方案，需要结合煤炭资源、水资源、经济等约束条件进行综合对比分析，从众多方案中确定出最优方案。优化准则取多项目标的综合指标最优。模型的结构、优化步骤和方案概括如下。

在研究区内矿井开发的综合评价指标为 m 项，构成综合评价指标集合 X，即

$$X = \{x_1, x_2, \cdots, x_m\}$$

在矿井开发区范围中，具体矿井的划分方案为 n 种，依据综合评价指标集合 X，每个划分方案中划分的矿井数为 P 个，则对每个方案皆有 P 个综合指标合集：

$$X_1 = \{x_{11}, x_{12}, \cdots, x_{1m}\}$$
$$X_2 = \{x_{21}, x_{22}, \cdots, x_{2m}\}$$
$$\vdots$$
$$X_p = \{x_{p1}, x_{p2}, \cdots, x_{pm}\}$$

为了对研究区内划分方案进行对比，需将划分方案中全部矿井的指标集合 X_1，X_2，…，X_p 转化为代表此方案的评价指标集合：

$$\{y_1, y_2, \cdots, y_m\}$$

5.2.1.1 矿区优化布置约束条件类型

优化准则是取多项目标的综合指标优化，要兼顾多个目标，因而需要针对不同的目标设定约束条件，本节主要兼顾经济效益、产量以及浅表水系统影响，分为三种约束条件类型，以 Y_s 表示。

（1）$Y_s=1$，约束条件是矿区开发的经济效益 X_J 不小于给定的增长效益目标 Y_{s1}，即满足：

$$XY(I) = \sum_{J=1}^{M} XY(J) \cdot X(I, J) \geqslant Y_{s1}$$

当 Y_{s1} 是某一区间内任意取值时，采取上限值取值为 Y_{s1max}，下限值取值为 Y_{s1min}，步长间隔设置为 Y_{s1mid} 进行多种规划方案的优选。

（2）$Y_s=2$，约束条件是矿区开发期末的增加产量 ZC 不小于给定的矿区增产目标 Y_{s2}，即满足：

$$ZC(I) = \sum_{J=1}^{M} ZC(J) \cdot X(I, J) \geqslant Y_{s2}$$

（3）$Y_s=3$，约束条件是矿区开发期末对浅表水系统的影响 SW 不大于给定的水位要求阈值 Y_{s3}，即满足：

$$SW(I) = \sum_{J=1}^{M} SW(J) \cdot X(I, J) \leqslant Y_{s3}$$

本节重点采用课题组提出的3层次11指标的水资源承载力（β）评价体系，各因子的影响权重取自参考文献[28]，对研究区域采动浅表水影响进行评价。

在优化模型中，同样可以采用生态水位量化指标（E_e）及浅表水扰动程度量化指标（E_r）作为约束条件，两个评价指标如下。

1）生态水位量化指标（E_e）：采用生态水位埋深确定浅表含水层扰动程度指标：

$$E_e = \frac{H + \Delta H}{D_e}$$

式中，H 为自然条件下水位埋深；ΔH 为开采扰动后的浅表水位降深；D_e 为生态水位埋深。学者通过研究发现[189-190]：当浅表水位埋深超出 5 m 时，地表生态环境恶化，而地表生态环境一旦发生恶化，一方面很难修复，另一方面是要付出昂贵的代价进行生态恢复，甚至远超出煤炭开采带来的经济效益。E_e 为浅表含水层扰动指标。

2）浅表水扰动程度量化指标（E_r）：前人经过长期的现场观测与研究[27]，认为浅表含水层的开采阈值为由地表至含水层厚度一半位置处的距离。结合煤层开采后上覆浅表含水层的水位变化，确定浅表含水层扰动程度量化指标如下：

$$E_r = \frac{H + \Delta H}{L}$$

式中，H 为原始水位埋深；ΔH 为采掘扰动后的水位降深；L 为含水层厚度；E_r 为含水层扰动指标。

含水层扰动指标（E_r）的开采阈值为1/2，当 E_r 小于1/2时，浅表含水层的水位埋深未超出开采阈值；当 E_r 大于1/2时，表明浅表含水层的水位埋深已经超出预警警戒线，该区域的水资源可能面临枯竭的危险；当 E_r 为1时，表明该层含水层被疏干，水资源枯竭。

（4）$Y_s=4$，约束条件是矿区开发期末增加产量 ZC 不小于给定的矿区增产目标 Y_{s2}，对浅表水系统的影响 SW 不大于给定的水位要求阈值 Y_{s3}，即满足：

$$\begin{cases} ZC(I) = \sum_{J=1}^{M} ZC(J) \cdot X(I, J) \geqslant Y_{s2} \\ SW(I) = \sum_{J=1}^{M} SW(J) \cdot X(I, J) \leqslant Y_{s3} \end{cases}$$

在方案优选过程中，约束条件越多，矿井布局方案的选择也就越困难，在各种约束条件下可能会出现多解或者无解的条件，同时约束条件越多，无解情况出现的可能性也就越大。

5.2.1.2 矿区优化布置最优方案求解模型

4.3节中基于典型地质条件不同采高、煤水间距、恢复时间、开采范围下浅表水位变化特征，得到矿区范围内不同开采参数下浅表水渗漏计算公式（$H_{修正}$-K_e、H_e、W、K、l、α_H、α_d、α_m），再根据开采布局对浅表水系统稳定性影响的研究成果，给出的多矿井采动浅表水评价模型，将浅表水位预测模型嵌入规划模型。根据矿区内的水位地质条件，可以提出多种开采方案，根据不同的约束条件类型，可以对规划方案进行检验，进而得到相应约束条件下的最优方案、次优方案，可实现对全部方案的优劣排序，程序的框架图如图 5-15 所示。

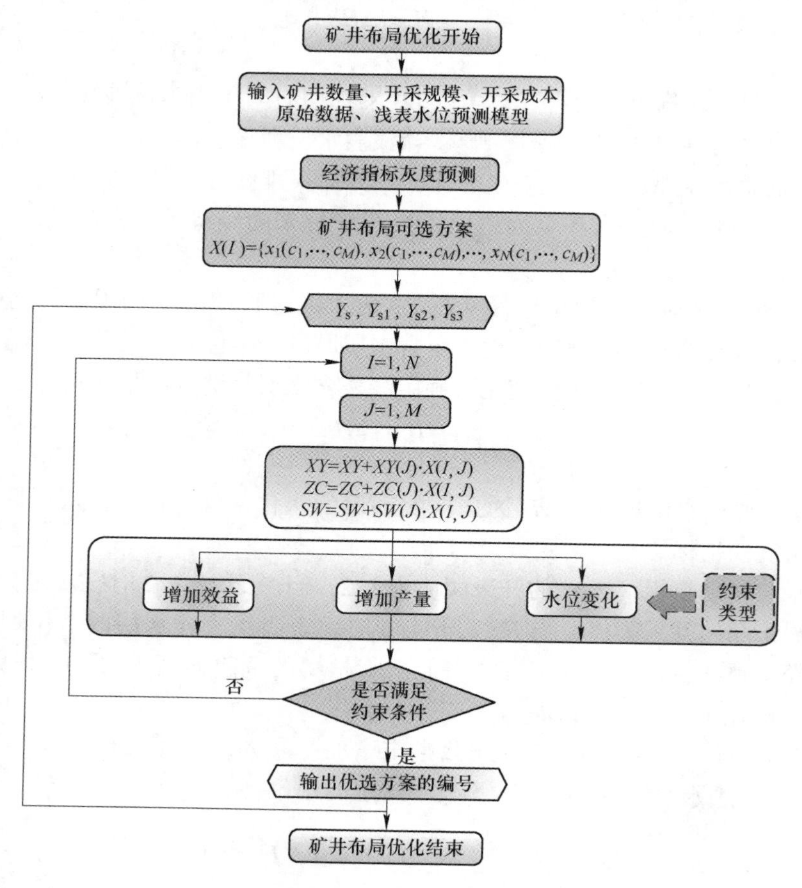

图 5-15　矿井布局流程图

5.2.2　灰色系统预测模型

灰色系统理论是基于关联空间、光滑离散函数等概念定义灰导数与灰微分方程，进而用离散数据列建立微分方程形式的动态模型，即灰色模型是利用离散随机数经过生成变为随机性被显著削弱而且较有规律的生成数，建立起的微分方程形式的模型，这样便于对其变化过程进行研究和描述。G 表示 grey（灰色），M 表示 model（模型）[191]。引入矩阵向量记号：

$$\boldsymbol{\mu} = \begin{bmatrix} a \\ b \end{bmatrix} \quad \boldsymbol{Y} = \begin{bmatrix} x^{(0)}(2) \\ x^{(0)}(3) \\ \vdots \\ x^{(0)}(n) \end{bmatrix} \quad \boldsymbol{B} = \begin{bmatrix} -z^{(1)}(2) & 1 \\ -z^{(1)}(3) & 1 \\ \vdots & \\ -z^{(1)}(n) & 1 \end{bmatrix}$$

于是 GM（1，1）模型可表示为 $\boldsymbol{Y}=\boldsymbol{B\mu}$。

那么现在的问题就是求 a 和 b 的值，我们可以用一元线性回归，也就是最小二乘法求它们的估计值：

$$\boldsymbol{\mu}=\begin{bmatrix}a\\b\end{bmatrix}=(\boldsymbol{B}^{\mathrm{T}}\boldsymbol{B})^{-1}\boldsymbol{B}^{\mathrm{T}}\boldsymbol{Y}$$

对于 GM(1，1）的灰微分方程，如果将时刻 $k=2, 3, \cdots, n$ 视为连续变量 t，则之前的 $x(1)$ 视为时间 t 函数，于是灰导数 $x^{(0)}(k)$ 变为连续函数的导数 $\mathrm{d}x^{(1)}(t)/\mathrm{d}t$，白化背景值 $z(1)(k)$ 对应于导数 $x^{(1)}(t)$。于是 GM(1，1）的灰微分方程对应的白微分方程为：

$$\frac{\mathrm{d}x^{(1)}(t)}{\mathrm{d}t}+\alpha x^{(1)}(t)=b,\quad x^{(1)}(t)=\left(x^{(0)}(1)-\frac{b}{a}\right)\mathrm{e}^{-\alpha(t-1)}+\frac{b}{a}$$

于是得到预测值：

$$\hat{x}^{(1)}(k+1)=\left(x^{(0)}(1)-\frac{b}{a}\right)\mathrm{e}^{-ak}+\frac{b}{a},\ k=1,2,\cdots,n-1$$

从而得到相应的预测值：

$$\hat{x}^{(0)}(k+1)=\hat{x}^{(1)}(k+1)-\hat{x}^{(1)}(k),\ k=1,2,\cdots,n-1$$

2002~2017 年煤炭价格与开采成本见表 5-2 和表 5-3。煤炭价格预测值为：648.2949、660.6334、673.2067、686.0193、699.0757、712.3807、725.9388，如图 5-16（a）所示；开采成本预测值为：227.0353、228.7109、230.3988、232.0992、233.8121、235.5377 、237.276，如图 5-16（b）所示。

表 5-2　2002~2017 年煤炭价格

年份	2002	2003	2004	2005	2006	2007	2008	2009
价格/元	252	303	517	415	426	395	740	584
年份	2010	2011	2012	2013	2014	2015	2016	2017
价格/元	743	850	767	590	518	411	478	644

表 5-3　2002~2017 年开采成本

年份	2002	2003	2004	2005	2006	2007	2008	2009
成本/元	118	136	170	176	164	166	365	268
年份	2010	2011	2012	2013	2014	2015	2016	2017
成本/元	274	292	261	224	167	145	183	221

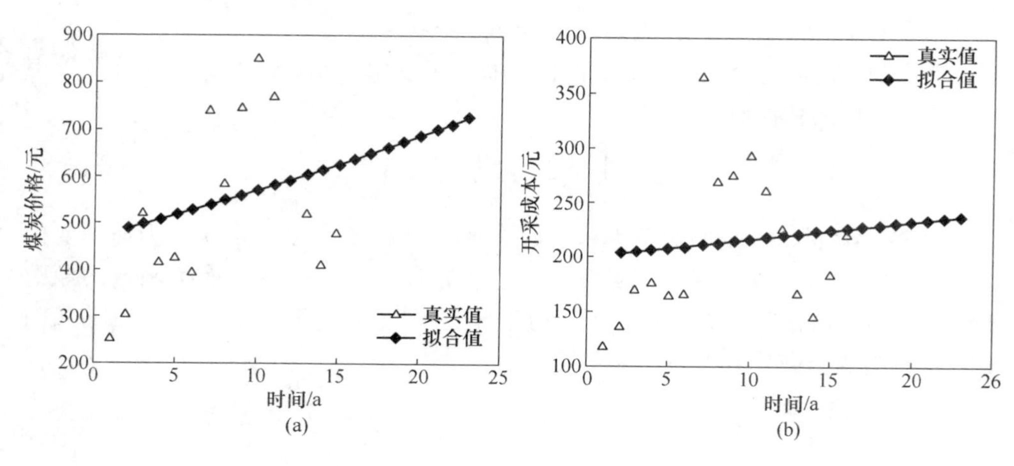

图 5-16　价格与开采成本灰度预测

（a）煤炭价格；（b）开采成本

5.2.3　矿井布局案例分析

采动浅表水稳定性影响半径分析中发现，当模型距离边界长度达到 10000 m 时，可以有效消除边界效应，因此选定的研究区的范围为 30000 m×30000 m，设定内部矿井边长为 10000 m，将研究区划分为 9 个矿井，如图 5-17 所示。

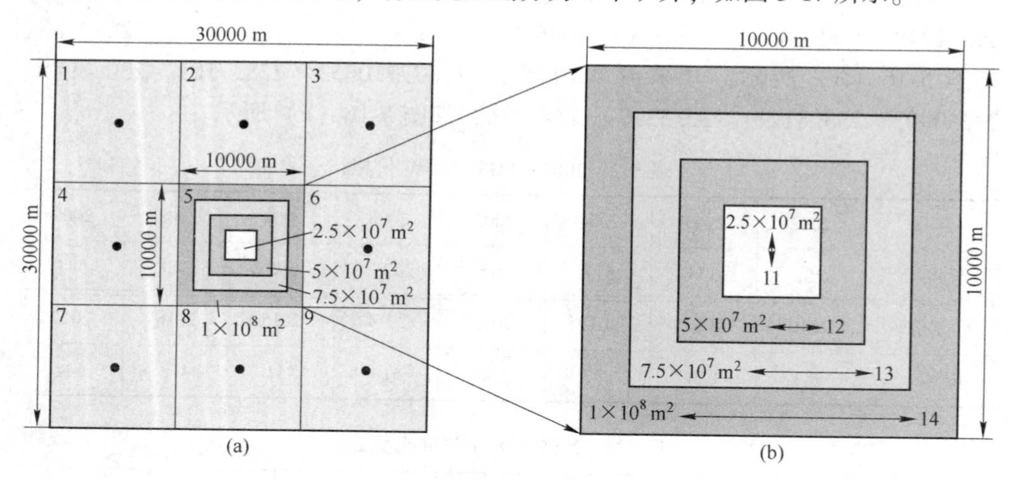

图 5-17　研究区规划示意图

（a）研究区矿井划分；（b）矿井开采规模

采用矿区开采方案的 0-1 规划方法构建元胞数组，研究区内一共包含九个矿井，以 5 号矿井为例，1 代表开发，0 代表不开发。采用整数 N 代表矿井的开采规模，此处设定 N 等于 4，具体含义为 4 代表开采面积为 1×10^8 m²，3 代表开采

面积为 $7.5\times10^7\ m^2$，2 代表开采面积为 $5.0\times10^7\ m^2$，1 代表开采面积为 $2.5\times10^7\ m^2$，0 代表不开发。再结合 0-1 规划方法，构建的数组依次为 14、13、12、11、10，进而表示矿井的开采规模。

矿井所处在位置的不同，距定水头边界的距离也存在差异，导致对浅表水系统的影响程度也存在差异，矿区范围内不同短板位置处的研究成果已经证实上述观点，并给出了不同位置处矿井开采下的浅表水位降深预计公式。根据矿井设计规模，此处的 l 为 10000 m，详细计算步骤见多矿井开采对浅表水系统稳定影响的研究成果，计算不同位置矿井及不同开采参数的多矿井开采下浅表水位响应特征，如图 5-18 所示，进而实现多矿井开采对浅表水系统影响的定量评价。

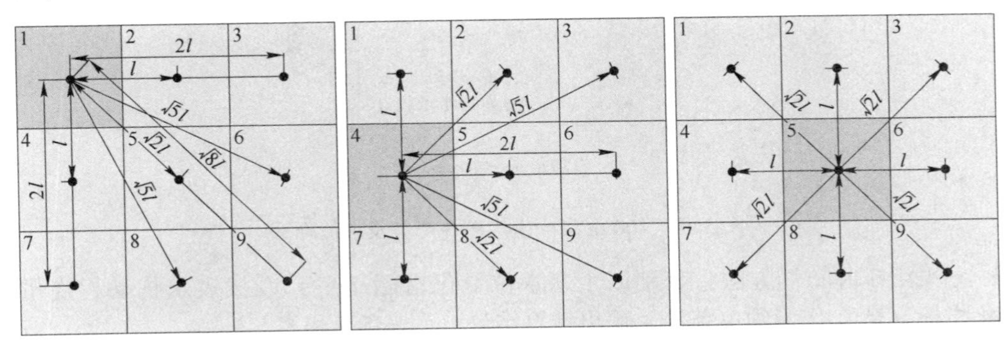

图 5-18 不同位置矿井开采计算示意图

第Ⅴ类煤水间距（≥400 m）时，以煤水间距 400 m，土层厚度 10 m，浅表含水层厚度 40 m 为代表，分析开采高度为 8 m 条件下的 9 个矿井开采的水资源动态响应特征。以水资源承载力（β）作为评价指标，将其分别选定为阈值时，采用矿井布局流程图输出计算结果，见表 5-4。

表 5-4 400 m-8 m 浅表水系统及产量约束条件下的最优方案（β）

矿井 1	矿井 2	矿井 3	矿井 4	矿井 5	矿井 6	矿井 7	矿井 8	矿井 9	β	产量 /Mt · a^{-1}	经济效益 /亿元
14	24	34	44	54	64	74	84	94	0.8151	120.0	38168.15
14	24	34	44	54	64	74	84	93	0.8186	116.7	37107.93
14	24	34	44	54	64	73	84	94	0.8186	116.7	37107.93
14	24	33	44	54	64	74	84	94	0.8186	116.7	37107.93
13	24	34	44	54	64	74	84	94	0.8186	116.7	37107.93
14	23	34	44	54	64	74	84	94	0.8186	116.7	37107.93
14	24	34	43	54	64	74	84	94	0.8186	116.7	37107.93
14	24	34	44	54	63	74	84	94	0.8186	116.7	37107.93
14	24	34	44	54	64	74	83	94	0.8186	116.7	37107.93
14	24	34	44	53	64	74	84	94	0.8187	116.7	37107.93

以水资源承载力（β）作为评价指标，矿区内的最大产量规模为 120 Mt/a，矿区内β为0.8151，进而分析了不同集中生产矿井下的矿区水资源承载力及增产规模，如图5-19所示，随着集中生产矿井数量的增加，水资源承载力值逐渐降低，矿区内的生产规模稳定增长，在9个矿井集中生产情况下，产量规模为120 Mt/a，依据生产集中化准则，此时最佳的集中生产矿井数量为9个。

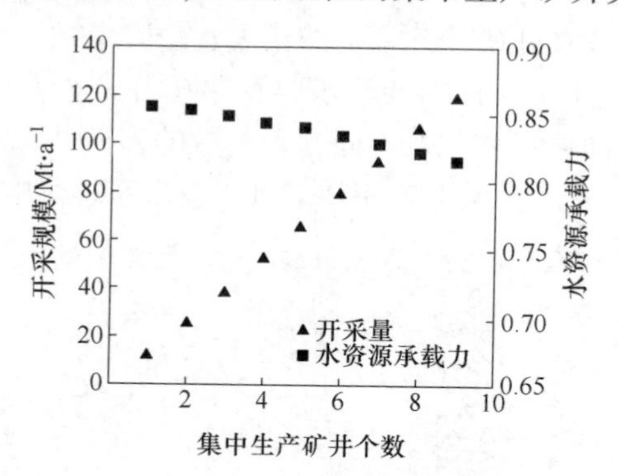

图 5-19　400 m 集中生产矿井产量及水位降深

采用矿井布局方法，分别以生态水位量化指标（E_e）及浅表水扰动程度量化指标（E_r）作为约束条件，输出计算结果，见表5-5和表5-6。

表 5-5　400 m-8 m 浅表水系统及产量约束条件下的最优方案（E_e）

矿井 1	矿井 2	矿井 3	矿井 4	矿井 5	矿井 6	矿井 7	矿井 8	矿井 9	E_e	产量/Mt·a^{-1}	经济效益/亿元
14	24	34	44	54	64	74	84	94	0.63	120.0	38168.15
14	24	34	44	54	64	74	84	93	0.60	116.7	37107.93
14	24	34	44	54	64	73	84	94	0.60	116.7	37107.93
14	24	33	44	54	64	74	84	94	0.60	116.7	37107.93
13	24	34	44	54	64	74	84	94	0.60	116.7	37107.93
14	23	34	44	54	64	74	84	94	0.60	116.7	37107.93
14	24	34	43	54	64	74	84	94	0.60	116.7	37107.93
14	24	34	44	54	63	74	84	94	0.60	116.7	37107.93
14	24	34	44	54	64	74	83	94	0.60	116.7	37107.93
14	24	34	44	53	64	74	84	94	0.60	116.7	37107.93

表 5-6 400m-8m 浅表水系统及产量约束条件下的最优方案（E_r）

矿井 1	矿井 2	矿井 3	矿井 4	矿井 5	矿井 6	矿井 7	矿井 8	矿井 9	E_r	产量 /$Mt \cdot a^{-1}$	经济效益 /亿元
14	24	34	44	54	64	74	84	94	0.16	120.0	38168.15
14	24	34	44	54	64	74	84	93	0.15	116.7	37107.93
14	24	34	44	54	64	73	84	94	0.15	116.7	37107.93
14	24	33	44	54	64	74	84	94	0.15	116.7	37107.93
13	24	34	44	54	64	74	84	94	0.15	116.7	37107.93
14	23	34	44	54	64	74	84	94	0.15	116.7	37107.93
14	24	34	43	54	64	74	84	94	0.15	116.7	37107.93
14	24	34	44	54	63	74	84	94	0.15	116.7	37107.93
14	24	34	44	54	64	74	83	94	0.15	116.7	37107.93
14	24	34	44	53	64	74	84	94	0.15	116.7	37107.93

以生态水位量化指标（E_e）进行评价，进行9个矿井的全产能生产，矿区内的最大产量规模为120 Mt/a，矿区内 E_e 为0.63，进而分析了不同集中生产矿井下的生态水位量化指标及增产规模，如图5-20（a）所示。随着集中生产矿井数量的增加，生态水位量化指标值逐渐增大，矿区内的生产规模稳定增长，在9个矿井集中生产情况下，产量规模为120 Mt/a，依据生产集中化准则，此时最佳的集中生产矿井数量为9个。

以浅表水扰动程度（E_r）为量化指标，矿区内的最大产量规模为120 Mt/a，矿区内 E_r 为0.16，进而分析了不同集中生产矿井下的浅表水扰动程度量化指标及增产规模，如图5-20（b）所示，随着集中生产矿井数量的增加，浅表水扰动程度量化逐渐增大，矿区内的生产规模稳定增长，在9个矿井集中生产情况下，产量规模为120 Mt/a，依据生产集中化准则，此时最佳的集中生产矿井数量为9个。

煤水间距400 m，采高8 m条件下，以水资源承载力（β）进行评价，在9个矿井集中生产情况下，产量规模为120 Mt/a，如图5-21（a）所示。当矿区内水位地质条件存在短板情况时，假定短板位于5号矿井位置，短板条件为第Ⅳ类：煤水间距300 m，土层厚度20 m，浅表含水层厚度40 m，采高为6 m时，矿区内9个矿井进行生产，产量规模为116.67 Mt/a，如图5-21（b）所示；但当短板矿井先开采时，允许的最大产量规模为10 Mt/a。短板条件为第Ⅲ类：煤水间距200 m，土层厚度20 m，浅表含水层厚度30 m，采高为4 m时，矿区内9个矿

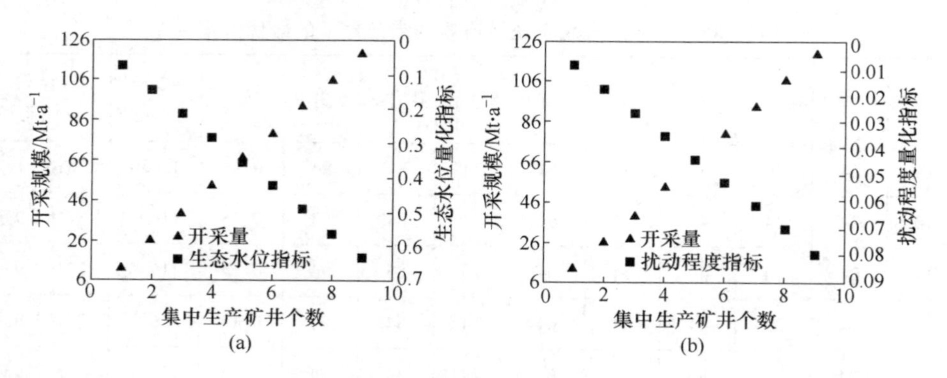

图 5-20 400 m 集中生产矿井产量及水位降深

（a）Y_{s3}：E_e；（b）Y_{s3}：E_r

井进行生产，产量规模为 110 Mt/a，如图 5-21（c）所示；但当短板矿井先开采时，允许的最大产量规模为 3.33 Mt/a。

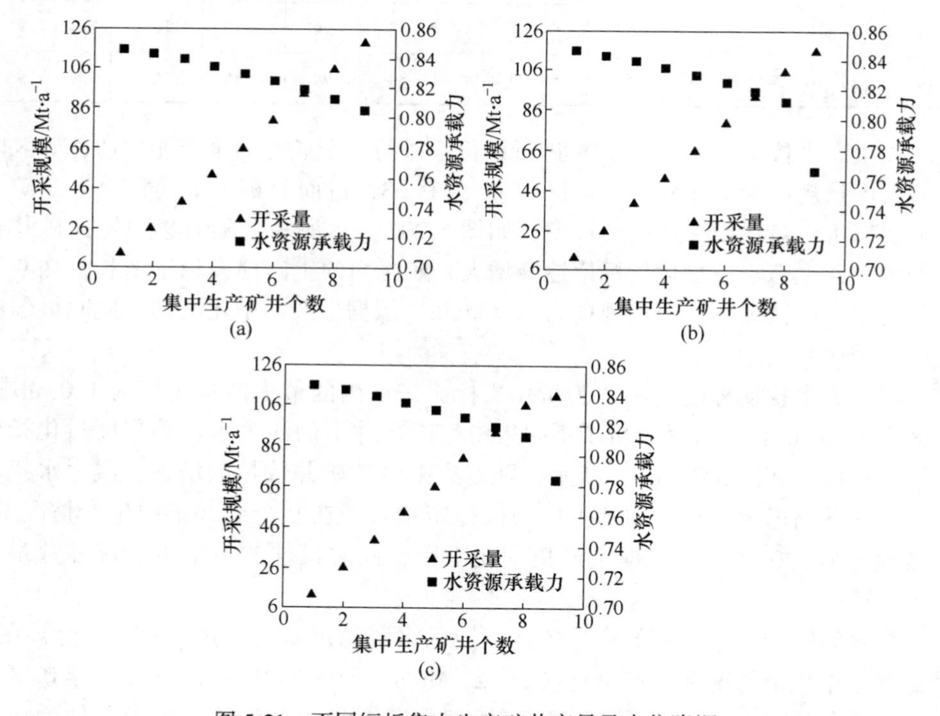

图 5-21 不同短板集中生产矿井产量及水位降深

（a）400 m-8 m；（b）400 m-8 m-短板 300 m-6 m；（c）400 m-8 m-短板 200 m-4 m

为分析短板区域的开采顺序对浅表水的影响，将整个分析过程划分为三步：（1）确定短板位置；（2）给出对比方案；（3）输出计算结果。

（1）确定短板位置。首先需要确定矿区内矿井的短板位置，根据采动浅表水影响内在机制分析结果，煤炭开采带来的浅表水渗漏，其根本原因在于煤层开采导致覆岩破断损伤，导致覆岩渗透系数增加，有效阻水厚度降低。考虑到矿区内水文地质单元的短板是相对概念，因此在分析中采用等效渗透系数的相对大小进行区分。此处采用的是理想条件下，长板条件为第五类煤水间距（≥400 m）时，以煤水间距 400 m，土层厚度 10 m，浅表含水层厚度 40 m 为代表，采高 8 m，矿井 1、矿井 2、矿井 3、矿井 4、矿井 6、矿井 7、矿井 8、矿井 9 均为长板条件；短板条件为第三类：煤水间距 200 m，土层厚度 20 m，浅表含水层厚度 30 m，矿井 5 为短板条件。

（2）给出对比方案。此处重点分析短板水文地质条件的优先开采顺序，分为先采长板后采短板、先采短板后采长板两种情况。

研究区内长板先开采时，矿井 1、矿井 2、矿井 3、矿井 4、矿井 6、矿井 7、矿井 8、矿井 9 均属于相对长板的情况。研究区内长板先开采时，可以允许 8 个矿井同时进行全产能的开采，矿区内的产量规模为 106. 67 Mt/a，水资源承载力β为 0. 853，如图 5-22（a）所示。

研究区内短板先开采时，5 号矿井属于相对长板的情况，矿井均需要限制产能，产量规模分别为 5 Mt/a，水资源承载力β为 0. 823，如图 5-22（a）所示。

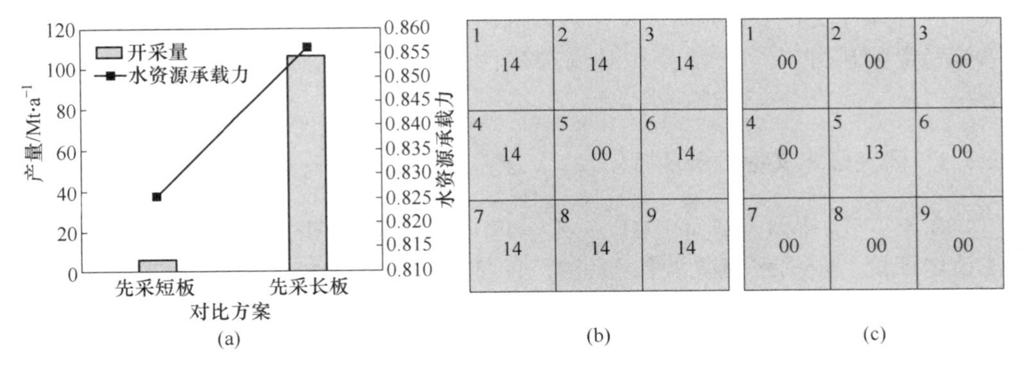

图 5-22 短板开采顺序对浅表水的影响

（a）方案对比；（b）长板先采；（c）短板先采

（3）输出计算结果。为了更直观显示规划结果，将两种对比方案集中生产矿井数的最优开采方案采用图像形式显示，如图 5-22（b）（c）所示。可以看出长板条件先采时，矿井 1、矿井 2、矿井 3、矿井 4、矿井 6、矿井 7、矿井 8、矿井 9 的元胞数组均为 14，即可以进行全产能的开发；短板条件先采时，矿井 5 的元胞数组为 13，意味着矿井 5 需要限制产能，无法实现全产能的开发。同时此种情况下其他矿井是无法开采的，需要监测浅表水系统动态变化，等到矿井 5 开采后浅表水位逐渐恢复并接近初始水位，再采用浅表水系统稳定的矿井布局方法，给出其他矿井的布局方案。

研究中发现矿区内水位地质单元存在短板的情况，与木桶原理是存在一定差别的，在木桶理论中桶中能容纳多少水，取决于桶壁上最短的那块，长板的优势是无法发挥的。但在矿区矿井布局中，水文地质单元的短板是一个相对概念，它不仅与煤水间距有关，还受到开采扰动的影响，同时当视为短板的水文地质单元不进行开采时，其他存在优势的水文地质单元依然可以在矿区开发中发挥各自的优势。

上述对比研究发现，水文地质单元处在短板情况的矿井先开采时，矿区内的产量规模小于水文地质单元处在长板情况的矿井先开采的情况，矿区内浅表水系统的水位降深大于水文地质单元处在长板情况的矿井先开采的情况。同时考虑到长板条件下采场覆岩中导水裂隙的重新闭合时间最短，浅表水位在一定时间内会最先恢复，因此，长板区域的矿井可以考虑优先开发，短板区域的矿井应最后开采，或者不进行开发。

5.3 榆神矿区三、四期局部区域矿井布局

合理的浅表水位是维持生态可持续发展的保障，合理的矿井布局及选择相应的浅表水保护性开采技术，可以有效降低采矿活动对生态环境的影响程度，为煤炭资源合理开发和生态地质环境保护提供理论依据，为此本节提出了基于浅表水系统稳定的矿井布局方法，并对榆神矿区三、四期局部区域进行了矿井布局分析。

5.3.1 研究区水文地质条件概化

在 5.1 节中以 1×10^8 m^2 为矿井开采单元，对榆神矿区进行了开采浅表水系统稳定评价。依据水资源承载力（β）评价指标，榆神矿区的三、四期基本属于承载中度以上，表明该区域存在承载富余，可以考虑进行规模化开发。选定局部区域进行矿井布局，接下来在榆神矿区范围内选定指定研究区域进行规划布置，选定的研究区域在矿区的左上位置，如图 5-23 所示，研究区的范围为 30000 m×30000 m，设定内部矿井边长为 10000 m，将研究区划分为 9 个矿井。

结合榆神矿区内煤水间距、煤层厚度及土层厚度的分类结果，对研究区内不同位置矿井水文地质条件进行概化，概化的方法：首先分析矿井内不同分类的面积占比，以面积占比一半以上为主展开分析，如煤水间距分类中第五类，则取煤水间距 400 m 进行分析，煤水间距分类中的第四类，则取煤水间距 350 m，依次类推，进而得到不同位置矿井的水文地质条件概化结果，如表 5-7 所示。

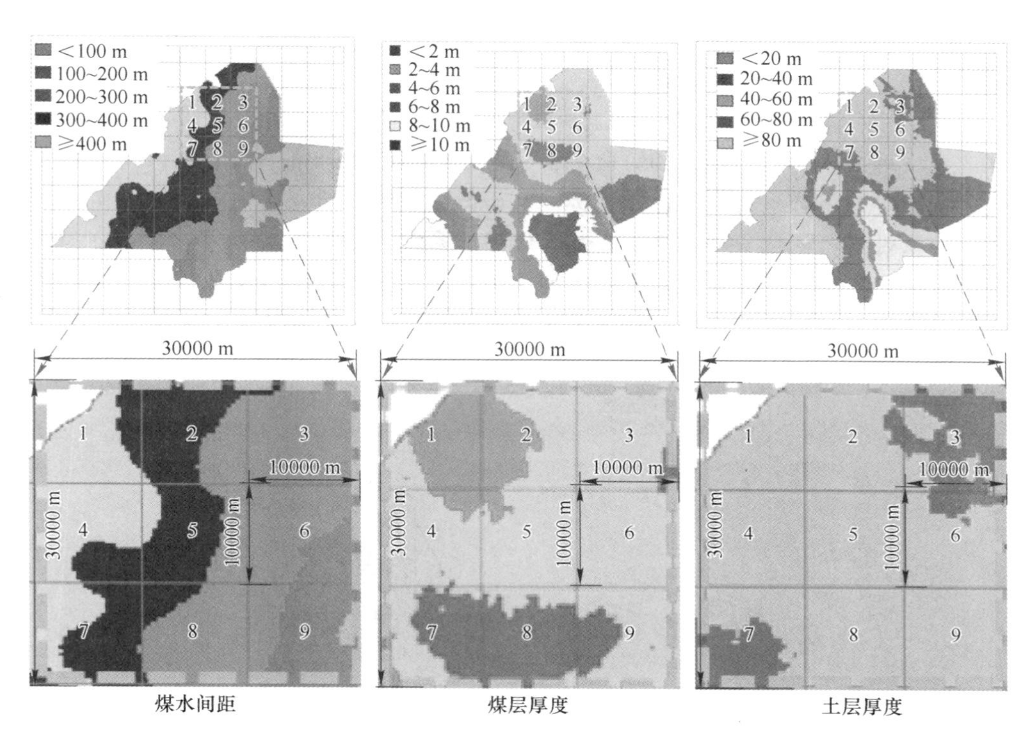

图 5-23 研究区煤水空间赋存特征

表 5-7 榆神矿区内研究区基础参数

矿井	埋深/m	采高/m	等效渗透系数/m · s^{-1}	开采面积/m^2	水头差/m	节点数量
1	400	5	2.81503×10^{-9}	1.00×10^{8}	30	17466
2	350	5	4.1342×10^{-9}	1.00×10^{8}	20	17466
3	250	3	8.221×10^{-9}	1.00×10^{8}	20	17466
4	400	3	2.41589×10^{-9}	1.00×10^{8}	40	17466
5	300	3	4.55525×10^{-9}	1.00×10^{8}	30	17466
6	200	3	3.28239×10^{-8}	1.00×10^{8}	40	17466
7	350	2	1.68263×10^{-9}	1.00×10^{8}	50	17466
8	250	2	7.26935×10^{-9}	1.00×10^{8}	60	17466
9	150	2	4.95108×10^{-8}	1.00×10^{8}	50	17466

5.3.2 基于浅表水系统稳定的矿井布局

首先设计长板区域开采方案，评估长板区域开采浅表水稳定性；若长板区域开采导致的浅表水稳定性低于阈值，则短板区域不开采；若扰动评价指标在阈值以上，再设计短板区域的开采方法，以评价指标阈值为约束设计开采方案。依据研究区矿井水文地质条件概化结果。

（1）确定相对短板位置。首先需要确定矿区内矿井的短板位置，考虑到矿区内水文地质单元的短板是相对概念，结合矿区范围内开采下浅表水渗漏计算公式，选定等效渗透系数作为评判指标。基于概化方法对研究区内不同位置矿井水文地质条件进行概化，得到9个矿井等效渗透系数，如图5-24所示，矿井9为研究区内的最短板，矿井6为研究区内的次短板，依据等效渗透系数从大到小的顺序对其余矿井进行排序，相比较矿井6与矿井9，其余矿井均可先视为长板。

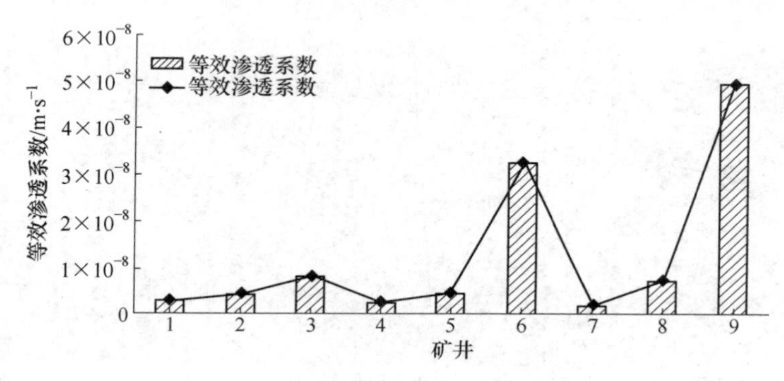

图 5-24 概化矿井的等效渗透系数

此处仍需要指出的是，矿区内水位地质单元短板的情况，与木桶原理是存在一定差别的，在木桶理论中桶中能容纳多少水，取决于桶壁上最短的那块，长板的优势是无法发挥的。但在矿井布局中，水文地质单元的短板是一个相对概念，它不仅与煤水间距有关，还受到开采扰动的影响，同时当视为短板的水文地质单元不进行开采时，其他存在优势的水文地质单元依然可以在矿区开发中发挥各自的优势。

因此在分析长板与短板时需要注意，以两种极端情况为例：一种情况为所有的矿井在设计的开采方法下采动覆岩的等效渗透系数均极小，地质与开采条件的差别也会导致等效渗透系数的存在相对较大的数值，但此时的相对短板实际上也是长板；另一种情况为所有的矿井在设计的开采方法下采动覆岩的等效渗透系数均极大，地质与开采条件的差别也会导致等效渗透系数的存在相对较小的数值，但此时的相对长板实际上也是短板。

（2）此处重点分析短板水文地质条件的优先开采顺序，分为先采长板后采短板、先采短板后采长板两种情况，如图5-25所示。矿井1、矿井2、矿井3、矿井4、矿井5、矿井7、矿井8均属于相对长板的情况。研究区内长板先开采时，可以允许7个矿井同时进行全产能的开采，矿区内的产量规模为38.33 Mt/a，矿区内水资源承载力（β）为0.837。水资源承载力（β）表明此时的浅表水系统的稳定性还存在富裕。采用区规划流程输出计算结果，矿区内最多进行 8 个矿井的同时开采，也就是在上述 7 个矿井全产能生产情况下，还可进行 6 号矿井的生产，但需要限制产能，此时 6 号矿井的设定产能为 1.25 Mt/a。

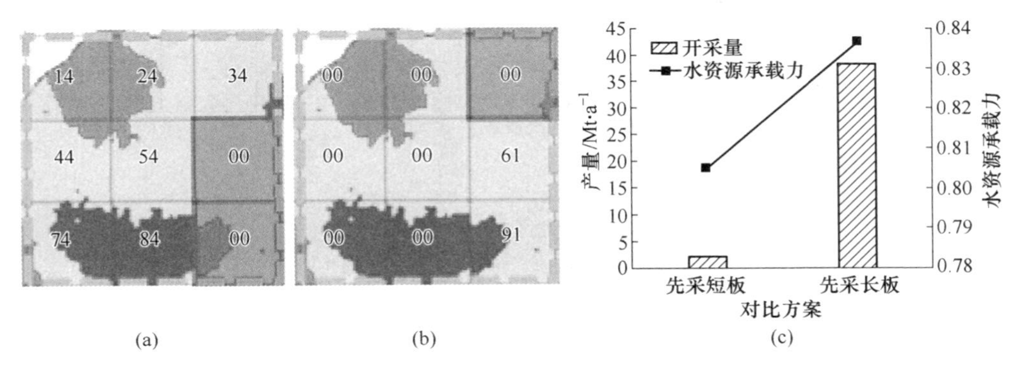

图 5-25 短板开采顺序对浅表水的影响

(a) 短板后采；(b) 短板先采；(c) 方案对比

如果不按照上述规划原则，若在研究区内首先进行短板开采时，6 号矿井与 9 号矿井均需要限制产能，产量规模分别为 1.25 Mt/a 和 0.833 Mt/a，则矿区内的产量规模为 2.083 Mt/a，矿区内水资源承载力（β）为 0.8044。意味 6 号矿井与 9 号矿井需要限制产能，无法实现全产能的开发。同时此种情况下其他矿井是无法开采的。依据整体规划、分期建设的要求，需要监测浅表水系统动态变化，等到矿井 5 开采后浅表水位逐渐恢复并接近初始水位，再采用浅表水系统稳定的矿区矿井布局方法，给出其他矿井的规划方案。

当矿区内限制最多生产矿井数量时，如最多同时 2 个矿井、3 个矿井生产，此时在矿区内 9 个矿井中，依据数据的排列组合，2 个矿井同时生产的排列组合数为 36 种情况，3 个矿井同时生产的排列组合数为 84 种情况。上述研究表明长板区域矿井优先进行开发，2 个矿井同时生产时，则长板区域的统一设计分期建设为第一期：14 和 74，第二期：24 和 44，第三期：34 和 54，第四期：84，随着开采的进行，矿区内的产量规模在增加，浅表水位降深量也在增加。3 个矿井同时生产时，则长板区域的分期建设为第一期：14、44 和 74，第二期：24、34 和 54，第三期：84，矿区内的产量规模在增加，浅表水位降深量也在增加，如图 5-26 所示。

上述分析是在浅表水系统稳定约束下矿区最大规模产能基础上给出的分期建设方案，在 4.3.4 节恢复时间对浅表水系统稳定性的影响分析中，提出了水位降深敏感性系数，即以情况一时的最大水位降深最为基准值，计算不同恢复时间情况下的最大浅表水位降深与基准值的比值，以此为基础构建了考虑恢复时间的矿区范围内不同开采参数下浅表水渗漏计算公式，结合镜像原理及叠加原理，可以

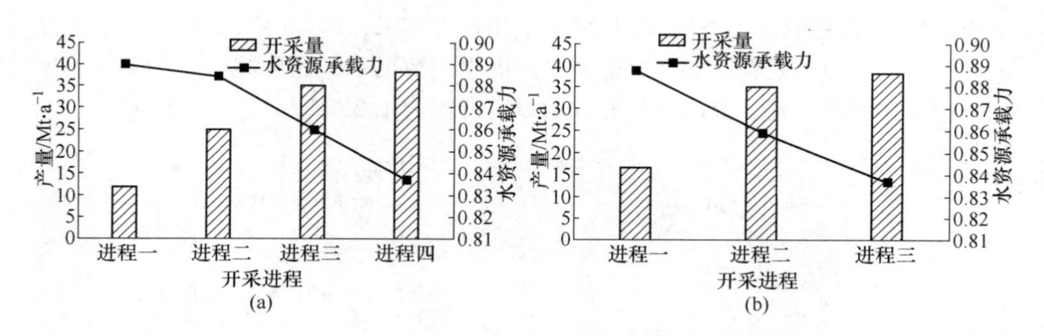

图 5-26 研究区内矿井开采进程

(a) 2 个矿井同时生产；(b) 3 个矿井同时生产

实现不同位置矿井、不同恢复时间下的矿区矿井布局。浅表水位恢复的根本原因是采动覆岩的等效渗透系数降低、有效阻水厚度增加，随之浅表水漏失量减少，但不同地层结构及不同开采参数下情况更为复杂，无疑采场覆岩等效渗透系数的恢复又是一个难解问题。考虑煤炭开采浅表水恢复及空间布局顺序，仍然要以矿井实际或类似地质条件下的数据资料为参考。因此，此处对研究区内允许同时生产矿井数量及产量规模进行分析，采用三种浅表水系统扰动量化指标，将其分别选定为阈值时，采用矿井布局流程图输出计算结果，如表 5-8 所示。

表 5-8 研究区浅表水系统以及产量约束条件下的最优方案（β）

矿井 1	矿井 2	矿井 3	矿井 4	矿井 5	矿井 6	矿井 7	矿井 8	矿井 9	β	产量 /$Mt \cdot a^{-1}$	经济效益 /亿元
14	24	34	44	54	62	74	82	0	0. 75	39. 16667	12457. 661
14	24	34	44	54	62	73	83	0	0. 75	39. 16667	12457. 661
14	24	34	44	54	62	72	84	0	0. 73	39. 16667	12457. 661
14	24	34	44	54	61	74	84	0	0. 77	39. 58333	12590. 19
14	24	33	44	54	62	74	84	0	0. 75	39. 58333	12590. 19
14	24	34	44	53	62	74	84	0	0. 74	39. 58333	12590. 19
14	24	34	43	54	62	74	84	0	0. 73	39. 58333	12590. 19
14	24	34	44	54	62	74	83	0	0. 75	40	12722. 718
14	24	34	44	54	62	73	84	0	0. 73	40	12722. 718
14	24	34	44	54	62	74	84	0	0. 73	40. 83333	12987. 775

以水资源承载力（β）作为评价指标，采用矿井布局流程图输出计算结果，矿区内的最大产量规模为 40. 83 Mt/a，矿区内的水资源承载力为 0. 73，采用矿区矿井布局流程输出约束下前十个方案，为了更直观显示规划结果，将该约束下的

最优开采方案采用图像形式显示，如图 5-27（a）所示。以水资源承载力（β）作为评价指标，分析了不同集中生产矿井下的水位降深以及增产规模，如图 5-27（b）所示，随着集中生产矿井数量的增加，矿区内的生产规模逐渐增大，浅表水系统水位降深逐渐增大，矿区内最大允许 9 个矿井进行同时生产，由表中数据表明此时的 9 个矿井无法实现最大产能的生产，部分矿井需要限制产能，产量规模为 40.83 Mt/a，依据生产集中化准则，此时最佳的集中生产矿井数量为 8 个。

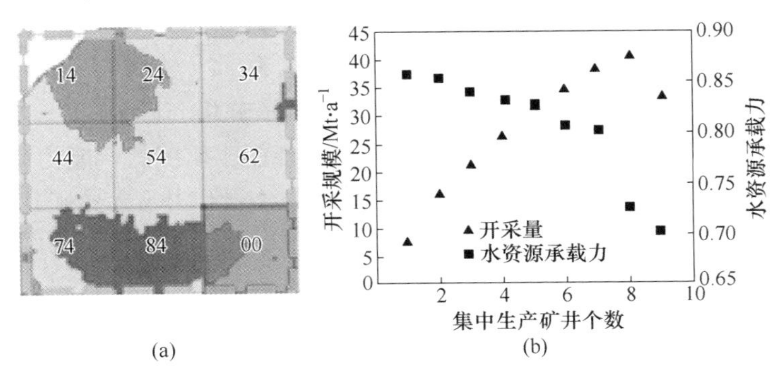

图 5-27　研究区不同约束下最优开采方案

（a）最优开采方案；（b）集中生产矿井开采方案

为了更直观显示规划结果，将指定约束下不同集中生产矿井数的最优开采方案采用图像形式显示，如图 5-28 所示。

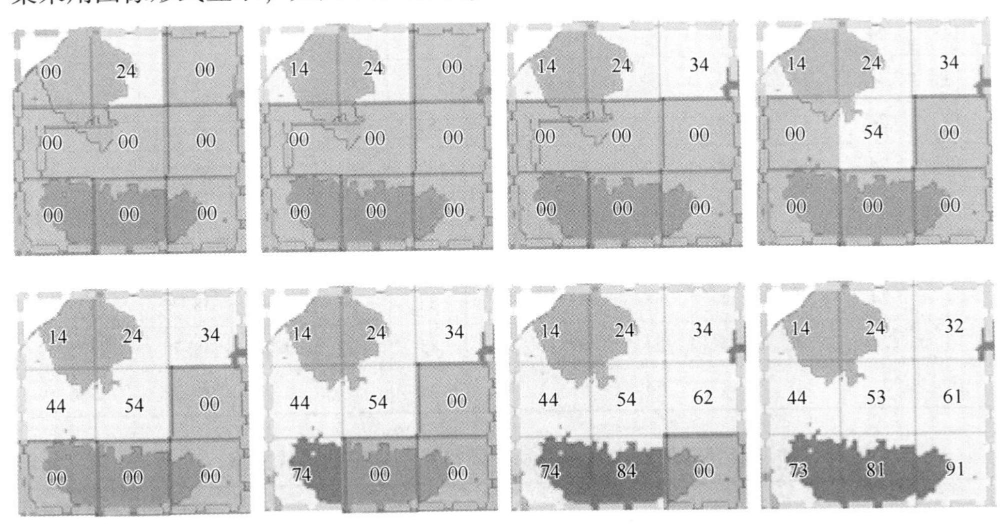

图 5-28　研究区集中生产矿井位置及产量

以水资源承载力（β）作为评价指标，单矿井生产规划结果为 2 号矿井全产能生产，矿区的产能为 8.33 Mt/a，水资源承载力为 0.856；两个矿井生产规划结果为 1 号矿井和 2 号矿井全产能生产，矿区的产能为 16.67 Mt/a，水资源承载力为 0.854；3 个矿井生产规划结果为 1 号矿井、2 号矿井和 3 号矿井全产能生产，矿区的产能为 21.67 Mt/a，水资源承载力为 0.841；4 个矿井生产规划结果为 1 号矿井、2 号矿井、3 号矿井和 5 号矿井全产能生产，矿区的产能为 26.67 Mt/a，水资源承载力为 0.832；5 个矿井生产规划结果为 1 号矿井、2 号矿井、3 号矿井、4 号矿井和 5 号矿井全产能生产，矿区的产能为 31.67 Mt/a，水资源承载力为 0.829；6 个矿井生产规划结果为 1 号矿井、2 号矿井、3 号矿井、4 号矿井、5 号矿井和 7 号矿井全产能生产，矿区的产能为 35 Mt/a，水资源承载力为 0.807；8 个矿井生产规划结果为 1 号矿井、2 号矿井、3 号矿井、4 号矿井、5 号矿井、7 号矿井和 8 号矿井全产能生产，6 号矿井要限制产能，矿区的产能为 40.83 Mt/a，水资源承载力为 0.726。9 个矿井生产规划结果为 1 号矿井、2 号矿井、4 号矿井全产能生产，其他矿井需要限制产能，矿区的产能为 33.33 Mt/a，水资源承载力为 0.702。

采用矿井布局方法，分别以生态水位量化指标（E_e）及浅表水扰动程度量化指标（E_r）作为约束条件，输出计算结果，见表 5-9 和表 5-10。

表 5-9　研究区浅表水系统及产量约束条件下的最优方案（E_e）

矿井 1	矿井 2	矿井 3	矿井 4	矿井 5	矿井 6	矿井 7	矿井 8	矿井 9	生态水位指标	产量 /Mt · a^{-1}	经济效益 /亿元
14	24	33	44	54	62	73	83	0	0.97	37.92	12060.08
14	24	34	44	53	62	74	82	0	0.99	37.92	12060.08
14	24	34	44	54	74	84	0	0	0.73	38.33	12192.60
14	24	33	44	54	61	74	84	0	0.87	38.33	12192.60
14	24	34	44	53	61	74	84	0	0.93	38.33	12192.60
14	24	34	43	54	61	74	84	0	0.96	38.33	12192.60
14	24	34	44	54	61	74	83	0	0.88	38.75	12325.13
14	24	34	44	54	61	73	84	0	0.96	38.75	12325.13
14	24	33	44	54	62	74	83	0	0.98	38.75	12325.13
14	24	34	44	54	61	74	84	0	0.97	39.58	12590.19

表 5-10　研究区浅表水系统以及产量约束条件下的最优方案（E_r）

矿井 1	矿井 2	矿井 3	矿井 4	矿井 5	矿井 6	矿井 7	矿井 8	矿井 9	E_r	产量 /Mt · a^{-1}	经济效益 /亿元
14	24	33	44	54	64	74	84	92	0.42	43.75	13915.47
14	24	34	44	53	64	74	84	92	0.43	43.75	13915.47

续表 5-10

矿井 1	矿井 2	矿井 3	矿井 4	矿井 5	矿井 6	矿井 7	矿井 8	矿井 9	E_r	产量 /Mt·a^{-1}	经济效益 /亿元
14	24	34	43	54	64	74	84	92	0.43	43.75	13915.47
14	24	34	44	54	63	74	83	93	0.47	43.75	13915.47
14	24	34	44	54	63	73	84	93	0.48	43.75	13915.47
14	24	34	44	54	64	74	83	92	0.42	44.17	14048.00
14	24	34	44	54	64	73	84	92	0.43	44.17	14048.00
14	24	34	44	54	64	74	84	91	0.36	44.17	14048.00
14	24	34	44	54	63	74	84	93	0.48	44.58	14180.53
14	24	34	44	54	64	74	84	92	0.44	45.00	14313.06

以生态水位量化指标（E_e）进行评价，矿区内的产量规模为 39.58 Mt/a，矿区内浅表水系统的水位降深为 4.87 m，采用矿区矿井布局流程输出约束下前十个方案，为了更直观显示规划结果，将该约束下的最优开采方案采用图像形式显示，如图 5-29（a）所示，采用该种方案，表 5-9 和表 5-10 中的全部方案均可采用图像的形式展示。以浅表水扰动程度量化指标（E_r）进行评价，采用矿井布局流程图输出计算结果，矿区内的最大产量规模为 45 Mt/a，矿区内浅表水系统的水位降深为 17.41 m，采用矿区矿井布局流程输出约束下前十个方案，为了更直观显示规划结果，将该约束下的最优开采方案采用图像形式显示，如图 5-29（b）所示。

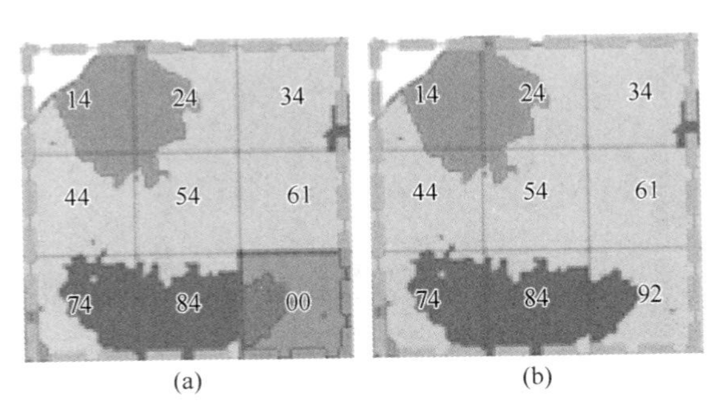

图 5-29 研究区不同约束下最优开采方案

（a）Y_{s3}：E_e；（b）Y_{s3}：E_r

以生态水位量化指标（E_e）进行评价，分析了不同集中生产矿井下的水位降深以及增产规模，如图 5-30（a）所示。随着集中生产矿井数量的增加，浅表水系统水位降深逐渐增大，矿区内的生产规模逐渐加大，矿区内最大允许 8 个矿井进行同时生产，表 5-9 中数据表明此时的 8 个矿井无法实现最大产能的生产，部分矿井需要限制产能，允许的最大生产规模为 39.58 Mt，依据生产集中化准则，此时最佳的集中生产矿井数量为 8 个。

以浅表水扰动程度量化指标（E_r）进行评价，分析了不同集中生产矿井下的水位降深以及增产规模，如图 5-30（b）所示。随着集中生产矿井数量的增加，浅表水系统水位降深逐渐增大，矿区内的生产规模逐渐增大，矿区内最大允许 9 个矿井进行同时生产，由表 5-10 中数据表明此时的 9 个矿井无法实现最大产能的生产，部分矿井需要限制产能，产量规模为 45 Mt/a，依据生产集中化准则，此时最佳的集中生产矿井数量为 9 个。

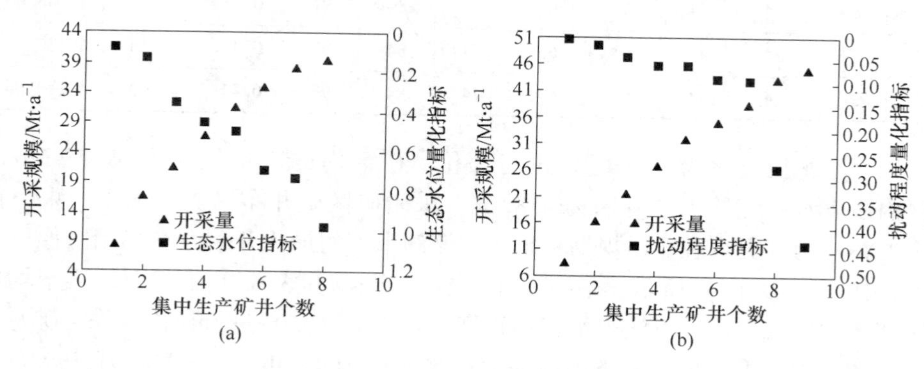

图 5-30　研究区集中生产矿井产量及水位降深

（a）Y_{s3}：E_e；（b）Y_{s3}：E_r

为了更直观显示规划结果，将指定约束下不同集中生产矿井数的最优开采方案采用图像形式显示，如图 5-31 所示。

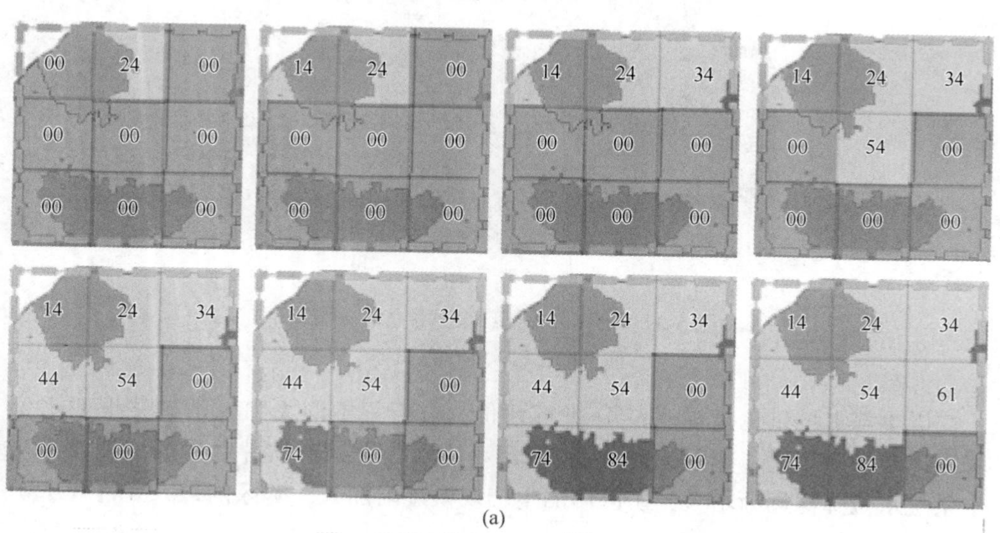

(a)

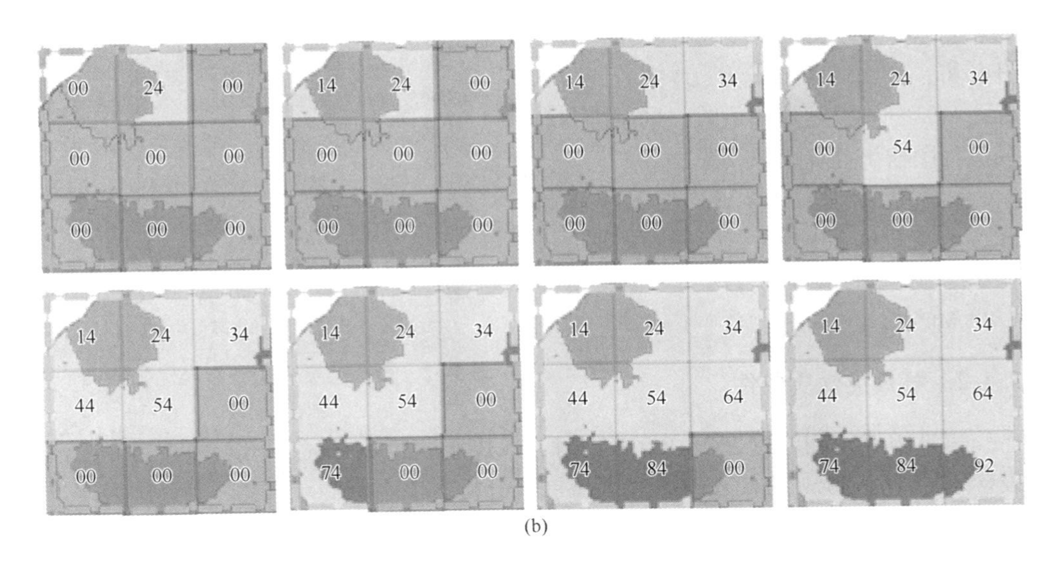

图 5-31　研究区集中生产矿井位置及产量

(a) Y_{s3}：E_e；(b) Y_{s3}：E_r

以生态水位量化指标（E_e）进行评价，小于等于 7 个矿井生产规划结果与以水资源承载力（β）进行评价的结果相同。8 个矿井生产规划结果为 1 号矿井、2 号矿井、3 号矿井、4 号矿井、5 号矿井、7 号矿井和 8 号矿井全产能生产，6 号矿井要限制产能，矿区的产能为 39.58 Mt/a，E_e 为 0.97。

以浅表水扰动程度量化指标（E_r）进行评价，小于等于 7 个矿井生产规划结果与以水资源承载力（β）进行评价的结果相同。8 个矿井生产规划结果为 1 号矿井、2 号矿井、3 号矿井、4 号矿井、5 号矿井、6 号矿井、7 号矿井和 8 号矿井全产能生产，矿区的产能为 43.33 Mt/a，E_r 为 0.28；9 个矿井生产规划结果为只有 9 号矿井需要限制产能，其他矿井可以全产能生产，矿区的产能为 45 Mt/a，E_r 为 0.44。

5.4　榆神矿区典型地质条件矿井布局

依据榆神矿区地质条件分类结果，基于煤水间距分类结果，以此为基础对矿区内基岩厚度、土层厚度、煤层厚度、浅表含水层厚度进行再分类处理，基于选定的五类地质条件作为代表，榆神矿区三、四期规划区主要涵盖第Ⅱ类、第Ⅲ类、第Ⅳ类和第Ⅴ类典型地质条件，本节主要对以上四类典型地质条件开展矿井布局研究。

5.4.1　第Ⅱ类地质条件

第Ⅱ类煤水间距（100~200 m）时，以煤水间距 100 m，土层厚度 30 m，浅表含水层厚度 20 m 为代表对研究区域展开分析，以水资源承载力(β)作为评价指标，将其分别选定为阈值时，采用矿井布局流程图输出计算结果（见图 5-32）。

以水资源承载力（β）作为评价指标，采高 2 m 条件下，矿区内最多可进行 1 个矿井的集中生产，产量规模为 0. 83 Mt/a。

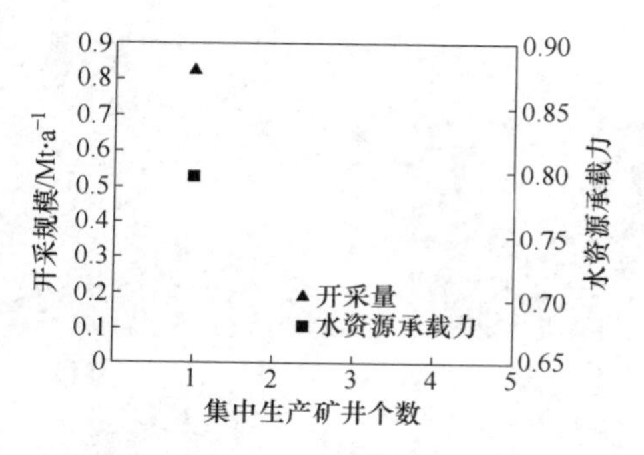

图 5-32　第Ⅱ类-2 m 矿井布局优化结果

5. 4. 2　第Ⅲ类地质条件

第Ⅲ类煤水间距（200~300 m）时，以煤水间距 200 m，土层厚度 20 m，浅表含水层厚度 30 m 为代表对研究区域展开分析，以水资源承载力（β）作为评价指标，将其分别选定为阈值时，采用矿井布局流程图输出计算结果如图 5-33 所示。

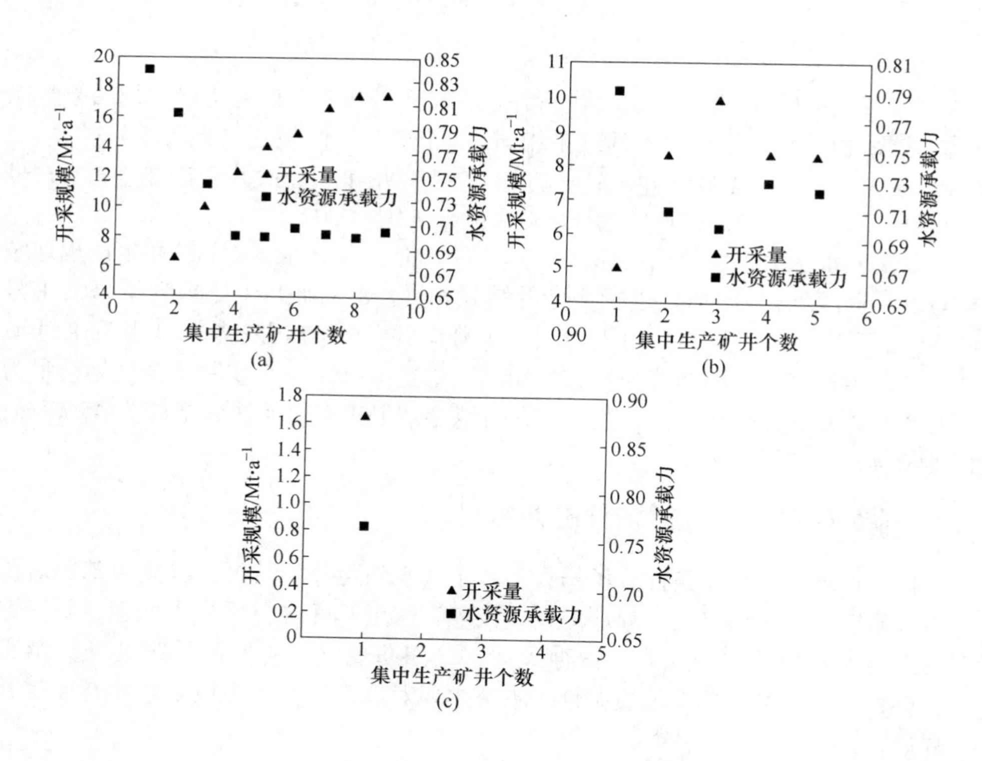

图 5-33　第Ⅲ类-不同采高矿井布局优化结果

（a）采高 2 m；（b）采高 4 m；（c）采高 6 m

以水资源承载力（β）作为评价指标，将中度承载的下限值作为阈值。采高 2 m 条件下，随着集中生产矿井数量的增加，矿区水资源承载力值逐渐减低，矿区内的生产规模先是快速增长，而后增长速度放缓，矿区内最多可进行 4 个矿井的集中生产，产量规模为 17.5 Mt/a；采高 4 m 条件下，矿区内可进行 3 个矿井的集中生产，产量规模为 10 Mt/a；采高 6 m 条件下，矿区内最多只可进行 1 个矿井的生产，产量规模为 1.66 Mt/a。

在采高为 4 m 情况下，矿井最大产能为 6.67 Mt/a，统计分析了四种情况下不同集中生产条件下矿区内产量变化特征，如图 5-34 所示。

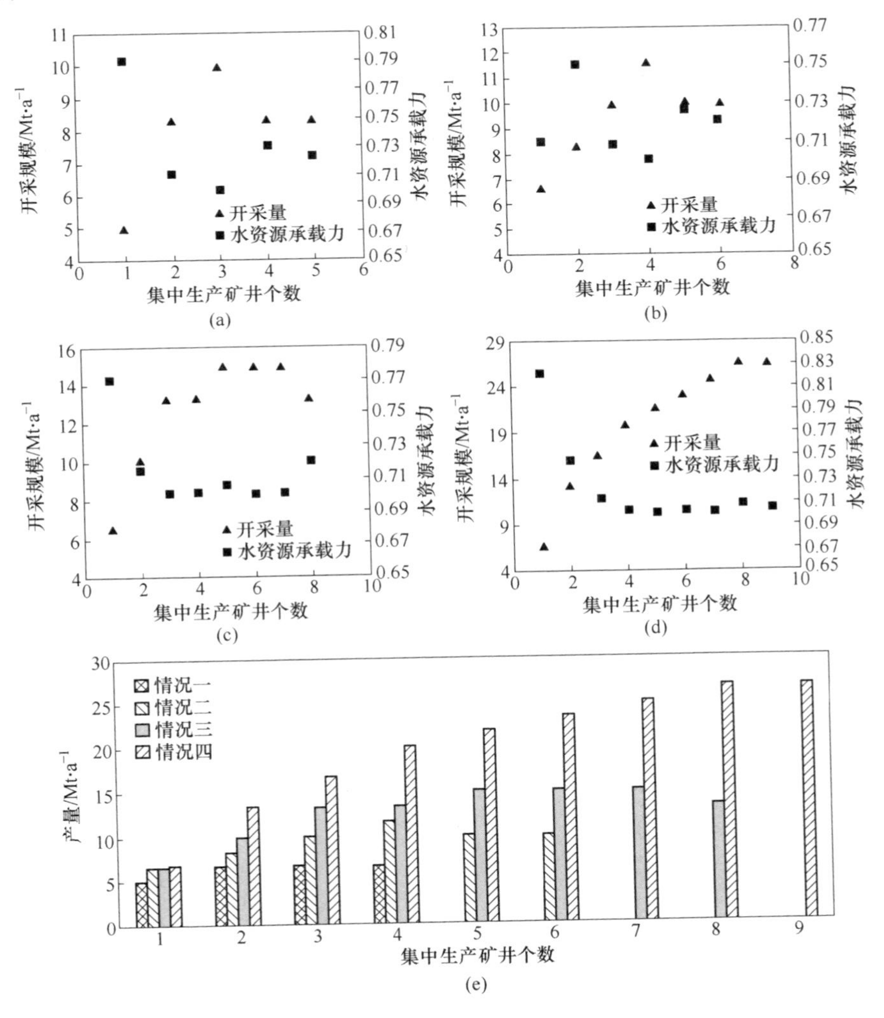

图 5-34 第Ⅲ类-4 m 不同恢复时间生产矿井产量

(a) 情况一；(b) 情况二；(c) 情况三；(d) 情况四；(e) 矿区规划产量

以水资源承载力（β）作为评价指标，在一个矿井生产条件下，情况二～情况四的最大生产规模均为6.67 Mt/a，情况一最大生产规模均为5 Mt/a；在两个矿井生产条件下，四种情况均需要限制生产，情况一～情况四的最大产能分别为8.33 Mt/a、8.33 Mt/a、10 Mt/a、13.33 Mt/a；在3个矿井生产条件下，四种情况均需要限制生产，情况一～情况四的最大产能分别为10 Mt/a、11.67 Mt/a、13.33 Mt/a、16.67 Mt/a；情况一在3个矿井集中生产时的产能最佳，为10 Mt/a，情况二在3个矿井集中生产时的产能最佳，为11.67 Mt/a，情况三在5个矿井集中生产时的产能最佳，为15 Mt/a，情况四在9个矿井集中生产时的产能最佳，为26.67 Mt/a。

5.4.3　第Ⅳ类地质条件

第Ⅳ类煤水间距（300～400 m）时，以煤水间距300 m，土层厚度20 m，浅表含水层厚度40 m为代表对研究区域展开分析，以水资源承载力（β）作为评价指标，将其分别选定为阈值时，采用矿井布局流程图输出计算结果如图5-35所示。

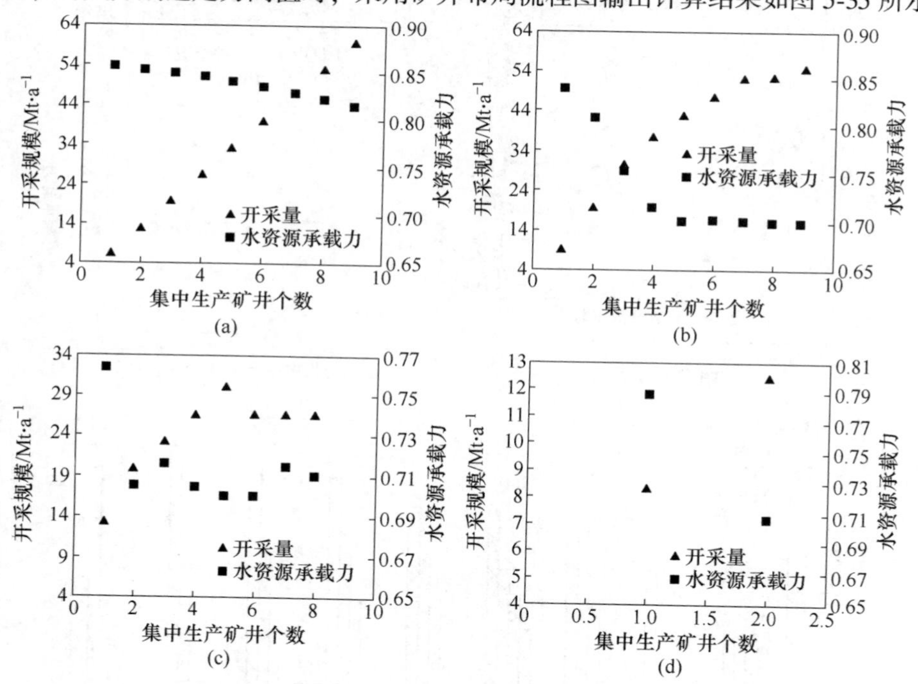

图5-35　第Ⅳ类-不同采高矿井布局优化结果

（a）采高4 m；（b）采高6 m；（c）采高8 m；（d）采高10 m

以水资源承载力（β）作为评价指标，将中度承载的下限值作为阈值。采高4 m条件下，矿区内可进行9个矿井的集中生产，产量规模为60 Mt/a；采高6 m

条件下，集中生产矿井数量超过 4 个时，需要限制产能，矿区内最多进行 9 个矿井的生产，产量规模为 55 Mt/a；采高 8 m 条件下，矿区内最多可进行 8 个矿井的集中生产，然而在 5 个矿井集中生产时的产能最大，产量规模为 30 Mt/a；采高 10 m 条件下，矿区内最多可进行两个矿井的集中生产，两个矿井集中生产时的效果最佳，产量规模为 12.5 Mt/a。

不同恢复时间情况下，随着集中生产矿井数量的增加，浅表水系统水位降深逐渐增大，矿区内的生产规模先是快速增长，而后增长速度放缓。在采高为 6 m 情况下，矿井最大产能为 10 Mt/a，统计分析了四种情况下不同集中生产条件下矿区内产量变化特征，如图 5-36 所示。

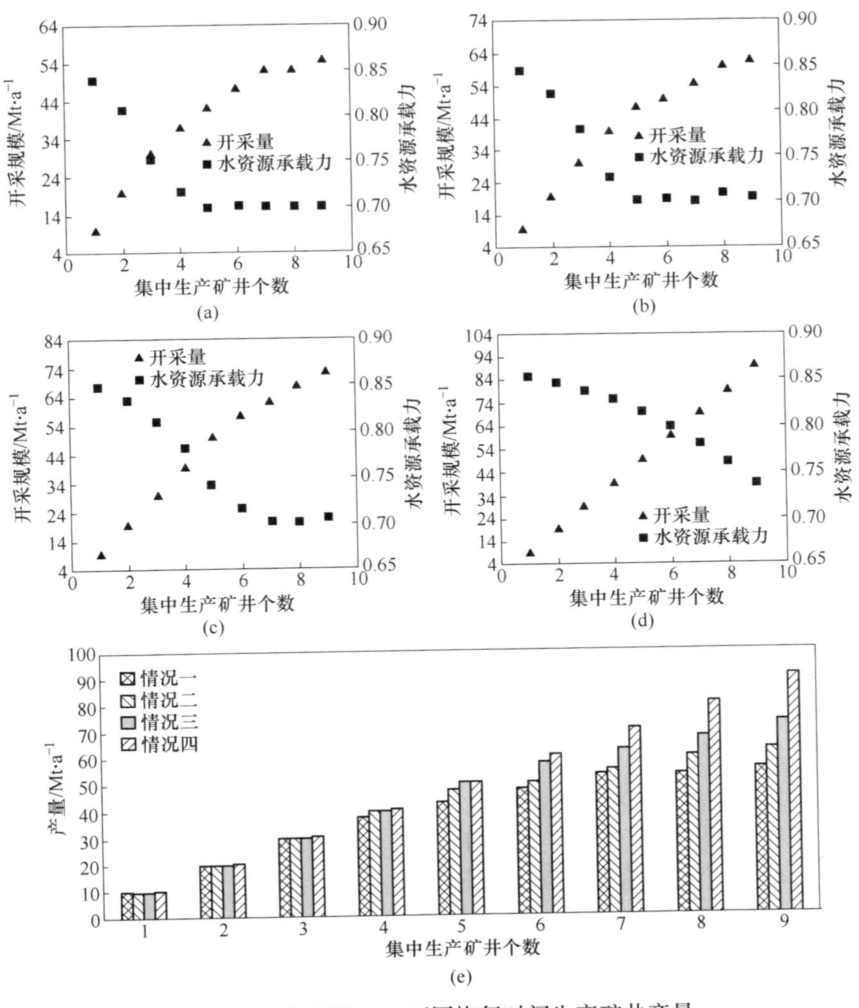

图 5-36 第Ⅳ类-6 m 不同恢复时间生产矿井产量

(a) 情况一；(b) 情况二；(c) 情况三；(d) 情况四；(e) 矿区规划产量

以水资源承载力（β）作为评价指标进行评价，在一个矿井生产条件下，四种情况的最大生产规模均为 10 Mt/a；在两个矿井生产条件下，四种情况的最大生产规模均为 20 Mt/a；3 个矿井生产时，四种情况的最大生产规模均为 30 Mt/a；4 个矿井生产时，情况一下的一个矿井要开始限制产能，为 37.5 Mt/a，其他三种情况下的最大生产规模均为 30 Mt/a；5 个矿井生产时，情况一与情况二下的一个矿井要开始限制产能，为 42.5 Mt/a 和 47.5 Mt/a，其他两种情况下的最大生产规模均为 50 Mt/a；6 个矿井生产时，情况一、情况二、情况三均需要限制产能，最大生产规模均为 47.5 Mt/a、50 Mt/a、57.5 Mt/a，情况四下的最大生产规模均为 50 Mt/a；情况四下在生产 9 个矿井时，最大生产规模为 90 Mt/a，其他三种情况下的矿区最大生产规模为 55 Mt/a、62.5 Mt/a、72.5 Mt/a。

5.4.4　第Ⅴ类地质条件

第Ⅴ类煤水间距（≥400 m）时，以煤水间距 400 m，土层厚度 10 m，浅表含水层厚度 40 m 为代表对研究区域展开分析，以水资源承载力（β）作为评价指标，将其分别选定为阈值时，采用矿井布局流程图输出计算结果如图 5-37 所示。

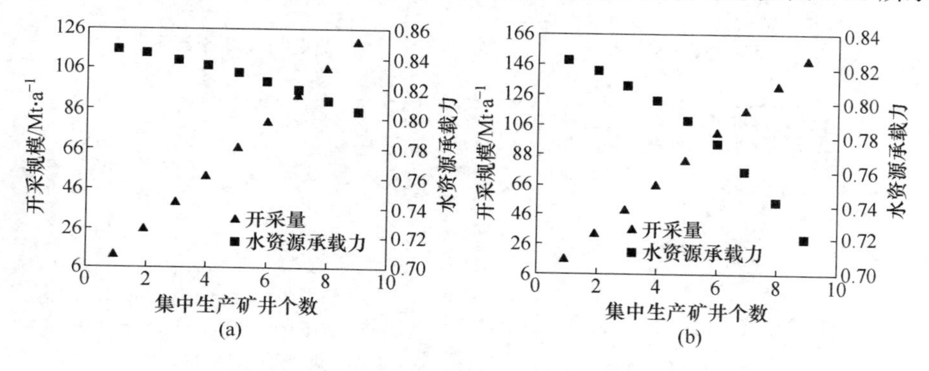

图 5-37　第Ⅴ类-不同采高矿井布局优化结果

（a）采高 8 m；（b）采高 10 m

采高 10 m 情况下允许 9 个矿井集中生产，产量规模为 150 Mt/a，采高 8 m 情况下的产量规模为 120 Mt/a，采高 6 m 情况下的产量规模为 90 Mt/a，采高 4 m 情况下的产量规模为 60 Mt/a，采高 2 m 情况下的产量规模为 30 Mt/a；依据水资源承载力评价指标，允许 9 个矿井集中生产，该约束条件允许的产能越大，可以按照上述分类的产量规模进行全产能设计。

5.5　基于浅表水系统稳定的矿区规划原则

贯彻矿区水资源可持续发展观念，建立采动浅表水稳定性评价体系，以扰动评价指标阈值为主导、控制技术为手段，以水资源承载力为依托，以水量产、合理布局、有序规划、科学开发、提高控水产煤效益最大化原则。建立矿区水资源承载力先行，浅表水稳定性后控的开采方案设计及矿井布局方法，统筹矿区水资源承载力与生态浅表水系统和谐共生关系。根据矿区总体发展战略和浅表水稳定目标，以矿井布局方法为基础，采用调控开采高度、范围、保水采煤技术、恢复时间的递进关系动态规划方法，整体规划、阈值限定，实现典型地质条件最佳布局方案。

本书以榆神矿区中选定的五种地质条件为例，得到如下基于浅表水系统稳定的矿区规划原则。

（1）第Ⅱ类地质条件下，调控开采高度（2 m）、开采范围仅可实现产能 0.84 Mt/a 的单一矿井开采。采高 4 m、6 m 时应采取保水采煤技术（控制等效渗透系数）。

（2）第Ⅲ类地质条件下，采高 2 m 并调整开采范围后，实现总产能为 17.5 Mt/a 的 9 个矿井同时生产；采高 4 m 时仅允许产能为 5 Mt/a 的单一矿井开采，调整开采范围后，最佳生产矿井数量和产能分别为 3 个、10 Mt/a；采高 6 m 时，单一的产能 1.67 Mt/a 矿井需调整开采范围，应采取保水采煤技术保证开采规模。

（3）第Ⅳ类地质条件下，采高 4 m 时允许总产能为 60 Mt/a 的 9 个矿井集中生产；采高为 6 m 时，允许 3 个不限开采范围的、总产能为 30 Mt/a 的矿井集中生产，调整开采范围后，可实现总产能为 55.5 Mt/a 的 9 个矿井同时生产；采高为 8 m 并调整开采范围后，最佳集中生产矿井数量及总产能分别为 5 个、30 Mt/a。

（4）第Ⅴ类地质条件下，采高 10 m 时仍允许 9 个矿井全产能生产，产量规模为 150 Mt/a；随着采高降低，产能规模线性减小，采高 8 m、6 m、4 m 产能分别为 120 Mt/a、90 Mt/a、60 Mt/a，具体采高由采煤工艺决定。

（5）调控采高及开采范围仍无法满足所需矿井开采数量时，直接采用保水采煤技术手段或待已开发矿井水位恢复，以实现目标矿井数量及产能。

由于本书研究的区域有限，在进行其他区域具体地质条件矿井布局时，可以参考本书的研究方法与研究成果，确定具体地质条件的覆岩渗透系数，通过调整矿井数量、位置、范围、采高、开发时序，分析不同方案的浅表水影响特征，找出合适的矿井布局方案与产能。

5.6 本章小结

（1）给出浅表水系统稳定性评价方法，以榆神矿区煤层厚度、煤水间距、采场覆岩系统岩性组合形式数据为基础，采用 GIS 软件的空间分析功能确定研究区对应数据资料的分布特征。根据不同损伤程度的损伤土体、损伤岩体渗透系数与损伤变量之间的量化关系（$K_{隔}$-d、$K_{阻}$-d），构建损伤土体、损伤岩体损伤变量与岩层层位、不同采高量化关系（$d_{隔}$-$H_{隔距}$、m；$D_{阻}$-$H_{阻距}$、m），以此为桥梁得到不同地层结构的等效渗透系数。

（2）在榆神矿区，以水资源承载力作为评价指标，矿井开采面积分别为 $1\times10^8\ m^2$、$7.5\times10^7\ m^2$、$5\times10^7\ m^2$、$2.5\times10^7\ m^2$ 时，随着设计矿井开采面积的降低，承载盈余的面积逐渐增大，依次为 $1.70\times10^9\ m^2$、$1.98\times10^9\ m^2$、$2.28\times10^9\ m^2$、$2.58\times10^9\ m^2$。水资源承载力在承载中度以上的地质条件下允许开采的矿井数分别为 20 个、31 个、51 个、112 个。矿井开采面积为 $5\times10^7\ m^2$，矿井开采恢复时间依据第 4 章的四种情况，水资源承载力在承载中度以上的地质条件下允许开采的矿井数分别为 51 个、52 个、54 个、56 个。

（3）给出了矿井布局方法，采用整数规划构建包含矿井开采数量与开采规模的元胞数组，煤水间距及采高通过等效渗透系数表征，采用 0～N 的整数表示开采范围，N 代表全部开采，将浅表水位预测模型嵌入规划模型给出产能、效益、浅表水系统稳定约束下的矿井布局流程，再结合指定约束类型实现矿区内的矿井布局的优化布置。

（4）第Ⅴ类煤水间距（≥400 m）时，以煤水间距 400 m，土层厚度 10 m，浅表含水层厚度 40 m 为代表，采高 8 m 条件下，采用矿井布局流程图输出计算结果，以水资源承载力（β）作为评价指标，矿区内的最大产量规模为 120 Mt/a，矿区内 β 为 0.8151。

（5）在榆神三、四期内的指定区域，以水资源承载力（β）进行评价时，矿区内最大允许 8 个矿井进行同时生产，矿区内的最大产量规模为 40.83 Mt/a，矿区内 β 为 0.73。以生态水位量化指标（E_e）进行评价时，矿区内最大允许 8 个矿井进行同时生产，矿区内的产量规模为 39.58 Mt/a，矿区内 E_e 为 0.97 m，以浅表水扰动程度量化指标（E_r）进行评价时，矿区内最大允许 9 个矿井进行同时生产，矿区内的最大产量规模为 45 Mt/a，矿区内 E_r 为 0.44。

（6）根据榆神矿区典型地层条件，第Ⅱ类、第Ⅲ类、第Ⅳ类、第Ⅴ类，得到不同地层形式下的等效渗透系数，给出了地层类别下，指定水文地质条件下的最佳集中生产矿井数量及产量规模，统计分析了恢复时间四种情况下不同集中生产条件下矿区内产量变化特征，确定了不同恢复时间下最佳集中生产矿井数量以及产量规模。

（7）本节重点抓住矿区建设中浅表水稳定的关键问题，根据榆神矿区典型地质条件矿井布局研究成果，给出基于浅表水系统稳定的矿区规划原则，以第Ⅴ类地质条件下，采高 10 m 情况下允许 9 个矿井集中全产能生产，产量规模为 150 Mt/a。当采高小于 10 m 情况下均允许 9 个矿井集中全产能生产。以水资源承载力为评价指标，当超出矿区允许的集中矿井数量，如需再增加集中生产矿井数量，就需要结合恢复时间、开采范围、采用保水采煤控制技术。

参考文献

[1] 宋洪柱．中国煤炭资源分布特征与勘查开发前景研究［D］．北京：中国地质大学（北京），2013.

[2] Ji X，Kang E，Chen R，et al. The impact of the development of water resources on environment in arid inland river basins of Hexi region，Northwestern China［J］. Environmental Geology，2006，50（6）：793-801.

[3] Feng Q，Cheng G D，Masao M K. Trends of water resource development and utilization in arid north-west China［J］. Environmental Geology，2000，39（8）：831-838.

[4] 彭苏萍．煤炭资源与水资源［M］．北京：科学出版社，2014.

[5] 王双明，黄庆享，范立民，等．生态脆弱矿区含（隔）水层特征及保水开采分区研究［J］．煤炭学报，2010，35（1）：7-14.

[6] 李国平，刘治国．陕北煤炭资源开采过程中的生态环境损失［J］．河南科技大学学报（社会科学版），2006（4）：74-77.

[7] 卞惠瑛．煤炭开采对水源保护区影响的数值模拟研究以榆神矿区三期规划区为例［D］．西安：长安大学，2014.

[8] 范立民，马雄德，蒋泽泉，等．保水采煤研究30年回顾与展望［J］．煤炭科学技术，2019，47（7）：1-30.

[9] 缪协兴．干旱半干旱矿区保水采煤方法与实践［M］．徐州：中国矿业大学出版社，2011.

[10] 王双明，范立民，马雄德．生态脆弱区煤炭开发与生态水位保护［C］//2010全国采矿科学技术高峰论坛，2010.

[11] 张东升，刘洪林，范钢伟．新疆伊犁矿区保水开采内涵及其应用研究展望［J］．新疆大学学报（自然科学版），2013（1）：17-22.

[12] 武强，申建军，王洋．“煤-水”双资源型矿井开采技术方法与工程应用［J］．煤炭学报，2017（1）：8-16.

[13] 范立民．保水采煤的科学内涵［J］．煤炭学报，2017，42（1）：27-35.

[14] 缪协兴，钱鸣高．中国煤炭资源绿色开采研究现状与展望［J］．采矿与安全工程学报，2009，26（1）：1-14.

[15] 缪协兴，浦海，白海波．隔水关键层原理及其在保水采煤中的应用研究［J］．中国矿业大学学报，2008，37（1）：1-4.

[16] 缪协兴，陈荣华，白海波．保水开采隔水关键层的基本概念及力学分析［J］．煤炭学报，2007（6）：561-564.

[17] 王双明，范立民，黄庆享，等．榆神矿区煤水地质条件及保水开采［J］．西安科技大学学报，2010，30（1）：1-6.

[18] 李文平，叶贵钧，张莱．陕北榆神府矿区保水采煤工程地质条件研究［J］．煤炭学报，2000，25（5）：454-499.

[19] 夏玉成，代革联．生态潜水流场的采煤扰动与优化调控［M］．北京：科学出版社，2015.

[20] 刘洪林．伊犁弱胶结地层特厚煤层保水开采机理及分类研究［D］．徐州：中国矿业大学，2020.

[21] 范立民，马雄德．保水采煤的理论与实践［M］．北京：科学出版社，2019.

[22] 马立强，张东升，王烁康，等．“采充并行式”保水采煤方法［J］．煤炭学报，2018，43（1）：62-69.

[23] 张云．西部矿区短壁块段式采煤覆岩导水裂隙发育机理及控制技术研究［D］．徐州：中国矿业大学，2019.

[24] 杨泽元，王文科，黄金廷，等．陕北风沙滩地区生态安全地下水位埋深研究［J］．西北农林科技大学学报（自然科学版），2006，34（8）：67-74.

[25] 马雄德，范立民，严戈，等．植被对矿区地下水位变化响应研究［J］．煤炭学报，2017，42（1）：44-49.

[26] 马雄德，黄金廷，李吉祥，等．面向生态的矿区地下水位阈限研究［J］．煤炭学报，2019，44（3）：675-680.

[27] 汤洁，卞建民，林年丰，等．GIS-PModflow 联合系统在松嫩平原西部潜水环境预警中的应用［J］．水科学进展，2006（4）：51-57.

[28] 池明波．我国西北矿区水资源承载力评价与科学开采规模决策——以伊宁矿区为例［D］．徐州：中国矿业大学，2019.

[29] 王九华．谈英国海下采煤技术及应用［J］．江苏煤炭，1988（2）：59-62.

[30] 开滦煤炭科学研究所情报室．国外三下采煤技术现状［J］．矿山测量，1978（1）：22-42.

[31] Ravindran M，Schwarz W. Operation，Shallow-water Sand-mining［C］//Proceeding of the Annual Offshore Technology Conference，1999.

[32] 于喜东．原平河，屯兰河下采煤导水裂缝带发育高度研究［D］．徐州：中国矿业大学，2002.

[33] 佚名．建筑物、水体、铁路及主要井巷煤柱留设与压煤开采规程［Z］．煤炭工业部，2000.

[34] 盛金昌，速宝玉．裂隙岩体渗流应力耦合研究综述［J］．岩土力学，1998（2）：92-98.

[35] 王媛．单裂隙面渗流与应力的耦合特性［J］．岩石力学与工程学报，2002，21（1）：83-87.

[36] 叶源新，刘光廷．岩石渗流应力耦合特性研究［J］．岩石力学与工程学报，2005（14）：120-127.

[37] Louis C. Rock hydraulics［M］. Vienna：Rock mechanics. Springer，1972.

[38] 李广信．高等土力学［M］．北京：清华大学出版社，2004.

[39] Kranzz R L，Frankel A D，Engelder T，et al. The permeability of whole and jointed Barre Granite［J］. International Journal of Rock Mechanics & Mining ences & Geomechanics Abstracts，1979，16（4）：225-234.

[40] Snow D T. Rock fracture spacings，openings，and porosities［J］. Journal of Soil Mechanics & Foundations Div，1968.

[41] Bai M, Meng F, Elsworth J C, et al. Analysis of stress-dependent permeability in nonorthogonal flow and deformation fields [J]. Rock Mechanics and Rock Engineering, 1999, 32 (3): 195-219.

[42] Lee C H, Farmer I W. A simple method of estimating rock mass porosity and permeability [J]. International Journal of Mining & Geological Engineering, 1990, 8 (1): 57-65.

[43] Min K B, Rutqvist J, Tsang C F, et al. Stress-dependent permeability of fractured rock masses: A numerical study [J]. International Journal of Rock Mechanics and Mining ences, 2004, 41 (7): 1191-1210.

[44] Ghabezloo S,Sulem J,Guédon S, et al. Effective stress law for the permeability of a limestone [J]. International Journal of Rock Mechanics & Mining ences, 2009, 46 (2): 297-306.

[45] Al-Wardy W, Zimmerman R W. Effective stress law for the permeability of clay-rich sandstones [J]. Journal of Geophysical Research Solid Earth, 2004, 109 (B4): 203-213.

[46] Bawden W F, Curran J H, Roegiers J C. Influence of fracture deformation on secondary permeability— A numerical approach [J]. International Journal of Rock Mechanics & Mining ences & Geomechanics Abstracts, 1980, 17 (5): 265-279.

[47] Witherspoon P A, Wang J S Y, Iwai K, et al. Validity of Cubic Law for fluid flow in a deformable rock fracture [J]. Water Resources Research, 1980, 16 (6): 1-33.

[48] Barton N, Bandis S, Bakhtar K. Strength, deformation and conductivity coupling of rock joints [J]. International Journal of Rock Mechanics & Mining ences & Geomechanics Abstracts, 1985, 22 (3): 121-140.

[49] Elsworth D X J. A reduced degree of freedom model for thermal permeability enhancement in blocky rock [J]. Geothermics, 1989, 18 (5): 691-709.

[50] Elsworth D. Thermal permeability enhancement of blocky rocks: One-dimensional flows [J]. International Journal of Rock Mechanics & Mining ences & Geomechanics Abstracts, 1989, 26 (3/4): 329-339.

[51] Kayabasi A, Yesiloglu-Gultekin N, Gokceoglu C. Use of non-linear prediction tools to assess rock mass permeability using various discontinuity parameters [J]. Engineering Geology, 2015, 185: 1-9.

[52] Terzaghi K, Peck R B. Soil mechanics in engineering practice [M]. John Wiley & Sons, 1996.

[53] 陈平，张有天. 裂隙岩体渗流与应力耦合分析 [J]. 岩石力学与工程学报，1994，13 (4): 299-308.

[54] 耿克勤，陈凤翔. 岩体裂隙渗流水力特性的实验研究 [J]. 清华大学学报（自然科学版），1996，36 (1): 102-106.

[55] 张玉卓，张金才. 裂隙岩体渗流与应力耦合的试验研究 [J]. 岩土力学，1997，18 (4): 59-62.

[56] 彭苏萍，屈洪亮，罗立平，等. 沉积岩石全应力应变过程的渗透性试验研究 [J]. 煤炭学报，2000 (2): 113-116.

[57] 刘泉声，吴月秀，刘滨．应力对裂隙岩体等效渗透系数影响的离散元分析［J］．岩石力学与工程学报，2011，30（1）：176-183.
[58] 尹尚先，王尚旭．不同尺度下岩层渗透性与地应力的关系及机理［J］．中国科学：地球科学，2006（5）：472-480.
[59] 赵阳升，胡耀青．孔隙瓦斯作用下煤体有效应力规律的实验研究［J］．岩土工程学报，1995（3）：26-31.
[60] 杨天鸿，唐春安，朱万成，等．岩石破裂过程渗流与应力耦合分析［J］．岩土工程学报，2001，23（4）：489-493.
[61] 仵彦卿．岩体水力学基础（二）——岩体水力学的基础理论［J］．水文地质工程地质，1997（1）：24-28.
[62] 周创兵，熊文林．地应力对裂隙岩体渗透特性的影响［J］．地震学报，1997（2）：154-163.
[63] 廉旭刚．基于 Knothe 模型的动态地表移动变形预计与数值模拟研究［D］．北京：中国矿业大学（北京），2012.
[64] 余闯，刘松玉．路堤沉降预测的 Gompertz 模型应用研究［J］．岩土力学，2005，26（1）：82-86.
[65] 吴起星，胡辉．基于 Gompertz 成长曲线的真空预压软土沉降规律分析［J］．岩石力学与工程学报，2006，25（z2）：3600-3606.
[66] 王伟，卢廷浩．基于 Weibull 曲线的软基沉降预测模型分析［J］．岩土力学，2007（4）：803-806.
[67] 涂许杭，王志亮，梁振淼，等．修正的威布尔模型在沉降预测中的应用研究［J］．岩土力学，2005，26（4）：621-623.
[68] 徐洪钟，施斌，李雪红．全过程沉降量预测的 Logistic 生长模型及其适用性研究［J］．岩土力学，2005，26（3）：387-391.
[69] 邓英尔，谢和平．全过程沉降预测的新模型与方法［J］．岩土力学，2005（1）：1-4.
[70] 王丽琴，靳宝成，杨有海．黄土路堤工后沉降预测新模型与方法［J］．岩石力学与工程学报，2007，26（11）：2370-2376.
[71] Cui Ximm，Wang Jiachen，Liu Yisheng. Prediction of progressive surface subsidence above longwall coal mining using a time function［J］. International Journal of Rock Mechanics & Mining Sciences，2001，38（7）：1057-1063.
[72] 王军保，刘新荣，刘小军．开采沉陷动态预测模型［J］．煤炭学报，2015，40（3）：516-521.
[73] 崔希民，缪协兴，赵英利，等．论地表移动过程的时间函数［J］．煤炭学报，1999（5）：453-456.
[74] 刘玉成，曹树刚，刘延保．改进的 Konthe 地表沉陷时间函数模型［J］．测绘科学，2009（5）：16-17.
[75] 常占强，王金庄．关于地表点下沉时间函数的研究——改进的克诺特时间函数［J］．岩石力学与工程学报，2003，22（9）：1496.

[76] 李宏艳，王维华，齐庆新，等．基于分形理论的采动裂隙时空演化规律研究［J］．煤炭学报，2014，39（6）：1023-1030.

[77] 张东升，刘玉德，王旭锋．沙基型浅埋煤层保水开采技术及适用条件分类［M］．徐州：中国矿业大学出版社，2009.

[78] 范钢伟．浅埋煤层开采与脆弱生态保护相互响应机理与工程实践［D］．徐州：中国矿业大学，2011.

[79] 李西蒙．快速推进长壁工作面覆岩失稳运动的动态时空规律研究［D］．徐州：中国矿业大学，2015.

[80] 马丹．破碎岩体的水-岩-沙混合流理论及时空演化规律［D］．徐州：中国矿业大学，2017.

[81] Scigala R. A mining extraction system with advancing longwall as a method of protecting technical objects and an element of rational deposit management［J］. Gospodarka Surowcami Mineralnymi Mineral Resources Management，2013，29（3）：191-208.

[82] 黄庆享，杜君武，侯恩科，等．浅埋煤层群覆岩与地表裂隙发育规律和形成机理研究［J］．采矿与安全工程学报，2019，36（1）：7-15.

[83] 黄庆享．浅埋煤层保水开采岩层控制研究［J］．煤炭学报，2017，42（1）：50-55.

[84] 黄庆享．浅埋煤层保水开采隔水层稳定性的模拟研究［J］．岩石力学与工程学报，2009，28（5）：987-992.

[85] 张东升，李文平，来兴平，等．我国西北煤炭开采中的水资源保护基础理论研究进展［J］．煤炭学报，2017，42（1）：36-43.

[86] 马立强．浅埋煤层长壁工作面保水开采机理及其应用研究［M］．徐州：中国矿业大学出版社，2013.

[87] Zhang D，Fan G，Liu Y，et al. Field trials of aquifer protection in longwall mining of shallow coal seams in China［J］. International Journal of Rock Mechanics & Mining Sciences，2010，47（6）：908-914.

[88] Zhang D，Fan G，Ma L，et al. Aquifer protection during longwall mining of shallow coal seams：A case study in the Shendong Coalfield of China［J］. International Journal of Coal Geology，2011，86（2/3）：190-196.

[89] Adhikary D P，Guo H. Modelling of Longwall Mining-Induced Strata Permeability Change［J］. Rock Mechanics & Rock Engineering，2015，48（1）：345-359.

[90] Forster I，Enever J. Hydrogeological response of overburden strata to underground mining［J］. Office of Energy Report，1992，1：104.

[91] Forster I，Enever J. Hydrogeological response of overburden strata to underground mining，Central Coast［J］. New South Wales，1992，1（1）：1-13.

[92] Bai M，Elsworth D. Modeling of subsidence and stress-dependent hydraulic conductivity for intact and fractured porous media［J］. Rock Mechanics & Rock Engineering，1994，27（4）：209-234.

[93] Gale W. Water Inflow Issues above Longwall Panels［C］//Proceedings，Coal Operators'

Conference, 2006.

[94] Gale J F W, Reed R M, Holder J. Natural fractures in the Barnett Shale and their importance for hydraulic fracture treatments [J]. AAPG Bulletin, 2007, 91 (4): 603-622.

[95] Gale W. Application of computer modelling in the understanding of caving and induced hydraulic conductivity about longwall panels [C] //6th Australian Coal Operators' Conf Australasian Institute of Mining and Metallurgy, Brisbane, Australia, 2005.

[96] Esterhuizen G S, Karacan C O. Development of numerical models to investigate permeability changes and gas emission around longwall mining panel [J]. Proc Alaskarocks Us Symposium on Rock Mechanics, 2005.

[97] Guo H, Adhikary D P, Craig M S. Simulation of mine water inflow and gas emission during longwall mining [J]. Rock Mechanics & Rock Engineering, 2009, 42 (1): 25.

[98] Zhang J, Standifird W B, Roegiers J C, et al. Stress-dependent fluid flow and permeability in fractured media: from lab experiments to engineering applications [J]. Rock Mechanics & Rock Engineering, 2007, 40 (1): 3-21.

[99] Neate C J, Whittaker B N. Influence of proximity of longwall mining on strata permeability and ground [C]. American Rock Mechanics Association, 1979.

[100] Schatzel S J, Karacan C Z, Dougherty H, et al. An analysis of reservoir conditions and responses in longwall panel overburden during mining and its effect on gob gas well performance [J]. Engineering Geology, 2012, 127 (3): 65-74.

[101] Karacan C Z, Goodman G. Monte carlo simulation and well testing applied in evaluating reservoir properties in a deforming longwall overburden [J]. Transport in Porous Media, 2011, 86 (2): 415-434.

[102] 缪协兴，刘卫群，陈占清．采动岩体渗流与煤矿灾害防治 [J]. 西安石油大学学报（自然科学版），2007（2）：74-77.

[103] 张金才，刘天泉．裂隙岩体渗透特征的研究 [J]. 煤炭学报，1997，22（5）：481-485.

[104] 张金才，王建学．岩体应力与渗流的耦合及其工程应用 [J]. 岩石力学与工程学报，2006，25（10）：1981-1989.

[105] 肖洪天，张文泉，温兴林，等．分层开采底板岩体渗透性变化的试验研究 [J]. 煤炭学报，2000，25（2）：132-136.

[106] 许兴亮，张农，田素川．采场覆岩裂隙演化分区与渗透性研究 [J]. 采矿与安全工程学报，2014，31（4）：564-568.

[107] 王文学，隋旺华，董青红．应力恢复对采动裂隙岩体渗透性演化的影响 [J]. 煤炭学报，2014，39（6）：1031-1038.

[108] 杨天鸿，赵兴东，冷雪峰，等．地下开挖引起围岩破坏及其渗透性演化过程仿真 [J]. 岩石力学与工程学报，2003，22（S1）：2386-2389.

[109] 王皓，乔伟，柴蕊．采动影响下煤层覆岩渗透性变化规律及垂向分带特征 [J]. 煤田地质与勘探，2015，43（3）：51-55.

[110] 姚多喜，鲁海峰．煤层底板岩体采动渗流场-应变场耦合分析 [J]. 岩石力学与工程学

报，2012，31（A01）：2738-2744.

[111] 王玉浚，张先尘，韩可琦．矿区最优规划理论与方法［J］. 煤炭学报，1992（1）：9-15.

[112] 阎柳青．大气环境数值模拟在矿区规划评价及优化布局中的应用研究［D］. 太原：山西大学，2015.

[113] 都小尚，刘永，郭怀成，等．区域规划累积环境影响评价方法框架研究［J］. 北京大学学报：自然科学版，2011（3）：552-560.

[114] 陈颖．安徽省巢湖地区非金属矿产开发利用现状分析与矿区规划［D］. 合肥：安徽建筑大学，2015.

[115] 付国臣．矿区规划环评生态环境影响研究——以霍林河矿区总体规划为例［D］. 呼和浩特：内蒙古大学，2013.

[116] 陈海健．遥感技术在环境监测中的应用和发展前景［J］. 中国新技术新产品，2011（13）：6-7.

[117] 张金锁．矿物资源资产估价方法研究［D］. 西安：西安交通大学，2001.

[118] 葛世龙．不确定性条件下可耗竭资源最优开采研究［D］. 南京：南京航空航天大学，2009.

[119] 柯丽华．基于最低寿命周期成本的露天矿开采量动态规划模型［D］. 武汉：武汉科技大学，2020.

[120] 辛德林，方新英，张逸阳．基于五大发展理念的新街台格庙矿区总体规划研究［J］. 煤炭工程，2020，52（12）：1-6.

[121] 史晓勇，牛德振．逻辑框架法在牙克石-五九煤田矿区总体规划中的应用研究［J］. 煤炭工程，2017，49（7）：1-4.

[122] Liu S，Li W. Zoning and management of phreatic water resource conservation impacted by underground coal mining：A case study in arid and semiarid areas［J］. Journal of Cleaner Production，2019，224（JUL. 1）：677-685.

[123] Newman C，Agioutantis Z，Leon G B J. Assessment of potential impacts to surface and subsurface water bodies due to longwall mining［J］. International Journal of Mining ence and Technology，2017，27（1）：57-64.

[124] Raghavendra N S，Deka P C. Sustainable Development and Management of Groundwater Resources in Mining Affected Areas：A Review［J］. Procedia Earth and Planetary Science，2015，11：598-604.

[125] Corkum A G，Board M P. Numerical analysis of longwall mining layout for a Wyoming Trona mine［J］. International Journal of Rock Mechanics and Mining Sciences，2016.

[126] Loury G C. The Optimal Exploitation of an Unknown Reserve［J］. Review of Economic STUDIES，1978，46（142）：621-636.

[127] Martin D，Sparrow F T. The treatment of uncertainty in mineral exploration and exploitation［J］. Annals of Operations Research，1984，2（1）：271-284.

[128] Perdomo Calvo J A，Jaramillo Perez A M. Optimal extraction policy when the environmental

and social costs of the opencast coal mining activity are internalized: Mining District of the Department of El Cesar (Colombia) case study [J]. Energy Economics, 2016, 59 (SEP.): 159-166.

[129] Hotelling H. The Economics of Exhaustible Resources [M]. E. Elgar Pub., 1954.

[130] Epaulard A, Pommeret A. Optimally eating a stochastic cake: a recursive utility approach [J]. Resource & Energy Economics, 2003, 25 (2): 129-139.

[131] Chakravorty U, Moreaux M, Tidball M. Ordering the Extraction of Polluting Nonrenewable Resources [J]. IDEI Working Papers, 2006.

[132] Greiner A, Semmler W, Mette T. An Economic Model of Oil Exploration and Extraction [J]. Computational Economics, 2012, 40 (4): 387-399.

[133] Morton D P. Prioritization via Stochastic Optimization [M]. INFORMS, 2015.

[134] 赵春虎. 陕蒙煤炭开采对地下水环境系统扰动机理及评价研究 [D]. 北京: 煤炭科学研究总院, 2016.

[135] 顾大钊. 晋陕蒙接壤区大型煤炭基地地下水保护利用与生态修复 [M]. 北京: 科学出版社, 2015.

[136] 王双明, 黄庆享, 范立民, 等. 生态脆弱区煤炭开发与生态水位保护 [M]. 北京: 科学出版社, 2010.

[137] 宋世杰. 基于关键地矿因子的开采沉陷分层传递预计方法研究 [D]. 西安: 西安科技大学, 2013.

[138] 刘瑜. 陕北侏罗系煤层开采导水裂缝带动态演化规律研究及应用 [D]. 徐州: 中国矿业大学, 2018.

[139] 王启庆. 西北沟壑下垫层 N2 红土采动破坏灾害演化机理研究 [D]. 徐州: 中国矿业大学, 2017.

[140] 刘士亮. 陕北侏罗系煤田开采环境工程地质模式研究 [D]. 徐州: 中国矿业大学, 2019.

[141] 刘治国. 泥盖型煤层覆岩采动破坏规律及保水开采应用研究 [D]. 北京: 煤炭科学研究总院, 2020.

[142] 张守良, 沈琛, 邓金根. 岩石变形及破坏过程中渗透率变化规律的实验研究 [J]. 岩石力学与工程学报, 2000, 19 (0z1): 885-888.

[143] Wang J A, Park H D. Fluid permeability of sedimentary rocks in a complete stress-strain process [J]. Engineering Geology, 2002, 63 (3/4): 291-300.

[144] Ferfera F M R, Sarda J P, Boutéca M, et al. Experimental study of monophasic permeability changes under various stress paths [J]. International Journal of Rock Mechanics and Mining Sciences, 1997, 34 (3/4): 31-37.

[145] Li S P, Wu D X, Xie W H, et al. Effect of confining presurre, pore pressure and specimen dimension on permeability of Yinzhuang Sandstone [J]. International Journal of Rock Mechanics & Mining Science & Geomechanics Abstracts, 1997, 34 (3/4): 432.

[146] 杨永杰, 王德超, 郭明福, 等. 基于三轴压缩声发射试验的岩石损伤特征研究 [J]. 岩

石力学与工程学报，2014，33（1）：98-104.

[147] Martin C D, Chandler N A. The progressive fracture of Lac du Bonnet granite [J]. International Journal of Rock Mechanics & Mining Science & Geomechanics Abstracts, 1994, 31 (6): 643-659.

[148] Nicksiar M, Martin C D. Evaluation of Methods for Determining Crack Initiation in Compression Tests on Low-Porosity Rocks [J]. Rock Mechanics and Rock Engineering, 2012, 45 (4): 607-617.

[149] Lajtai E Z. Brittle fracture in compression [J]. International Journal of Fracture, 1974, 10 (4): 525-536.

[150] Eberhardt E, Stimpson B, Read R S, et al. Identifying crack initiation and propagation thresholds in brittle rock [J]. Canadian Geotechnical Journal, 1998, 35 (2): 222-233.

[151] Liu J P, Li Y H, Xu S D, et al. Moment tensor analysis of acoustic emission for cracking mechanisms in rock with a pre-cut circular hole under uniaxial compression [J]. Engineering Fracture Mechanics, 2015, 135: 206-218.

[152] 刘保县，黄敬林，王泽云，等．单轴压缩煤岩损伤演化及声发射特性研究 [J]. 岩石力学与工程学报，2009，28（0z1）：3234-3238.

[153] 荣腾龙，周宏伟，王路军，等．三向应力条件下煤体渗透率演化模型研究 [J]. 煤炭学报，2018，43（7）：1930-1937.

[154] Seidle J P, Jeansonne M W, Erickson D J. Application of Matchstick Geometry To Stress Dependent Permeability in Coals [C]//SPE Rocky Mountain Regional Meeting, 1992.

[155] Chen D, Pan Z, Ye Z. Dependence of gas shale fracture permeability on effective stress and reservoir pressure: Model match and insights [J]. Fuel, 2015.

[156] Dong C, Pan Z, Ye Z, et al. A unified permeability and effective stress relationship for porous and fractured reservoir rocks [J]. Journal of Natural Gas Science & Engineering, 2016, 29: 401-412.

[157] 何晓群，刘文卿．应用回归分析 [M]. 北京：中国人民大学出版社，2001.

[158] 杨天鸿．岩石破裂过程渗透性质及其与应力耦合作用研究 [D]. 沈阳：东北大学，2001.

[159] Pappas D M, Mark C. Behavior of Simulated Longwall Gob Material [M]. US Department of the Interior, 1993.

[160] Bai M, Kendorski F, Van R D. Chinese and North American high-extraction underground coal mining strata behaviour and water protection experience and guidelines [C] // Proceedings of the 14th International Conference on Ground Control in Mining, Morgantown, 1995.

[161] 张年学，盛祝平，李晓，等．岩石泊松比与内摩擦角的关系研究 [J]. 岩石力学与工程学报，2011（S1）：2599-2609.

[162] Wilson A H. The stability of underground workings in the soft rocks of the Coal Measures [J]. International Journal of Mining Engineering, 1983, 1 (2): 91-187.

[163] Hoek E, Brown E T. The Hoek-Brown failure criterion—a 1998 update [J]. Journal of Heuristics, 1988, 16 (2): 167-188.
[164] 师修昌. 煤炭开采上覆岩层变形破坏及其渗透性评价研究 [D]. 北京: 中国矿业大学(北京), 2016.
[165] 王俊杰. 地下水渗流力学 [M]. 北京: 中国水利水电出版社, 2013.
[166] 曹志国, 鞠金峰, 许家林. 采动覆岩导水裂隙主通道分布模型及其水流动特性 [J]. 煤炭学报, 2019, 44 (12): 3719-3728.
[167] 钱鸣高, 缪协兴. 采场上覆岩层结构的形态与受力分析 [J]. 岩石力学与工程学报, 1995 (2): 97.
[168] 郭增长, 柴华彬. 煤矿开采沉陷学 [M]. 北京: 煤炭工业出版社, 2013.
[169] 滕腾, 王伟, 刘斌, 等. 煤体基质热开裂增透模型 [J]. 煤炭学报, 2020, 45 (2): 676-683.
[170] 雷刚, 董平川, 杨书, 等. 基于岩石颗粒排列方式的低渗透储层应力敏感性分析 [J]. 岩土力学, 2014, 35 (s1): 209-214.
[171] Carman P C. Fluid flow through granular beds [J]. Trans. Inst. Chem. Eng., 1937: 15.
[172] 李涛, 李文平, 常金源, 等. 陕北浅埋煤层开采隔水土层渗透性变化特征 [J]. 采矿与安全工程学报, 2011, 1 (28): 127-137.
[173] 徐鹏, 邱淑霞, 姜舟婷, 等. 各向同性多孔介质中 Kozeny-Carman 常数的分形分析 [J]. 重庆大学学报: 自然科学版, 2011, 34 (4): 78-82.
[174] 常占强, 王金庄. 关于地表点下沉时间函数的研究-改进的克诺特时间函数 [J]. 岩石力学与工程学报, 2003, 22 (9): 1496-1499.
[175] 王悦汉, 邓喀中, 张冬至, 等. 重复采动条件下覆岩下沉特性的研究 [J]. 煤炭学报, 1998, 23 (5): 470-475.
[176] 钱鸣高, 石平五, 许家林. 矿山压力与岩层控制 [M]. 徐州: 中国矿业大学出版社, 2010.
[177] Karacan C, Esterhuizen G S, Schatzel S J, et al. Reservoir simulation-based modeling for characterizing longwall methane emissions and gob gas venthole production [J]. International Journal of Coal Geology, 2007, 71 (2/3): 225-245.
[178] 杜计平, 孟宪锐. 采矿学 [M]. 徐州: 中国矿业大学出版社, 2014.
[179] 薛禹群. 地下水动力学 [M]. 北京: 地质出版社, 1997.
[180] 宁立波, 董少刚, 马传明. 地下水数值模拟的理论与实践 [M]. 武汉: 中国地质大学出版社, 2010.
[181] 张保祥. 有限元地下水流和溶质运移模拟系统 FEFLOW 6 用户指南 [M]. 北京: 中国环境科学出版社, 2012.
[182] 中国煤炭建设协会. GB 50215—2015 煤炭工业矿井设计规范 [S]. 北京: 中国计划出版社, 2015.
[183] 赵洪宝. 非均匀煤层的瓦斯赋存、流动特性与等效渗透率理论 [M]. 北京: 科学出版社, 2017.

[184] 王玮. 鄂尔多斯白垩系地下水盆地地下水资源可持续性研究 [J]. 西安: 长安大学, 2004.

[185] 刘玉德. 沙基型浅埋煤层保水开采技术及其适用条件分类 [J]. 徐州: 中国矿业大学, 2008.

[186] Prasad B, Bose J M. Evaluation of the heavy metal pollution index for surface and spring water near a limestone mining area of the lower Himalayas [J]. Environmental Geology, 2001, 41 (1): 183-188.

[187] 肖柳青, 周石鹏. 实用最优化方法 [M]. 上海: 上海交通大学出版社, 2000.

[188] 张玉新, 冯尚友. 多维决策的多目标动态规划及其应用 [J]. 水利学报, 1986, 7: 1-10.

[189] 范立民, 向茂西, 彭捷, 等. 西部生态脆弱矿区地下水对高强度采煤的响应 [J]. 煤炭学报, 2016, 41 (11): 2672-2678.

[190] 范立民, 马雄德, 冀瑞君. 西部生态脆弱矿区保水采煤研究与实践进展 [J]. 煤炭学报, 2015, 40 (8): 1711-1717.

[191] 贾得海, 曾建初. 灰色系统理论 GM (1, 1) 预测模型的应用 [J]. 昆明理工大学学报 (自然科学版), 2013, 38 (6): 115-120.